华章心理

HZBOOKS | Psychological

原书 第2版

20周年纪念版

Motherless Daughters

The Legacy of Loss

母爱的失落

[美] 霍普·爱德曼（Hope Edelman） / 著

沈志强　温旻 / 译

图书在版编目（CIP）数据

母爱的失落（原书第 2 版 · 20 周年纪念版）/（美）霍普 · 爱德曼（Hope Edelman）著；沈志强，温旻译．—北京：机械工业出版社，2020.1
书名原文：Motherless Daughters: The Legacy of Loss

ISBN 978-7-111-64474-3

I. 母…　II. ① 霍…　② 沈…　③ 温…　III. 妇女心理学—通俗读物　IV. B844.5-49

中国版本图书馆 CIP 数据核字（2020）第 000741 号

本书版权登记号：图字　01-2010-5386

母爱的失落（原书第 2 版 · 20 周年纪念版）

出版发行：机械工业出版社（北京市西城区百万庄大街 22 号　邮政编码：100037）
责任编辑：王　戬　　邵啊敏
责任校对：李秋荣
印　　刷：大厂回族自治县益利印刷有限公司
版　　次：2020 年 3 月第 1 版第 1 次印刷
开　　本：147mm×210mm　1/32
印　　张：11.25
书　　号：ISBN 978-7-111-64474-3
定　　价：59.00 元

客服电话：（010）88361066　88379833　68326294　投稿热线：（010）88379007
华章网站：www.hzbook.com　读者信箱：hzjg@hzbook.com

本书法律顾问：北京大成律师事务所　韩光 / 邹晓东

序言

20年前，《母爱的失落》的第1版出版了。[⊖]这对我来说是漫长的寻觅之旅的最后一步，我数年寻找的就是这样一本书。在我的母亲死于乳腺癌的时候，我17岁。那时的我不是个孩子了，但也不是个真正意义上的女人。我已经到了能开车的年龄。在送葬者散去之后，我开车去的第一个地方是当地的图书馆。1981年我住在纽约的市郊，附近既没有互助小组，也没有悲伤治疗机构，能治愈我的只有阅读。我想要知道其他女孩在17岁的年龄，她的母亲刚过世时她有什么样的感受。我想要知道该如何思考和谈论这件事情。我想要知道是否有什么事情能让我再次快乐起来。

我没有找到一本符合我心意的书，当年没有找到，之后的一年也没有找到，后来在4个我定居过的州的书店、大学图书馆和计算机信息库里都没有找到。我浏览过的每本关于母女关系的书都假设，母亲是在女儿已经到了中年或者更成熟一些的年龄时过世的。我那时十七八岁，那些书不是写给我看的。我找到的学术文章也一样，虽然有些谈到了早期失去父母对儿童的短期影响，但是没有特别提到失去母亲的女孩，以及丧亲之痛对她们的长期影响。我知道我身

⊖ 本书为《母爱的失落》的20周年纪念版，本书英文版于2014年出版。本书中的“今年”“现在”“如今”以及相关时间推算等均以2014年为基准。——译者注

上有特别的情绪障碍，还有与我的朋友们截然不同的观点，但是当时我找不到任何涉及这些内容的文章。自从母亲去世之后，我和书店里的书架之间便回荡着寂寥的空气。我并不知道有数千名与我们姐妹俩一样的女孩存在。在我心里，我们所经历的是奇怪、少有并且有违常规的事情，这件事情甚至不应该被提起。

当我在大学读大二的时候，我的男朋友给我看了一篇安娜·昆德兰（Anna Quindlen）在《芝加哥论坛报》（*Chicago Tribune*）专栏上发表的文章。“我的母亲在我 19 岁的时候去世了，”昆德兰在文章中写道，“在很长一段时间里，你只能了解到我情绪特征的一种外在表现：‘10 分钟后我们在大厅里见——我留着棕色长发，个头不算高，穿红色外套。’”那天下午当我坐着高架列车去兼职的地方时，我读了 4 次这篇文章，并且把它从报纸上剪下来，放在钱包里带在身边长达数年。在那之后，过了很久我才知道在美国有许许多多同样失去母亲的女性保存着这篇文章，许许多多像我这样的人感到仿佛有人发现了她们思想最深处的秘密入口。

失去母亲不仅仅是有关我的一个事实，更是我的身份的核心所在。在写作本书之前，我不知道有多少女性和我有一样的感觉。很快我就发现这个问题的答案是：非常多。在第 1 版出版两个月之内，它就登上了《纽约时报》（*New York Times*）的畅销书榜单。书中留有我的电话号码，当我完成一天的工作回到家的时候，我发现电话留言里有关于失去母亲的、真诚的、长长的故事等着我。我那时住在纽约，每个星期当地的邮递员都会交给我一个灰色的邮袋，里面装的是读者寄给出版商而后转到我这里的信件。有一次邮递员问我：“姑娘，你是做什么的？我也希望像你一样。”

信件里写满女性的失落和她们被抛弃的故事，以及她们为了安抚情绪所采用的应对策略。这些来信的女性往往会在信中感谢在丧亲之痛中给予她们支持的某些人，她们最终得到了理解自身经历的倾诉对象。数百名女性参加了书友会和研讨会，急切地与其他理解自己的人们共聚一堂。“这就好像我们之间存在着一种秘密的握手礼。”一个女士说。另一个女士对小组里的人直言：“我感到仿佛外星人找到了母舰。”

母亲去世后，女儿的哀悼永远不会终结。失去母亲的女性在直觉上一直明白这一点，尽管在 1994 年，这还不是一个能被人广为接受的事情。多年前，普罗大众还深信悲伤应该遵从一套可预测的程序，否则就是进展有误。悲伤（有时仍旧）被看作是必须克服的事情，而不是一个适应和接受的终身过程。悲伤可能是循环往复的、松散的、不确定的，这一想法仍被那些悲伤社团之外的人认为是新奇的观点。

当我的母亲去世的时候，我们所在的镇子没有给失去亲人的家庭提供帮助的机构。那时我们那里还没有临终关怀医院，只有一个好心的医院社工，可我觉得她爱管闲事的做法让人不悦，每次我看到她从大厅那头走来，我都会躲进护士休息室。葬礼之后，我的父亲参加了一个单亲家长团体的活动，这是我们所在的纽约郊区对单亲家长的唯一慰藉，然而他却发现自己是其中唯一的鳏夫，而且是唯一的男性，那个房间里满是因为离婚而成为单亲家长的女性。从那以后他再也没有参加过那类活动。至于针对孩子的悲伤治疗课程，多年之后才在美国出现。道奇悲伤儿童中心（Dougy Center for Grieving Children，以下简称道奇中心）创建了美国悲伤儿童课程，成立一年后才在俄勒冈州的波特兰对外开放，又过了六七年的时间才影响到东海岸。在此之前，像我们这样的家庭常在困境中自己挣扎前行。

当第 1 版于 1994 年发行之时，这种情况已经大为好转。那时，道奇中心已经在其他州培训了辅导员 7 年之久。若干团体已经开始为失去母亲的儿童举办周末聚会，临终关怀活动已经在国际上传播开来。人们也达成了一种共识，即悲伤的儿童需要帮助。社会已经建构出了提供这种帮助的更好的方式。

不可否认这些都对失去母亲的家庭有帮助，但是对10年、20年甚至40年之前失去母亲的女性来说帮助甚微。这些女性在僵化的悲伤观念中长大。她们中的很多人失去了谈论丧亲之痛的勇气。很多年之后，她们仍然处在失去至亲的悲伤的余波之中——不仅是死亡带来的余波，还有她们的家庭和所属的社区对她们的回应（或者毫无回应）的余波。

作为在儿童时期经历了丧亲之痛的成年人，她们没有受到悲伤支持机构的切实帮助。她们给当地的临终关怀医院打电话，寻找能帮助她们的团体，得到的回答却是因为失去亲人是很久之前的事情了，所以她们不符合资格，或者她们加入了悲伤团体，然后发现其他成员都是最近失去至亲的，处在急性期。其他成员无法切身体会一个女儿在母亲去世10年甚至更长时间之后仍处在哀伤的情绪中。

所幸，从那以后发生了很多改变。

"失去母亲的女儿"（Motherless Daughters）和"失去母亲的妈妈"（Motherless Mothers）的团队致力于帮助失去母亲的女性，已经在全世界超过24个地点建立起来，其中包括洛杉矶、纽约、芝加哥、底特律、旧金山、伦敦和迪拜等，它们都是由志愿者运营的。互联网论坛和群组网页连接了世界各地无数名失去母亲的女性。在线悼念去世的母亲已经十分普遍，一个心理学家小组甚至对此现象进行了研究。在过去的12年中，儿童悲伤社团的数量激增。道奇中心的网站上列出了世界超过500个儿童悲伤中心。全美悲伤儿童联盟为处在悲伤之中的孩子和家庭提供教育和资源帮助，在美国各处都有专业的悲伤辅导人员。除此之外，1997年成立的Family Lives On Foundation已经帮助超过1000个家庭继续保持他们与已经过世的父母所共同珍视的传统。在13岁时失去了双亲的林恩·休斯（Lynne Hughes）创立的丧亲之痛营（Comfort Zone Camp）在美国的5个州于周末的时间举办悲伤营活动（每年有超过 2500 个孩子参加），并且运营网站 www.hellogrief.org，为失去至亲的孩子及其照料者和朋友服务。

菲利斯·西尔弗曼（Phyllis Silverman）博士是治疗悲伤情绪方面的专家，并且是《求知要趁早》(*Never Too Young to Know*) 的作者。随着死亡和悲伤方面报道的深入（大部分关于失去家人的事件报道来自电视节目和纸质媒体），她写的“死亡体系”（death system）在改变着美国的文化。在 2001 年 9 月 11 日的恐怖袭击事件之后，电视节目对悲伤之情铺天盖地的报道，以及报纸对每个遇难者的悼念之词鲜明地体现了“死亡体系”的影响。

“9·11”事件或许是过去的 30 年中让美国民众显著意识到悲伤和失去父母等问题的一次事件。在这次事件中，在纽约市和华盛顿特区至少有 2990 个儿童和青少年在那一天失去了一个至亲，其中有 340 人失去了母亲。1995 年，在俄克拉何马城爆炸案中，200 多名儿童失去了双亲之一，预计 30 名儿童失去了双亲。[㊀]在很大程度上，由于这两次袭击，突然失去家长的儿童和青少年的特殊需要受到广泛的关注，“创恸”（traumatic bereavement）成了儿童悲伤咨询中一个令人瞩目的领域，暴力成了广为人知的悲伤因素。

儿童失去母亲的方式在可预期和不可预期的两种方式上都已经发生了改变。意外和癌症仍旧是 18～54 岁女性的首要死亡原因。不过，在过去 20 年里，美国女性的患癌率在缓慢下降。[㊁]截至 1991 年，艾滋病的流行导致了 18 500 个孩子失去母亲，到 2000 年该数字没有达到预计中的 80 000 人。然而，在非洲和亚洲，艾滋病产生了数以百万的孤儿，造成了难以想象的社会危机。在美国历史上有

㊀ 在那一天中，168 人遇难，其中 87 人是成年女性，没有数据表明她们之中有多少人已为人母。

㊁ 某些癌症的死亡率在急剧下降。不过，非裔美国女性的癌症死亡率有所上升。

些身为人母的女性作为战争的受难者而死亡。到 2013 年 4 月为止，在阿富汗和伊朗的美军中，超过 25 位母亲在服役期间死亡，死后留下超过 30 个儿童，其中一位母亲在临行前和孩子拉钩发誓，保证自己不会在战争中死去。

我们对这类失去母亲的孩子比以前知道得要多，我们也知道这些孩子可能会在失去母亲时不知所措。1996 年哈佛儿童悲伤研究的结果具有里程碑式的意义，菲利斯·西尔弗曼博士和 J. 威廉·沃登（J. William Worden）博士在波士顿对失去至亲的孩子进行了为期两年的研究，他们发现：

1. 总体而言，对孩子来说失去母亲相比于失去父亲更为艰难，主要是因为前者会导致孩子更多的日常生活变化。在大多数家庭中，母亲去世还意味着情感关爱的缺失，孩子不得不适应由此带来的更深远的影响。

2. 在失去至亲的两年后，失去母亲的孩子出现情感和行为问题的可能性更大。相对于那些失去父亲的孩子，失去母亲的孩子更焦虑、哭闹得更夸张、自尊心不足，以及自身能力不济等。

3. 相对于去世的父亲，孩子对去世的母亲保持着更强的情感联结。

4. 还在世的家长应对家庭变故的能力是孩子适应长期变化的首要指标。相对于得到可靠家长的情感支持的孩子，那些有着不称职的单亲家长的孩子更容易焦虑、抑郁，也更容易出现睡眠和健康问题。

5. 在失去至亲的两年后，表现最好的孩子即使在困难的情况下依然积极面对痛失至亲的事实。

然而，似乎我们对孩子的悲伤了解得越多，对失去母亲的实际经历就越记忆深刻。不久之前，我接到了一个大学新生发给我的电子邮件。她的母亲在 5 年前去世了，在她所居住的小镇里，整个高中时期她都是大家口中“那个没有妈妈的女孩”。现在她去了另一州上大学，那里没有人认识她，她感到十分孤立无援和孤独。那里没有人认识她的母亲，她的新朋友们也不理解失去母亲对她的深远影响。当有人问起她的父母时，她试图避开使用“母亲”或者“死去”这些词。她已经明白，如果这两个词一起出现，就无法继续聊下去了。没人想谈论母亲去世的事情，也没有人想要听这些。有的人甚至声称对此不理解。“我没有妈妈了。”有一次她对一个同学小声说。这个同学用不可思议的语气重复道：“你没有妈妈？你是说，你的父母离婚了吗？”

谁能责怪一个人对我们都不希望发生的事情做出这样的反应呢？母亲是永生不灭的。母亲不会英年早逝。母亲从不会抛下深爱的孩子。“我的父亲甚至没有对母亲的死感到悲伤，”34 岁的李说，当他的母亲去世的时候他才 3 岁，“父亲对母亲的死措手不及。在他对人生的设想之中没有这一部分。父亲认为母亲不应该死去，抛下 5 个孩子。他告诉自己不该有这样的事情发生。然而，这样的事情真的出现了。”克里斯汀在 24 岁谈起她失去母亲的事情时仍会语塞：“如果你 10 年前问我，我是否觉得妈妈会死去，我会说‘我？绝对不会。我妈妈？绝不可能’，我从未想过这件事。在我们所居住的僻静的小镇上，据我所知没有谁的妈妈去世了。我想这件事不会发生在我身上，因为我们是那么其乐融融的一家人。母亲的去世彻底撼动了我的世界。”

父亲的去世也同样让人悲恸，不过通常不会激起这样的愤慨之情或者吃惊之状。这多少动摇了我们对于世界的假设：在某种程度上，我们一般预设，父亲会先于母亲去世。依照一般人的观点，女性比男性长寿。过去 100 年中，在美国，男性被认为会比女性更早离世。如今普通 20 岁的美国男性的期望寿命是 77 岁，而普通 20 岁的美国女性活到 82 岁的可能性更大。美国男性在 15～55 岁死亡的可能性比美国女性高 50% 以上。

不过，这并不表示女性就不会英年早逝。恰恰相反，在2011年，25～54岁的美国女性死亡人数为111 000个。在2006年，有676 000个不满18岁的美国孩子失去了母亲，其中33 000人为女孩，将近25 000个女孩失去了双亲。据估计，在美国每年有1 100 000个不到60岁的女性在童年或者青少年时期遭遇母亲死亡——这是一个极为保守的数字，因为这其中没有包括在18～25岁之前母亲去世的女性，也没有包括因父母离婚、母亲酗酒或受到监禁、孩子具有心理或者身体上的长期疾病而被母亲遗弃的女孩。⊖

然而，从人们的内心来说，没有人愿意相信世上还存在没有母亲的孩子。我们从心里拒绝承认失去母亲的事实，无论我们处于什么年纪，在我们心里母亲都代表着舒适和安全。母亲与孩子之间的纽带根蒂相连，我们将这一纽带的作用与孩子情感的消失联系在一起。因为每个人都把童年时期对走失和孤单一人的恐惧带入了成年时期，所以没有母亲的孩子形成了更为黑暗和不幸缠身的自我形象。母亲的离世是每个人的梦魇，是人们无法想象又无法忽视的事。然而，接受失去母亲所带来的巨大冲击或长久悲伤，意味着认识到自己将来有同样的结果。我记得在我母亲去世几个月之后，我和高中最要好的朋友打电话。我对她说了我最近遇到的困难和事情，我直接就把这些事情与我母亲刚刚去世的事情联系在一起。“霍普，”她坚定又不失温柔地说道，“你不能再有这种想法了。你不能把发生在自己身上的所有不好的事情都怪到你母亲去世这件事情上。这件事情对你的生活的影响什么时候是个头儿呢？”

我知道她说的有道理。我一直在寻找不存在的关系，把没有正

⊖ 据估计，有114 000个不满18岁的女孩居住在寄养家庭里，还有超过1 000 000的女孩在祖父母或者外祖父母家里生活。到2007年为止，147 000个孩子的母亲被关押在监狱里，这一数字比1991年翻了一番。这些孩子大多数由祖父母或者外祖父母抚养。

当理由联系的事连接在一起，试图为意料之外的行为找原因、找借口。有时，甚至我在做出这种举动的时候都会感到不可思议。与此同时，毫无疑问的是，我知道母亲去世这件事永远地改变了我和我的未来。马克辛·哈里斯（Maxine Harris）博士在《永远的损失》（*The Lost That Is Forever*）一书中指出，当双亲之一英年早逝的时候，孩子直面死亡，这会改变孩子在接下来的人生之中看待世界的方式。“有的时候，有些事件如此重大，以至于不可能不对与之有牵连的一切产生影响。”她写道。我所有的想法和感受怎么可能不追溯到那条导致了我的人生曲折重重的分界线（将我的人生分为“之前”和“之后”两部分的那个事件）上呢？

当我15岁时，母亲被诊断患有癌症。她去世的那年，我刚满17岁。不像那些经历过失去亲人、有相对完整的个性的成年人，在儿童或者青少年时期失去母亲的女孩会把丧亲之痛纳入她正在形成的个性之中，并成为主导性的、有决定性的个人特征。失去母亲的女孩在年少时就了解到依恋关系可能并不持久，并且家庭能够被重新定义，她们在还是孩子的阶段就发展出成年人的洞察力。不过在帮助她们应对危机的时候，她们具备的仅仅是青少年阶段积累的经验。

年少时丧失至亲能让人变得成熟。对于女孩来说，或许比同龄人成熟得更快——无论是在认知方面，还是在行为方面。正如马克辛·哈里斯指出的那样，失去双亲比其他事件更容易终结童年。因此接下来的这个结果就不奇怪了——当丧亲之痛营在对全美各地408名20岁之前就失去了双亲之一的成年人做调查时，其中有72%的人认为，如果他们的父亲或者母亲没有去世，那么他们的人生会“好很多”。㊀

㊀ 这项2009年的调查是由New York Life Foundation资助、民意测验公司Matthew Greenwald and Associate协助完成的。这项调查还发现，在美国20岁以上的成年人中，每9个人中就有1个人失去了父亲或者母亲。

年仅十几岁的女孩可能不得不在母亲离世后筹备一场葬礼，承担起照顾弟弟妹妹的责任，或者要照顾家庭和家中体弱多病的老人。然而，这时这个女孩还没有高中毕业。母亲离世还意味着失去家里一直以来的家庭支撑，曾经为她提供安全港湾的家被动摇了，她不得不以其他的方式发展出自信和自尊，没有了母亲或者像母亲一样的人物的引导，女儿不得不自己拼凑一个女性的自我形象。大多数女孩会在青少年时期与母亲分开，发展出个人的特征，然后尝试作为一个自主的成年人回到母亲身边，然而没有母亲的女孩则只能独自前行。

早年丧母的女性在成年、结婚和为人母等方面的经历是非比寻常的。“你不得不自己摸索如何成为一个母亲。”凯伦说。她 29 岁，在 9 年前她的母亲去世了。“你会听到别人对你说，别担心，你做得挺好，你在尽全力做到最好。当然，你可以给你的朋友打电话，朋友会对你说这样的话，或者你可以给关系亲近的亲戚打电话，亲戚也可能会说这样的话。事实上，你期望说这番话的是当你磕破膝盖时给你上药的人、在你拿着只写了及格的成绩单回家后安慰你的人、帮你准备你人生中的第一个柠檬水摊位的人。那个人（母亲）看着你迈出每一步，并且真的了解你，至少在你看来真的了解你——她才是你一直寻找的人。”

我们多久才会回忆过去并且修正一次记忆？为人母给了我这样的机会。与两个女儿的日常琐事不断地让我回忆起我的童年时光，那时我的母亲正担任着我现在的角色。如今我对她的看法已经和以前大为不同了。我现在慢慢明白了，她是那么有办法、有耐心、毫无保留，又是那么生涩和无所适从，而且还那么年轻。

这是许多背景各异的失去母亲的女性分享的经历之一。无论本书在书架上待多少年，无论我在旅途中遇到多少失去母亲的女性，我总会为我们之间的共同之处惊讶不已——无论在什么年纪失去母亲，无论因为什么而失去了母亲，无论种族、宗教、社会经济构成以及我们现在的年龄如何，失去母亲这件事为我们抹上同样的颜色。核心身份问题跨越了原本可能会阻隔我们的障碍。作为失去了母亲的女性，我们有普通女性朋友没有的特点：对孤独的敏锐感觉；对自己生命有限的犀利意识；一种“陷在”情绪发展之中的总体感觉，仿佛自从母亲去世我们就不再长大，不再变成熟了；在恋爱关系中寻找一种对方无法给予的高要求的照顾；想要把我们失去或者从未有过的母爱给自己的孩子；对失去其他所爱之人感到焦虑；对每天生活中的“小欢愉”感激不已，以及很早就失去至亲而得到磨炼、强化，甚至解放自己，让我们能够做出原本可能做不到的改变和决定。

第1版中的大多数原始采访被收录在这个20周年纪念版中，此外我加入了一些新的素材，还有1994年未发表的一些专家的研究成果。本书包含99个失去母亲的女性的采访内容（亲身接受采访或者通过电子邮件的形式）、调查资料（参见附录A）、2002年10月～2005年6月关于1322个失去母亲的女性的互联网调查。尽管这些女性自愿接受访问调查，不具有随机样本的代表性，她们却背景各异，具有不同的种族、宗教和社会经济背景。从年龄跨度上来说，当她们的母亲离世或者离开家的时候，她们从婴儿到30多岁都有。接受访问的年龄最小的女性是17岁，最年长的女性是82岁。书中所有的人员姓名和地点都做了改变，仅在个别的情况下，在得到明确许可之下，该女士的职业才出现在文中。

自从本书面世以来，我的人生已经发生了很大的改变。如果你能找到第1版，你会读出作者是一个年轻的单身女性，住在纽约的一个小公寓里，事业刚刚起步，在想她将来是否会结婚生子。她的书充满探究和疑惑，还未凝练成经验和洞见。如今，我从中年母亲和妻子的角度来写作，我与两个女儿和丈夫一起住在洛杉矶圣莫尼卡山中的房子里。我打包好孩子们的午餐，开车带孩子们去上钢琴课，去参加足球训练，校阅英文论文。从许多方面来说，我已经成了我曾经失去的那个人。

不过，还是有很多没有改变的事。我的人生之中还是有一个巨大的遗憾，我本该有一个母亲，现在孩子们本该有一个充满母性的外祖母。我仍然在有好事情发生、坏事情发生或者没什么事情发生的时候，希望能打电话给我的母亲，和她说说话，说说这一天我是怎么过的。我仍然顽强地依靠自己，我还是会在秩序良好、可预测的环境中感到自在。尽管我已经对自己英年早逝的担心减少了，我仍然害怕我所爱的人死去。如今更甚，可以说现在我的赌注更大了。每天，我看着我的女儿们，祈祷我能看到她们上完高中还有接下来的人生之路。

有时候，我会想再给我的那个高中时期的好朋友打电话，就是那个问我母亲逝世对我生活的影响什么时候是个头儿的朋友。经过多年，我仍会告诉她，“一直都有影响”。这件事影响一切。当母亲离世，女儿陷入悲伤。然后，女儿继续生活。她会再感受到幸福，这真好。然而，那个失去了母亲的女儿、那个想要母亲的女儿、那个希望母亲还在身边的女儿依然存在。余波永无尽头。

致谢

感谢为本书的出版发行做出贡献的人：我的经纪人伊丽莎白·卡普兰（Elizabeth Kaplan），我在艾奥瓦大学早期的导师卡尔·克劳斯（Carl Klaus）、玛丽·斯旺德（Mary Swander），曾经的编辑伊丽莎白·波尔（Elizabeth Perle）、杰基·康托尔（Jackie Cantor）、玛尔妮·科克伦（Marnie Cochran），现在的编辑蕾妮·塞丽尔（Renee Sedliar），以及阿迪森–韦斯利出版社、戴尔出版社、达卡普出版社的销售部门、市场部门和宣传部门的工作人员。你们帮助了成千上万的女性找到她们经历的轨迹。

从过去到现在，本书在世界各地的书友群不断扩大。我要感谢在美国的凯米·布莱克（Cami Black）、凯西·安达（Casey Enda）、劳丽·卢卡斯（Laurie Lucas）、玛丽安·麦考特（MaryAnn McCourt）、维姬·沃尔德伦（Vicki Waldron）、戴·卡明斯（Day Cummings）、瑞甜·格里高勒（Ruta Grigola）、道恩·克兰克（Dawn Klancic），我还要特别感谢科琳·罗素（Colleen Russell）和在伦敦运营 Butterflies 书友群的玛丽莲·保罗（Marilyn Paul）、在迪拜运营首个书友群的乔安娜·艾斯库（Joanna Askew）、在加拿大的艾伯塔家中管理本书 Facebook 群组页面的艾丽卡·凯斯（Erica Keyes）。

我要特别感谢艾琳·鲁伯姆–凯勒（Irene Rubaum-Keller），她是洛杉矶书友群的创始人，并且与我在 2014 年合作举办了本书的图书交流会。我要特别感谢《无父母的父母》（*Parentless Parents*）一书的作者艾莉森·吉尔伯特（Allison Gilbert），她还是一个勇敢无畏的徒步登山者。我要特别感谢《黑鸟》（*Blackbird*）一书的作者、我的知心好姐妹詹尼弗·劳克（Jennifer Lauck）。时间过去了一年又一年，你们三人总能带给我惊喜和启发。

多年前，当在 HBO 电视网上首次播出的纪录片《逝世母亲俱乐部》（*The Dead Mother's Club*）开始拍摄的时候，烟和苹果电影公司（Smoke and Apple Films）的卡丽·鲁宾（Carlye Rubin）和凯蒂·格林（Katie Green）找到了我。能看着她们的电影逐步成片并且认识她们，我深感荣幸。

我永远衷心地感谢书中自愿接受采访并且倾诉心中故事的 99 名女士。她们的诚实和勇气触动了多年来的读者，并且会继续打动更多的人。我十分感谢本书的研究助理温迪·赫德森（Wendy Hudson），她对本书的材料如数家珍。

我感谢 Family Lives On Foundation 的菲利斯·西尔弗曼、J. 威廉·沃登、马克辛·哈里斯以及劳拉·蒙兹（Laura Munts）为本书所做的工作。我还要感谢俄勒冈州波特兰的道奇中心以及洛杉矶 Our House 的每位工作人员给我的不断指引。十分感谢你们的慷慨和你们的研究。

多年前，一个女人站在洛克菲勒中心的《今夜秀》（*Today*）录音棚外，拿着一个写着"谢谢你，霍普"的手写标语牌。我给了她一个纽约市帮助小组的宣传手册。她后来成了儿童悲伤社区中有史以来颇有奉献精神的志愿者（现在则成了治疗师），同时也成了我不可多得的可信赖的朋友。请米歇尔·科菲尔德（Michele Cofield）接受我对你深深的敬意。

多年前，阿奇漫画公司（Archie Comics）笔友服务项目帮我和明尼苏达的一个与我同龄的女孩成了笔友。我们在 8 年的时间中，几乎每个星期都会通信联系，我们一起经历了我母亲患癌症过世和在此两年之后她母亲过世。多年以来，她是我唯一可以交流丧母之痛的和我一样失去了母亲的女孩。西尔维娅（Sylvia），无论你如今身在何处，我想让你知道，在我最需要朋友的时候，你的友谊对我有多么重要！

感谢我的兄弟姐妹一直以来对本书的支持，即使在我对事情的看法与他们不同的时候也一如既往地给予我支持。我的父亲在 2005 年去世了。如果他能知道本书的生命力如此持久，他会为此而感到骄傲。还有我的母亲的生活和死亡是我写作本书的原因，也是我写的第一个故事——她是本书真正的女主角。

最后，如果在 1994 年没有纽约市的那群具有奉献精神的女性，那么就不会有书友群；如果没有书友群，那么我就永远不可能遇到我的丈夫乌兹（Uzi）；如果没有乌兹，那么就不会有玛雅（Maya）和伊登（Eden）。这两个孩子的名字中分别含有一部分我母亲的名字，因为她们我才相信永生不灭，通过她们我母亲的生命得以延续长存。

目录

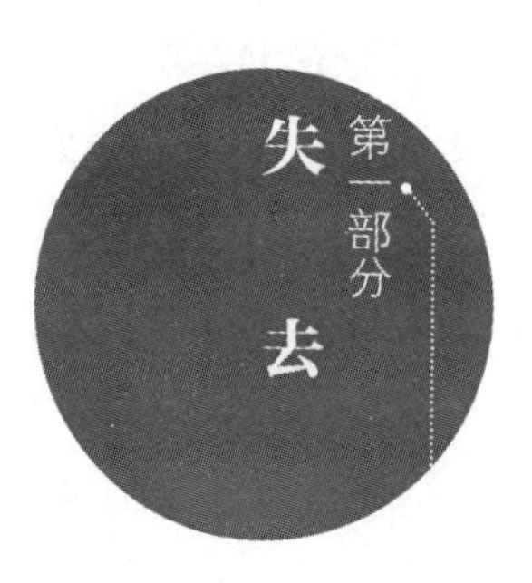

改
第二部分
变

第三部分
成长

[一][二] 参见华章网站 www.hzbook.com。

第一部分 失去

女儿失去母亲，母亲失去女儿，本质上都是女性悲剧。

——艾德丽安·里奇，

《女人所生》(*Of Woman Born*)

⁝第1章⁝

悲伤的季节

悲痛需要时间

我母亲在风华正茂的盛夏之时去世了。在她去世16个月前的一个下午，她从医生办公室回来，告诉我们她得了乳腺癌。整整16个月的化疗、CAT扫描，她拼命坚持，多么期望能通过这些常规治疗回归正常生活。每天早上我们一起拿出橙汁和维生素，但是她还要吃下那些阻止癌细胞扩散的白色椭圆形药丸。放学后我会开车带她穿过城区去进行肿瘤治疗，回家的路上她跟我保证她肯定会活下去。我是那么相信她的承诺，真的。虽然我亲眼看着她一点点地掉头发，一点点地丧失尊严，直至最后没有了希望，我还是相信她会活下去。一切结束得很突然，我们都毫无准备。1981年7月1日，她在后院晒太阳时发病了。12日拂晓前，她离开了我们。

母亲去世时年仅42岁，刚刚度过她人生的中点，而我刚满17岁，妹妹14岁，弟弟9岁。父亲失去了终身伴侣，茫然不知所措，不知道如何安慰我们这些孩子和他破碎的心。在癌症将我们一家五口变成四口之前，我一直以为我的家是纽约市郊最典型的美好家庭：父亲在城里上班，母亲在家带孩子，我们有一栋带着精心修葺的院落的房子、一条狗、一只猫、两辆轿车、三台电视。悲剧似乎应当远离我们这样的家庭，不应当破门而入。

与其他失去母亲的家庭一样，我们对此处理得很好，也就是说，基本上，我们避免谈论这件事，假装振作。我们家本来就不善于表达自己的情感，我们也不知道如何去表达自己的悲痛。我们身边没有朋友或是亲戚有着相似的经历，也没有可以参照的样本，得不到坚定的扶持。母亲去世后的第一年，我们照常上学、度假，依旧每两个月理一次发。好像失去一位核心家庭成员是根本无关紧要的，只需要将家里的各种事项重新调整一下就可以了。愤怒、罪恶感、伤心、悲痛——所有的情感都被压抑着，只有当我们实在承受不了时才如同炸弹般突然爆发。

1982 年秋天我离开家，前往中西部去上大学。我渴望成为一名新闻记者，坚定地希望自己去体验母亲从未经历的生活。母亲在 1960 年大学毕业，获得了音乐学位，同时也戴上了结婚戒指。然后她的活动领域很快就仅限于那栋郊区农场的错层小房子了。我决意自己的生活将要走向世界。母亲去世后的那些年，我驾车横穿美国，研究卡夫卡（Kafka）和波伏娃（Beauvoir）的思想，与不同种族背景的男生约会，还自己背包到欧洲去旅游。不论旅行到哪里，我的内心总是有着无法抹去的忧伤——无论怎么努力都无法摆脱。某个人死去，你伤心地哭了，然后你继续前进。对我而言，这并不难以理解，最让人迷惘的是这个人的离去竟会时断时续地影响着我后来的生活。1981 年 7 月的一天凌晨，癌症夺走了我母亲的生命。过了 13 年我才开始认识到她的死是如何持续不断地影响着我所做出的选择、我的交友以及我的发展方向的。

我用了 7 年的时间才开始明白关于悲伤的一条核心真理：你越是想避免悲恸，悲恸就越是不离你的左右。让悲伤释然的唯一办法是咬紧牙关，感受痛苦。

大学毕业后的那几年，我住在田纳西州的诺克斯维尔。我在一家杂志社工作，在一座 12 层的红砖楼里办公，那里以前是一个旅馆，据说汉克·威廉姆斯（Hank Williams）和艾丽丝·库帕（Alice Cooper）的大蟒蛇在去世前的几个晚上都是在这儿度过的。这栋楼坐落在市中心的一条主干道上，紧挨着一栋已经被送进监狱的臭名昭著的布彻兄弟建造的大厦。大厦是高科技设计，多数办公室空着，楼体几乎由玻璃构成。把我办公的地方说得这么详细是因为这个位置很重要。在布彻大楼前有一个交通信号灯，还有一条人行道，每天我都从那里穿过欢乐大道。

那年我就要 24 岁了，那片街区有种叛逆的历史，也不知道那个秋天我经历的事情和这有没有关系。那年根本就不是我的幸运年。那年 5 月我深爱的男友突然和我提出分手，我的内心世界瞬间崩塌。于是我通过同另一个男孩频频约会来安慰自己，但他后来醒悟我并不爱他并在夏末离开了我。两周后，我又卷入一场酒吧混战，害得自己躺在急诊室里，嘴唇裂了，脑袋上被砸了个高尔夫球大的包。可以说，我的生活有点失控。那时我住在一间小小的白色房子里，就要付不起房租了，满脑子只剩下逃避的念头。邻居都当我是研究生、和平队员、俄勒冈中心一个素食协会的会员，没有什么特别的喜好。我怕自己会不停地和朋友唠叨诉苦，就深居简出，经常向不会表态的小猫征求意见。孤独时，我就在傍晚溜出去到街对面采野花，与邻居的山羊和绵羊玩儿。这日子听起来像隐居田园，实际上我很害怕。除了我自己，没人来照顾我，而且对工作我也觉得力不从心。

10 月中旬，我每天早上很晚才去上班，中午午餐休息两个小时，每天要穿过欢乐大道好几趟。在一个特别的下午，我从邮局回来，走在人行道的中间，抬头望了望天，正好有一片乌云飘过，我看见阳光从布彻大楼的玻璃上反射回来。这种感觉怎么说呢？这就好像我被一只 46 号大的工作靴一脚踢在肚子上，胃部痉挛，无法呼吸。信号灯变为绿灯，汽车开始鸣笛，几辆车开过我的身旁，还有人摇下车窗，冲我大喊：“哎！不要命了？”

我说不出话来，也动不了。那时我站在那里，满脑子想的都是：“我想要母亲！我想要母亲！现在我想要母亲。”

这是来自内心深处的呐喊。自从7年前母亲去世，我从不允许自己想念她。相反，我一直说服自己不再需要母爱了。虽然因丧母而过早获得自由和独立很不幸，但这些也是值得我珍惜的财富。拥有这种情绪的人通常不是太过年轻就是太过天真。24岁的我认为自己已经驶离了所谓的悲伤五步骤——那是母亲躺在太平间时一位社会工作者塞给我的小册子上罗列的。

自我否定、愤怒、博弈、崩溃、接受。那时这5个步骤听上去简单极了，就是对常规生命直白的5个反应步骤。母亲去世前的那个晚上，我很崩溃，不停地祷告，我祈求上帝或是任何存在的神灵能接受我的简单交易。虽然在此之前我从未考虑过死亡，但是那天晚上我恳求代替母亲在睡梦中死去。我知道我们这个家更需要她。我错失了全部中间步骤，我本可以向上帝祈祷，请求上帝让我的妈妈身体健康，我保证再也不和她顶嘴了，那时我并不知道她就快不行了，而现在，我相信在最后的几个小时里，只有无私的行为可以救她。清晨的阳光告诉我奇迹是几乎不可能发生的。后来我发现自己的这次尝试将我定位于博弈这个阶段，这使得我有了些许安慰。在悲痛的情感标尺中，我已经位于中点了。

7年后，每次提起母亲我都不会再哭了。当有人听到我母亲已经去世而说“我很抱歉”时，我会回应恭敬的微笑，毫不反感地点点头。时间治愈伤痛的魔法已经奏效。每个人都说时间会治愈一切，而我证明自己没有母亲也能生存下去。我认为自己做得还不错，也认为自己某种程度上已经取得了胜利。一直到那天站在人行道的中央，我很困惑，那种自豪感没有了，难道自己过去的一切都错了吗？从那以后我对悲伤的理解是：悲伤不是线性的，是无法预测的，是平复和自我控制的。有人严重误导了我们，暗示我们悲伤有着明确的开端、中期和结尾。那是虚构的，并不是真正的生活。

悲伤是循环往复的，与四季交替变换、月亮阴晴圆缺是一样的。没有人能比女人更了解悲伤，因为女人的大半生都要经历生理上的月经周期。几个世纪以来，了解悲伤节奏的作家也用季节隐喻来形容悲伤的过程——由悲痛的低谷走向重生的巅峰，然后又回到起点。

悲恸的历程和任何循环一样：周而复始，只是每个循环的步骤稍有不同，但基调是相同的。一位失去母亲的女儿的确在情感上要经历自我否定、愤怒、困惑和重新定位的过程，但是新的发展任务会不断地再次唤醒她对母亲的渴求，使其对悲恸的反应不断重复呈现。比如说一个 13 岁的女儿遭遇母亲心脏病突发去世，在最初的打击和震惊后，她会竭力做到战胜悲痛，但是 5 年后，当她高中毕业时，会发现自己痛苦地思念母亲，再一次伤心欲绝。在这之后的不同成长阶段，她都会重新回归到悲痛者的位置——筹划婚礼时、生育第一个孩子时、被诊断身患重病时，或是到达母亲去世的年龄时。在女儿生命的每个重要时刻，她要在没有母亲支持的情况下迎接自己害怕面对的新挑战，但是当她成功的时候，母亲却不在那里。女儿原有的失落和被抛弃的感觉就卷土重来，并就此循环往复。

悲伤迟来 7 年也不算是迟到太久。在我收到的信中，有些女性说她们的悲伤迟到了 20 年、30 年，甚至更长时间。“有些人到成年中期时才意识到这种缺失的影响，”以色列心理学家，《没有你》（*Without You*）一书的作者塔玛·格纳特（Tamar Granot）说，“有的时候，这种迟来的意识会在他们的生活出现改变的时候被激发，尤其是在成年危机觉醒的时候。”她说，对职业选择的不确定、维持一段关系的困难，或者自己孩子的问题，这些能够突然让一个女性意识到她如今的行为和她还是个孩子时的创伤之间的关联。

我们通常很没有耐心，总是习惯于很快满足所有需要，但是悲伤需要顺从时间的力量。伊丽莎白·K.罗斯（Elisabeth Kübler-Ross）的哀伤五阶段颇为流行，是20世纪八九十年代的丧亲之痛模型，最初是为了疾病晚期的病人接受严峻的诊断消息而发展出来的，而不是为了他们离世后留下的家人（一个悲伤咨询网站现在建议将其改名为“接受灾难性消息的五个阶段”，并且因其对悲恸的人的害处大于益处而不再将其当作一种丧亲之痛模型）。我更喜欢J.威廉·沃登的悲恸的四个任务：接受损失（第一个任务）、应对损失的现实（第二个任务）、适应新环境（第三个任务），以及从情绪上给失去的至爱重新定位（第四个任务）。不过其实，我发现对于大多数悲恸的人来说只有两个阶段与他们有关：你感到非常糟糕的阶段，还有接下来你感到好受一些的阶段。从一个阶段到另一个阶段的过程是缓慢、混乱而且情绪化的，也没有严格的规律可言。

希望悲伤是稍纵即逝、可预测的过程的想法使得我们过于病态化这个过程，把正常的反应看作异常痛苦的标志。要是一位妇女每年圣诞节都因为思念母亲而哭泣，我们就认为她无法从过去走出来，即便所有人都希望她的人生能按计划不断推进。数数看身边有多少朋友和同事希望我们能在6个月之内战胜悲伤，就如那些书上所宣称的神奇6个月之限？我们自己又有多少人希望如此呢？夏天人们还不断提起母亲去世的事情，到了秋天就少有人再提及，而冬天下雪时就缄口不提了。那时我就责备自己：已经6个月了，继续自己的生活吧。

一切该过去了，我努力了，我真的努力了！然而，将同母亲朝夕相处的15年或20年用几个月的时间释怀是不可能的。如果说将一个生命带到人世间要9个月的时间，我们有什么理由认为会用更短的时间忘记一个鲜活的生命呢？

无论你是否准备好，悲伤来了

关于儿童和青少年是否有能力悼念至亲的死亡，心理学家已经争论多年了。成年人有多种感情倾诉的渠道（配偶、情人、孩子、密友以及他们自己），孩子却通常将感情指向一位家长或是双亲。一个女儿说："母亲的早逝彻底掀翻了我头上的保护伞。"她的说法并不夸张。

接受至亲的死亡需要多数孩子所不具有的能力：对死亡的全权理解；探讨他们感情的语言和鼓励；能否意识到这种剧痛不会永远持续；将对逝去家长的情感依赖在和其他人发展亲密关系之前转嫁到自己的身上。这些能力的发展和积累是通过孩子成长获得的，就像一列火车在每一站都承载一位新乘客，但是到某位家长逝去的时候，车上只剩下几个人了。

这并不是说孩子没有能力悼念家长。只是他们的悼念方式与成人大不相同。随着他们的认知和情感能力的成熟，他们悼念的过程非常漫长甚至延续至整个发展过程。一个5岁的女孩也许认为死亡就是睡着了；在其11岁时，她才明白母亲去世了，再也不会回来了。于是她不得不应对失去母亲的悲痛，并为这新的觉醒而愤怒，虽然这时距离她真正失去母亲已经6年了。珍妮弗今年20岁，她4岁的时候母亲自杀了。她知道母亲死亡这件事，但是无法理解其深层的含义。一直等到其认知能力和情感能力完善后，她才接受了这个事实。"母亲是在车库里自杀的，一氧化碳中毒，"她说，"有很长一段时间，我认为是汽车漏油导致了她的死亡。这很荒谬，但这的确是我脑子里猜想的事。多年以后，直到我上了初中，我才意识到她是自杀的。当时我正和别人说起这件事，讲到一半的时候，我想：'我真是太愚蠢了。这怎么可能是漏油呢？'"母亲去世10年后，珍妮弗才开始新一轮的悲伤，因为她说自己还在努力疗伤。

成人通常是在失去之后马上开始悲伤，而孩子则是一点一滴地悼念，在被长时间地显著忽视之后，整个过程被一段段的愤怒和伤心分隔开来。成年人常常误解孩子这段时期的需要而封锁悲伤，认为他们还不懂得发生了什么事情，也不愿意接受这个事实，即使事实上孩子知道母亲已经去世了。随着时光流逝，孩子无法忍受严重的情感痛苦，尤其是无法从他们信任的成人那里得到支持。与公开地表示悲痛相反，孩子通常是通过玩耍说明内心的想法。刚从母亲葬礼上回来的女孩也许直接就奔向自己的玩具箱，好像对白天发生的事情表现得无动于衷，但是她的玩耍可能在告诉我们什么：如果她将四块积木排成一排，而另一块却在稍远的地方单独摆放，她可能是在演示自己失去至亲的经历。

芝加哥精神分析研究所的巴尔·哈瑞斯童年分离与失去父母研究中心的治疗专家发现，孩子的悲痛反应是受活着的父亲或母亲行为的直接影响的。“如果活着的父亲或是母亲的康复过程很缓慢，比如异常消沉，或是好像什么事情都没有发生，或是面对杂乱无章的事情而身心疲惫，那么孩子接受失去亲人的事实就更困难。”南·伯恩鲍姆（Nan Birnbaum）说。她是社会科学硕士，于20世纪90年代在巴尔·哈瑞斯中心为失去亲人的孩子以及他们的家庭提供咨询。“我们注意到如果孩子身边的家长能很好地应对亲人死亡，那么孩子通常在亲人事实死亡后的6～9个月开始感知丧亲之痛，他们需要安全和心理保障才能感受到那种强烈的痛苦。孩子身边的家长必须在孩子能够放松、感觉能安全地伤心之前就重拾生活的碎片，将一切打理得舒适些。有时有的家长做好这些铺垫需要一年之久，那么孩子就不会马上为失去亲人而悲痛，而是在一年半后爆发强烈的情绪反应。”通常，孩子不太可能不受在世亲人情绪的影响，如果他的亲人持续陷在某个悲伤的情绪阶段，那么孩子也会如此。

研究人员发现，失去亲人的孩子能继续茁壮成长需要两个条件：一是有稳定的、健在的家长或是其他能迎合其感情需求的关爱者，二是有释放情感的机会。单单心理关爱是不够的。能表达悲伤的孩子以及在自身环境内能够感觉安全的孩子最有可能消融丧亲之痛，并避免日后更为严重的痛苦，但是这类孩子还是会继续面临困难——无法停止悲痛的父亲、嫌弃她的继母、不稳定的家庭生活，这些都能随时中断她的安全感，把她打回原形。

由于有和同龄人的密切交往以及抽象思维的能力，青少年能从“母亲去世了”直接跳跃到“我的生活还将继续”——这和成年人悼念的步骤相似，但是他们的经验仍受自身发展的局限。有的专家认为青春期自身就是一种悼念的类型（为失去的童年、为过去的全能偶像、为保护型的父母），认为直到十几岁或20岁出头才能完成这种悼念过程，我们才不会突然地为失去某个深爱的人而伤心。青春期由于其不稳定性和不安全性，也许是我们学会放手的准备过程。

在青春期失去母亲的女性通常会说自己从那时起丧失了哭泣的能力，甚或若干个月后或若干年后都无法恢复。在其成年后回忆并讨论母亲的逝去时，哭泣能力的丧失通常被认为是一个人过去的污点，是自我指责的要点：我到底怎么了？为什么我哭不出来？我到底有什么问题？

桑迪的母亲在20年前患癌症去世，34岁的她仍然记得自己那时候的困惑。“我在母亲的葬礼上一直没哭，”她说，“14岁时我不想让别人知道我很伤心。我记得从葬礼接待室回来的路上，我和朋友坐在一起，就是待着——因为我不知道怎么办才好。你知道的，我不想站着，好像这事令我很心烦。我不知道如何去伪装。那儿有大片林地，我下车独自坐在一个原木桩上，伤心地大哭，但不曾泪洒葬礼。”

作为对重创的回应，年纪稍大的孩子和青少年不会像成人那样纵情哭泣。尤其是十几岁的孩子，常常对自己潜在的情感回应的强度感到恐惧。几岁的小孩可能会冲动地大哭，不考虑情感爆发是否会结束；十几岁的孩子也许会认为她会“失去”，从而认为悼念是一种威胁。社会福利学硕士丽塔·洛夫（Rita Love）在伊利诺伊州埃文斯顿的西北大学对学生中的丧亲群体进行调查，和被调查者第一次会面时，她会给出一份表格，列出和这个群体相关的期望和焦虑。“通常，他们最初的恐惧是害怕自己会在情感上永远失去亲人，”她说，“他们害怕自己来到这里会哭泣，然后大概有10%的人会走出门，回到自己的宿舍或班级。他们害怕由于自己过于伤心而不能重新开始自己的生活，但是那种情况基本上从未发生过。6个学期以后，我重新发给他们一样的调查问卷，他们都说的确很害怕，而且从未停止过。”

如果失去亲人恰好出现在一个女孩正和家庭抗争、征求独立的时候，她也许会将哭泣和其他的情感爆发形式同依赖性的退化联系起来，认为那是孩子的行为。因为她将“哭泣”等同于“幼稚”，从而避免任何公开表达情感的方式。母亲去世使她感受到的被抛弃感因为其他正常青少年的疏远而加剧，于是她感觉自己被隔离了，也就更不敢表达自己的悲伤情绪。

要说明的是，我的家庭是交流感情的安全论坛，我们讨论母亲的死和她的生活，每个孩子都发现有人给他提供必需的情感支持。事实并非如此，面对突然降临的、对3个他不怎么了解的孩子要承担的责任时，我的父亲无法兼顾自己悼念爱人的情感需求，而且他也不是一个习惯求助于人的男人。我不认为他那时候和谁讨论过母亲的死，至少他肯定没有和我们讨论过这个，而且就算提一下母亲的名字他都会热泪盈眶，甚至是躲进自己的小屋里，而我的妹妹、弟弟和我静静地看着盛满丰盛晚餐的盘子干坐在桌前。看到自己挚爱的父亲这样逼近崩溃的边缘是非常可怕的，所以我们决定无论如何不让这种事情再发生。我们学会绕弯子说话以免让父亲情绪激动，沉默笼罩着我们，就像挥之不去的浓雾。母亲去世后两个月左右，我们就再也不提这件事了。

沉默和压抑使我变成一个情绪化的冷面模特，冷冰冰的、如假人一般的完美存在。母亲去世的那天晚上，我走进粉饰感情的幸存怪圈：没有眼泪，没有伤心，只有精心粉饰的微笑和强烈维持现状的愿望。如果我无法控制外部的混乱局面，我就会尽力通过自我克制去平衡。我怎么能向内心的强烈情感妥协呢？我的父亲后来在家里同来参加葬礼的亲戚说我是这个家的“顶梁柱”，他说：“要不是霍普，我们都得崩溃。”然后亲戚点头称是。

当然，他们的称赞只是进一步激励我维持自己轮廓分明的大理石面具。那些年我从未被击垮。在我们家，母亲是孩子哭泣寻求安慰的安全地带，而父亲则总是板起面孔，不赞成情感的随意释放。我需要有人来告诉我感到愤怒和绝望是正确的，但是对于我各方面的成熟、负责任的行为，我得到的只有鼓励。也许，对一个 17 岁的女孩来说，希望获准表达感情有点孩子气。如果我没有遭遇这种情况，我也会这么想。

像我们这样的家庭并不少见，许多家庭甚至认为最无害的悲伤表达方式是对逝去者的回忆，而且还羞于面对痛苦。我们的文化鼓励女性表达情感，而要求男性抑制自己的情感，于是和父亲在一起的女儿就处于非常不利的位置。父亲也许会感觉很悲伤，相对于其他家庭成员甚至更加强烈，但是他已经社会化了，能抑制自己的情感，而解决问题常常会令他们感觉窒息，或是耻于情感表达。“我父亲的意思，对我表示得非常明确：‘你哭什么哭？是不是我们都要完蛋了？’这就是他的真实想法。伤心、悲痛和哭泣在我们家就是灾难。他不允许我们这样。我真希望那时我能反击他：‘这不是真的，父亲！’然后我就哭个不停。最后我抬起头跟他说：‘看，什么事儿也没有，没有电闪雷鸣。’然后他也哭了，但是那又怎么样呢？哭泣为什么那么危险？我在治疗中心哭得够多了。我对治疗专家很不满意，治疗毫无效果。我想也许我的情感表达对我们家而言有着某种否定的力量。我还真以为自己有那么大的能量，其实根本不是那么回事。”莱斯莉的母亲在11年前去世，28岁的她回忆说。

悲伤不会因为我们努力把它锁在封印的抽屉里就消失。相反，那是鼓励我们去努力应对的方式：忽视痛苦，它就会溜走。任何尝试过这种方法的人都知道这是多么虚伪的事实。“从根本上说，并不是母亲去世这件事令你疯狂，”29岁的雷切尔说，母亲去世时她14岁，“而是你不能谈论它，不能让自己老想着这件事。”沉默的声音，没有任何回应，这些都比事实的言语更让人难以释怀。对悲伤缄口不提只意味着它会另寻出路，从眼睛、耳朵甚至每个毛孔渗透出去。

感知还是不去感知

虽然不愿相信，但我们终究无法逃避一个不幸的事实——悼念令人心碎。“比如看到你的手或是她的东西这样的小事儿都让人抓狂，内心的伤痛一触即发，就想快点儿逃离这儿，”26岁的多恩说，她母亲3年前自杀了，“但是你不知道该逃到哪里去，因为没有什么地方可去。你会给父亲打电话和他倾诉，他只是说：‘给你买张飞机票，你就能离开这儿了。’但是这样做又有什么好处呢？你还是要和自己脑子里的这种想法打架。”

《继承的规则》（*The Rules of Inheritance*）一书的作者克莱尔·比德维尔·史密斯（Claire Bidwell Smith）在这本回忆录中述说自己在刚上大学时如何应对母亲去世，在10年之后应对她父亲离世，以及在她母亲去世后她回忆自己在麻木中过了3年。她写道，悲伤袭来，比她想的更为猛烈，在20岁的时候，她辍学离开了大学校园，到了纽约端盘子。

> 我的悲伤充满了房间的每个角落。悲伤占据了所有的空间，吞噬了空气，没给别人留下任何空隙。
>
> 悲伤和我常常相依相伴。我们一起抽烟，一起哭泣。我们一起望向窗外远处的克莱斯勒大厦，我们拖着疲惫的脚步穿过公寓中又黑又空洞的一个个房间，就像是矿工在地下漫无目标地寻找出去的路……
>
> 悲伤是个占有欲极强的家伙，我无论去哪里都得带上它。
>
> 我拖着悲伤出门，去餐厅和酒吧，我们一起在角落里闷闷不乐地坐着，看着人们在我们周围来来往往。我带着悲伤去购物，我们在超市中逛来逛去，我们都空虚到买不了任何东西。悲伤和我一起沐浴，我们的泪水和肥皂水混在一起，悲伤和我一起入睡，它温暖的怀抱就像是镇静剂，让我无意义地长时间不醒。
>
> 悲伤是一股力量，我被这股力量所包围。

悲伤蕴涵着风险：我们不得不向情感妥协，让他们按照自己的轨迹运行。保持对情感的控制给我们以正常的假象，但那是以什么为代价，又能持续多久呢？43岁的丽塔，其16岁时母亲因癌症去世，丽塔说刻意地避免悲伤使得她表面上看起来很坚强，没有摧毁自己的情感核心。

> 我害怕如果让自己感知到内心的剧痛，我就会马上崩溃了。我不能这样做。理智地说，我知道这不真实，但是我不打算尝试。我接受过各种治疗，成百上千种治疗方法，

> 而且总是下意识地妥善处理母亲去世带来的悲伤情绪。我知道自己需要抚平伤痛，但是我做不到。对于陌生人，我也从未展露过脆弱的一面。
>
> 我痛恨自己对真实情感的否定，也不愿意承认我的力量源泉就是因为不能感受到深深的情感。尽管这种说法很怪异，但是从某些层面上来讲，正是因为如此我才得以幸存。我工作出色，像母亲一样从秘书起步，现在也拿到了学位。我社交能力强，同成百上千的各色人等打交道。我觉得自己之所以能胜任正是因为逼着自己必须是个女强人。我不得不平衡自己的两面性，一面是女强人，另一面就是一个失去了母亲并会为此崩溃的小女孩。

丽塔说她希望自己能够面对悲伤，但是这只是悲伤者旅程的一半，另一半就是准备去拥抱痛苦。田纳西的7年是一个分水岭，从那以后我才承认母亲的死对我有着深远的影响，或者说我才发现自己需要回顾过去、重新衡量这件事对我的影响，但那时时机还不成熟。我没有打算潜心研究，哪怕是浅尝辄止。我不得不等到心灵爆发的出现，直到不再为母亲悲伤的痛苦远远大于为她悲伤的痛苦。

注册社会工作者伊夫琳·威廉姆斯（Evelyn Williams）是杜克大学适龄学生失去亲人群体的一位治疗师，已经从事这项工作13年了。她坚称当悲伤来临时，我们内心深处是能够感知的。有好多童年或在青春期失去亲人的孩子已融入她所治疗的群体，开始准备第一次敞开心扉谈谈亲人去世后自己的失落感。一旦从心理上脱离家庭，获得心理上和情感上的稳定，不再担心被抛弃或是崩溃，他们就能挺胸抬头面对悲伤。我们的心理似乎能够保护我们，使得我们能够面对痛苦。我们内心的小闹钟会响起，提醒我们该醒醒了，回去工作吧。

归根结底，剧烈的情感斗争能帮我们接受母亲去世的事实。封闭自己、短暂地逃避痛苦也许会令我们暂时好过，却不是解决问题的根本方法。“理解和领悟失去母亲的痛苦伴随着无数次与现实的碰撞（她已经不在了，她不在了，她不在了），我们不断成长，想念着她，想见到她，想拥抱她，但是她已经不在人世了。”哲学博士黛蕾丝·兰多是罗德岛沃里克研究丧亲人群的专家，她 8 岁失去了母亲，17 岁时父亲也去世了。她说：“每当你这样想，就会非常痛苦，但是逃避痛苦的人永远不会真正了解痛苦的含义。从本质上来说，这种痛苦教会你很多。”

有一些女儿，比如丽塔，有意识地去回避痛苦。其他人则不肯放手，痛苦与母亲同在。兰多博士说：“这种伤痛已成为自己和深爱的人长时间保持联系的纽带，也许这是能使自己同逝去的人保持联系的唯一纽带了。有时将痛苦推到一边是缓兵之计，而有时紧紧抓住痛苦也是一种暂缓方式。我对失去父母的痛苦很克制。这样做很艰难，但是我不得不这样做，不得不寻找其他同父母感情维系的途径。”

当我们允许自己悲伤，就是让路给虚拟的感情大战：恐惧、反感、抛弃、罪恶感，还有气愤，而童年或是青少年时期失去亲人最常见的反应其实是狂怒，而不是痛苦伤心。对于失去母亲的女儿而言，这令她很为难。因为她早期所受的教育是“好女孩”不能表现出强烈的负面情绪，至少是在众目睽睽之下。传统文化多年来都形容愤怒的妇女是暴力的、疯狂的，被其触怒的男性都是悲剧英雄。《第一滴血》中的兰博（Rambo）持枪捍卫自己的丛林之路获得了雷鸣般的掌声，《末路狂花》中塞尔玛（Thelma）和露易丝（Louise）的公路枪战却震惊了全国。作为女人，可以效仿的释放愤怒的榜样几乎没有。我们不得不常常向冲动妥协，假装我们从未有过那种感觉。

这就会引起一系列不幸的反应，因为愤怒总是与我们同在，至少会存在一段时间。愤怒作为情感的第一反应，能够避免我们过度悲伤，直到我们可以平稳过渡到调整情绪的阶段，但是长期愤怒又使我们忽略愤怒之下的其他情感——反感、离弃、困惑、罪恶感、爱，这些才是悲伤建立的真正基础。

母亲去世后的这 7 年里，我怀揣愤怒四处流浪，就像背负着正义的、沉重的十字架，把自己定位成高尚的受难者，但是背地里却不能确信如何卸下这重负。我不可能听了“心理学入门”的讲座就将这十字架甩掉，轻松自由地走回家。相信我的大学室友会告诉你，我和她们一起住的日子里会定期大发脾气。那时，我每天都安排了很多活动——繁重的学业、学校报纸的出版工作、女生联谊会、志愿者工作、业余兼职，我没有时间独处。即便如此我也会抽空回家，紧紧关上卧室房门，把行李摔在地上，大声尖叫，说着词不达意的话，直到嗓子都哑了，把衣服从衣架上拽下来，把书本都扔到地上，把毛绒玩具都砸向墙壁。这种心理释放是一种解脱，而且是相当必需的。虽然这种狂躁对我们而言很恐怖，但它是我唯一能想到的释放愤怒的方法，只有这样我才能在外面表现得正常。

这愤怒是难以界定、四处弥漫的，也是我无法理解的。我一直以为愤怒有着特定的目标，是因为对父亲有意见，不知道如何调整导致的。没有特定的目标，我会在完全没有预料到的时候发脾气：和电力公司通话时、和男友共进晚餐时、无法长时间集中精力完成历史作业时。逛百货商店看到试衣间试衣服的母女，我就会瞪着人家。我真想把商场布置的母亲节贺卡都毁了。很长一段时间，我非常痛恨秋天，因为母亲喜欢秋天的氛围，喜欢那落叶纷飞，我为母亲不能再看到这些而悲伤难过。

“你知道这种感觉，”31 岁的黛比说，她的母亲 8 年前因癌症去世，“正开着车，你忽然感觉整个世界都崩溃了。旁边车里的人说说笑笑，继续开车。他们正常生活着，然后你就会想：‘天杀的，你有什么权利去笑？’因为他们没有经历这些。你不能理解为什么其他人所有事都还正常地进行，而你的生活却再也回不到正常的轨道上了。永远都不可能了。”

通常你会感到被上帝抛弃或是认为这世界亏欠所有年少时失去母亲的女儿，这是极端的愤怒：一种极端的愤怒被激起，但是潜伏在这表象之下的其实是女儿对母亲的愤怒。虽然她深爱着我们，虽然我们不应该迁怒于死去的人，我们还是为她将我们单独留在人世间而生气。对于那些抛弃了儿女或是自杀的母亲，女儿最直接的反应就是愤怒——她离开了我，即使是因病而死的母亲也会受到责备。

罗谢尔 52 岁，她的母亲在她 24 岁时患癌症去世了。她说：“20 世纪 60 年代初，我的朋友都要结婚生孩子了，而我却在为她清洗便盆。我很生母亲的气，因为她没有正常的生活，所以我也没有正常的生活。”又比如辛西娅的母亲在她 9 岁时去世，52 岁时她说：“20 多岁、30 多岁甚至 40 多岁时，每每想起母亲离开了我，我就很生气。这完全是非理性的。她不是成心要得肺炎死去。不管怎么说，在我的思想意识里总是有一片乌云，对她离开我有着冷酷的愤怒。就本身而言，这件事毁了我的人生。”

就像辛西娅一样，我知道我的母亲并不想离开我。我知道她宁可烧尽生命也想要看到她的孩子长大成人。事实是她离开了，留下我们来收拾她身后的烂摊子。即使是现在，她的离开仍是我们心上的一个可怕的空洞。到了节日，我们没有家可回，没有什么日子可庆祝。没有人告诉我我小时候是什么样子，也没有人让我重拾当母亲的信心或者安慰我这个母亲当得还不错。我的孩子没有外祖母。一家三代女性一起走在街上，我经过她们时，外祖母和母亲一起推着女儿的婴儿车，她俩被一个我没听到的笑话逗得哈哈大笑，这对她们来说只是一起度过的一个普通下午。我看到这一幕时心里的醋意胜过毒药，取代了当我看到一个母亲和女儿一起购物或者共进午餐时我的愤怒和伤感。

我仍时常感到愤怒，有时过于气愤我就会跺脚、尖叫。我做有氧健身操，以此替代在家里搞破坏、更换更衣室的装备、在受格式塔理念启发的方法中攻击代表母亲的空椅子，但是愤怒仍旧存在。难道我还在紧紧抓住母亲不放吗？或者这暴怒会永远成为我生命的一部分吗？

与其他情感一样，这愤怒带来了很重的思想包袱。对于我，就是相当强烈的愧疚感。从很小的年纪开始，我就收到明确的暗示——不能随便谈论她的死亡。对于母亲的去世，最重要的就是赞美要超过所有的一切，今后提到她都要权衡再三，要极力赞美，上升到一定高度。正如13岁丧母的弗吉尼亚·伍尔芙所写的："青春和死亡都散发着奇异的光芒，你很难看到其背后真正的事实。"

因为我们爱母亲，因为我们希望她们活着的时候完美无瑕，所以在她们去世以后称赞她们非常完美。为了安慰自己，我们编造出自己所希望的母亲形象。凯伦29岁，她的母亲9年前去世了。凯伦的童年因母亲酗酒而破碎不堪，她14岁时就离家出走了，尽管如此，她脑海中的母亲形象几近完美。"我母亲酗酒，但是现在我脑海中的她和她活着的时候不一样，她很聪明，很好，"凯伦承认，"就我而言，从我出生直到我离家出走，我穿的衣服被母亲整理得连个褶都没有。我知道自己这样做就是一种回忆，是以母亲希望的方式记住她。她非常希望自己很完美。这样对待她是给予她一直期望获得的尊重。"

与愤怒一样，理想化是对失去母亲的一种正常、有用的早期反应，聚焦于母亲身上的优点也巩固母亲地位的重要性，而拥有母女关系快乐的一面也是激起悲伤的较为温和的方式。每种人际关系常要受矛盾冲突的影响，每位母亲都是优点和缺点的混合体。要全面地悼念母亲，我们就得回顾过去，了解完美和爱的另一面。没有这些，我们记忆中的母亲就只是他们真实的一半，我们就会不再悼念那早已不再存在的人。

几年前，我的妹妹有次非常坦诚地说："母亲是位圣徒。"听众频频点头称是。我暗自思忖，一位圣徒？她是很仁慈、很有同情心、总是优先照顾其他人，我承认所有这些优点都是真的，但是她常常很紧张、不开心，而且不止一次帮我拿错主意。我不是有意要回忆那些片段，我也不是非要回忆那些事情，但是现在从一个成年人的角度来看，这些事情看起来毫无道理。回首过去，母亲就是一个吸烟的普通女人，喜欢在餐桌旁和邻居朋友煲电话粥。我 6 岁时，她会在我每天上学前帮我小心地、有条不紊地理顺纠缠在一起的头发。她还蜷在我的床上，耐心地听我唱着跑调的、准备在 13 岁成人仪式上唱的哈夫塔拉（haftarah）。我九年级时，她还曾为我拿着一盒子卫生棉在紧闭的浴室门前大喊。

这并不是她的全部。为了不让父亲伤心，她常常威胁孩子们，让他们保守秘密。当父亲有天晚上在车库摔门而去时，她坐在厨房大哭："我该怎么办才好？没有他，我就什么都没有了。"她因自己常常无功而返的减肥计划而深受打击，对 1978 年我的过度减肥也不干涉，一直到我 1.7 米的骨架子瘦得只有 90 多斤。在我第二次路考失败回家的路上，她一直在嚷嚷："我不会再整天陪着你在马路上闲逛了。你想都别想。"她还把 16 岁的女儿发展成自己的知己，跟我说她要离开父亲的理由，最后又罗列了一大堆离不开父亲的理由，使得我和父亲关系疏远。我听说每种情感都蕴涵着自己的另一面，但是从哪里开始，又是从哪里结束呢？当我回想母亲，爱、愤怒、愧疚感会交织在一起。我不得不努力分解它们，区别它们的好与坏，从而使母亲成为正面和反面特性的混合体。只有当我眼中的母亲在去世后和她生前比什么也不多、什么也不少的时候，我才能悼念她。如果我不能悼念这位坏母亲，我的一部分永远都与我拒绝见到的她的另一面紧紧相连。

悼念虐待子女的母亲

我们很难理解为什么当正反两面感情只能二选一时，我们会对所爱的人隐藏负面情绪。负面情绪和正面情绪一样能障目，这就是为什么虐待女儿的母亲也会因为去世而被怀念。这听起来好像将不可能和荒谬联系起来了：为什么要为一位实际上什么都没有给予我们的母亲伤心？如果你希望她离开或是如果她的死是解放了你，你感觉得到的比失去的多，为什么你还要不停地悼念她？

所有的联系，无论是正面的还是否定的，在女儿能够调和死亡和离去继续前进之前都需要进行评估。如果母亲是受害者，对于身后留下的女儿，这个过程就会更困难、更复杂、更加扑朔迷离。她常常会选择更注重母亲的优点，理想化她的形象，将伤害降低到最小，或者她会只看负面的东西，不知道伤害了她的母亲其实也很爱她。当22岁的劳拉回顾其与两年前被谋杀的母亲的关系时，这种混乱纠结是非常明显的。

> 在我还是小孩子的那几年，母亲非常呵护、疼爱我，因为我从不顶撞她。作为一个孩子，你并没有真正形成自己的个性，就是母亲希望你什么样，你就什么样。我就是她的全部生活。她总是和我说："你是我活下去的理由。""我比你父亲更爱你们。"和妹妹相比，实际上我听到这种话更多，因为我长得像母亲。等我长大些，我开始有自己的主见了，但她还是将我归到小孩子那一类："真

乖！”“你这小家伙。”

9岁时父母离婚，我就和母亲生活在一起了。她什么都跟我说，但她总是把事情弄得一团糟。我发现自己身上也有一团糟的影子，有时我很像她，咳！这是为什么呢？起因在何处？我不得不努力改变自我。

我仍然很生她的气。我不想再这样了，我希望在合理的限度内发脾气、悲伤，但我总是这么纠结。不，我真的不想恨她。不，我真的很爱她。

与劳拉一样，25岁的朱丽叶在17岁时失去了母亲，在接受母亲的辞世之前，她要处理好自己对家庭的矛盾情绪。她是8个孩子中最小的一个，生长于双亲酗酒的家庭，她常受到母亲的保护。母亲葬礼过后有将近7年，劳拉靠酒精来麻醉自己。23岁的时候，她突然发现自己“被卡住了”。“我陷入了困境。”她说。她的姐姐在戒酒互助协会，她也决心参加。当她逐渐清醒，7年来的感觉缓缓回归，她开始为母亲对这个家正面影响和负面影响而伤心。多年来，她们家的教育是拒绝、蔑视感情。她必须打破这种思维，然后神圣化自己逝去的母亲。

现在，我很为母亲抓狂，这很奇怪。我走进治疗室，第一次声音很小地谈论了这种感觉。治疗师说：“为什么这么小声？”我说：“因为我认为这种事不应该说。”我带着太多秘密长大，总是维持外表光鲜，进行角色扮演。现在我不得不意识到，母亲是家里这个样子的诱因，我们全家都让酒精给毁了。我很生气！天啊，我需要我所需要的，我需要一位母亲，我需要有人在那里给我打气。但是我一生气，就想维护她。我总是身处这样的矛盾之中。

> “哦，她多好啊，她这么努力。”这就是我现在想起母亲的感觉。冲突。我不喜欢这样。

一个曾在心理上、生理上或情感上侮辱过女儿的母亲会毁了女儿对自己的健康感觉，失去信任能力、对个人安全的确信，以及无法感知世界的五彩缤纷。悼念施虐的母亲是女儿试图抢回曾经被剥夺的东西，这并不是要解除伤害或是希望母亲能重返人间。根本没有必要伤痛，让她去吧，你就自由了。

“我有一半的情感不为母亲的死而悲伤。因为我知道她比以前快乐了，”多恩说，她母亲3年前自杀了，“在她的一生中，她总是很痛苦——背疼、胃疼，然后就是酗酒。从外表来看，她总是很快乐，但实际上她的心灵深处有一个小女孩不停地哭，希望有人能来照顾她。她需要时刻感觉被爱。那就是为什么我们总在一起，我想，关系很近。我总得拥抱她，和她说我爱她。我得给她做饭，还得把她从床上拖到卫生间看着她呕吐。”

“她去世后有好几个月，我不得不说我真想不起她对我的好，”她继续说，“尽管我知道她做了很多好事，但我想不起她做了哪些好事，或是任何关于她人品的优点。一旦眼前迷雾清晰起来，我就能够抓住飘过眼前的那些事情，会考虑那到底是什么，为什么我会产生思维定式。母亲的死实际上解放了我。我能够做以前不能做的事情了。”

当施虐的母亲死去或是离去，女儿与母亲和好的机会就消失了。只要母亲健在，和好的可能性不论多么微乎其微，都还是有的。因为女儿期待着母亲能够道歉、转变或是对逝去的岁月有所补偿。这消失的潜在可能性也需要被了解和悼念。她的母亲永远不会说：“很抱歉。”她永远不会停止喝酒。她永远不会找到能帮自己改变的治疗师。实际上，她永远不能做到和其他人一样。逝世后，她再也不会对女儿进行心理虐待了。

卷土重来

一年中有那么几天，我不得不抑制自己要钻到毯子底下藏起来的冲动。那些特殊的日子是我不愿意过的：首先是母亲节；紧接着是7月10日，父母结婚纪念日；7月12日，母亲祭日；然后是9月19日，母亲的生日，在假期开始之前，这给了我一个时间上的缓冲。4个月以后，当我还在努力思考如何修正罗马日历，直接从4月跳到6月的时候，卡片商店已经布置好母亲节的场景了，这个节日大循环又开始了。

我通常假装这些节日并没有打搅我，甚至一开始假装忽视，但是心里暗自知道这些纪念日。我们内心的日历不允许我们跳过。32岁的艾琳（母亲在其3岁时去世）写信给我说，她一看见日落就很悲伤。她在心理上很回避这些纪念日。一天开车回到家，她决定去看一下日落。然后，她想起来自从母亲死后，她常常在吃晚饭时跑出家门，在护栏边看着日落，希望母亲会出现，来接她回家。在联想之后，她就会在日历上记录下时间，然后发现她决定开始看日出的日子恰好是母亲的生日。

特定的日子或是每天、每周或每年的特定时间都能成为轮回的触点，复活悲伤反应。假日、灾难和感性的提醒物都能再次激起以前的感觉。黛蕾丝·兰多称之为“STUG反应”或是系列暂时性的悲伤情绪高涨。她指出，对逝者强烈的渴望的间歇性周期是正常悼念步骤的一部分。当我们能够预测他们的到来，就像上例提到的明确的日历标注，我们就能着手开始准备了。当这习惯日积月累最后远远超出对个人的关心，我们就可以创造自己的传统了。31岁的阿迪（母亲在其19岁时因心脏病死去）就很惧怕一个人过母亲节。“当我在一家玩具店工作时，有一次与一位希望能同母亲一起过节的同事一起工作，"她回忆说，"整整一天，我不断地看见母女一起来店购物。我很痛恨这一天——非常生气、非常伤心。我感觉受到了欺骗。那天晚上我回到家里哭了至少一个小时。就在去年，我的治疗师诊断说我必须以某种方式纪念母亲才行，所以我决心修筑一个母亲节花园。我举行种花仪式，祈求力量、生命和光明。这种方式很适合我，因为我纪念了母亲和自然，而且还庆祝了生命赋予我的自我特性，而这恰恰是母亲给我的真诚的礼物。"

生日也会激起悲伤的反应，不仅仅因为生日提醒我们自己从未接到过祝福电话或贺卡，还因为每每庆祝生日我们就会想起那霓虹数字：母亲去世的年龄。由于我们对母亲的身体状况非常熟悉，而且我们的命运一度与她紧密相关，我们多数人认为自己也会在母亲去世的年龄死去。这个年龄是一个里程碑，能够度过这年龄是我们最伟大的成就。

"我见过的这样的人多了。"娜奥米·洛温斯基（Naomi Lowinsky）博士说。她是加利福尼亚州伯克利的一位心理治疗专家，也是《慈母心：妇女寻找女性根基的旅程》（*The Motherline: Every Woman's Journey to Find Her Female Roots*）的作者。"当有些人接近母亲去世的年龄，他们就会有点神经错乱。他们有着奇怪的征兆，意志消沉、忽然心悸或是没有任何其他医学解释，只是有着非常强烈的联系。"

纽约州立大学新帕尔兹分校社会学系教授范德林·派因（Vanderlyn Pine）博士是全国研究死亡和美国社会的首席专家。他发现这种悲伤的反应非常普遍，并命名为"父亲母亲触动"。派因博士的父亲是在他19岁时去世的。他说，到达同性父母死亡的年龄会突然触发孩子对父母必死命运的感知。直到那时，他们才能体验之前无法体会的对父母去世的悼念之情。"当我接近父亲去世的年龄的时候，我意识到我非常关注那一天的到来，"他说，"他的死亡给我很大触动，但是我 19 岁时并没有那样触动过。我准备好了用一位 48 岁男人的眼光去看待一位 48 岁男人的死亡。这就像杠杆。父亲在我体内安装了一个触动开关。早上醒来，我看着镜子里的自己想：'我 48 岁了，但是我这 48 岁的人看起来还不错。'我反复打量自己，然后想：'你怎么能这么年轻呢？你怎么这么倒霉就死了呢？'我 48 岁，用我 19 岁时所没有的眼光审视父亲的死。我忽然间 48 岁了，并用一个 48 岁男人的眼光来审视另一个 48 岁男人的死亡，多么令人震惊啊！"

每个人体内都有个触动开关，悄悄地安装在你身上，没有警告，从一个角落里出现，当你脑海中思考其他事情时溜出来拍你的肩膀。这些悲伤反应通常在女性人生转折点出现——毕业、婚礼、生产、新工作。随着女性的成长，这些反应又将增加责任感——这使得我们感到恐惧和犹豫不决，从而导致我们渴望被保护、寻求安全的天堂。"从常识上来说，这些反应不得不应对成长的危险，"巴尔·哈瑞斯中心的主任本杰明·加伯（Benjamin Garber）博士说，"如果你长大了，发生了不好的事，你死去了。从更加私人的角度说，转变期内你通常被赋予更高的期望。你前进的每一步，都想要回首。当你向后看的时候，希望父母能在那里。如果你向后看去，没有人在那里，这真是很恐怖。"伊夫琳·巴索夫（Evelyn Bassoff）博士是科罗拉多州博尔德的一位精神治疗师，也是《如母亲般自我照顾》（*Mothering Ourselves*）的作者。她补充说："在这些转折点，我们的心理系统并不平衡，有许多内部矛盾。我们紧抓保护角色或是保护角色的记忆不放，非常渴望安全感。"

当我们到达这些里程碑，母亲的缺位很明显是非常令人痛苦的。无论是下意识的还是无意识的，我们都曾经幻想这些时机并希望她能在那里。当她并没有在那里等我们时，我们的假想就被残忍地粉碎了。女儿为之伤痛的不仅仅是失去了母亲，还有就是永远都不会再有母亲了。如果她的母亲生前没能给予她保护和支持，女儿也会为曾经没有拥有且今后再也无法拥有这份爱而伤心。

当我大学毕业时没有家人来参加毕业典礼，我很想念母亲，非常想她；第一次工作晋升时，我很想念她，希望能和为我骄傲的人一起庆祝；生病和感觉孤单时，我也会很想念她；当我想起对付蚊虫叮咬的最好办法时，当没有其他人关心被邮局办事员粗鲁对待的我时，我都会很想念她。至于如果她还活着，会不会真的喂我她熬的鸡汤或是给我送来卫生棉并不是真的问题所在。坦率地说，我母亲生前从未亲手熬过鸡汤，她都是购买罐头产品。真是因为我不能再当面质问她使得我更加想念她。

解除的骗局

我真的希望有一天悼念能结束或是悲痛最终会因为美好事物而消失。“解除”这个词就像装满诺言的墨西哥彩罐环绕在我们面前，告诉我们只需要从正确的角度接近就能得到奖赏。如果悲伤真的有一个可达到的、极限的目标，我们大多会认为我们已经到达那里了。本书所调查的154位失去母亲的女性中，超过80%的人说自己仍然悼念母亲，即使她们失去母亲的平均年数已经达24年之久。

完全解除对母亲的悲伤是一种非常困难的意识状态，假如不可能达到，那么我们的多数努力就会不可避免地达不到目标，从而感到自己非常无能。有些失去的东西你并不一定非要面对它。相反，你可以绕开它，走开。

“解除？我恨这个词，”黛蕾丝·兰多说，“我用‘适应’这个词。因为在不同的时间点，你都能适应这种失去，在人生中给它们保留了位置，相对地与之和平共处，但是总会有些东西能令旧事重提。悲伤总是持续不断地再次发生。即使你是童年时失去的亲人，但是在十几岁的时候或是后来的人生，你仍然不得不重新面对丧亲之痛。‘以后永远解除，再不会卷土重来’这个定义我绝不买账。”

53 岁的科琳娜在 11 岁时母亲死于心脏病。她说：“我仍然很想念母亲。假如我是听我说出这话的那个人，我就会很惊讶竟然会有人思念一个人长达 42 年之久。比如，为什么不把这忘了呢？我曾经认为悲伤就像是一个通过隧道的过程，等你通过之后，就能在另一端解除痛苦，因这失去而悲伤的情感就会逝去。当我意识到自己并不一定非得跨越这失去，而且发现即使我没有战胜失去亲人的痛苦也没什么关系的时候，我就没有压力了。我只需要拥抱着悲伤，然后说，‘好吧，发生了这样的事，然后它还会再次发生’。”

西格蒙德·弗洛伊德（Sigmund Freud）认为真正的悼念包含一个缓慢的、完整的同被爱的人分离的心理过程，伴随着随后将情感转移向其他人。他的理论是随后数年的悼念研究的基础，但是越来越多的近代研究丧亲之痛的学者已对此产生了质疑——尤其在女性研究中，弗洛伊德关于不再牵挂的假设是否是唯一可以接受的理论呢？ 1987 年，医学博士菲莉丝·西佛曼（Phillis Siverman），现任麻省总医院儿童丧亲之痛研究中心主任，她对 18 位童年时失去母亲的女性大学生进行了研究。她发现和完全同父母分离相反，这些女孩儿努力想要和父母保持联系，而且希望失去的亲人在她们目前的生活中能有一席之地。对女性而言，她们所受的社会化教育是努力维系关系而不是分裂并寻求情感自治，与失去的亲人保持联系是更为正常和自在的反应。西佛曼说，要求她们与过去决裂只能加剧她们失去亲人的痛苦。

在哈佛儿童丧亲之痛研究（Harvard Child Bereavement Study）中采访的 125 个孩子都失去了母亲或者父亲，他们中的许多人也找到了与已故的父母保持联系的方法。事实上，无法构建已故父母的内在形象或者无法与已故父母保持一种有关系的感觉的孩子们似乎随着时间逝去过得尤为艰难。似乎孩子对于已逝的父母的记忆和维持下去的能力，与去世的那名父母的内在关系有关联，这对孩子的健康发展至关重要。我们最终达到了西佛曼称之为“对悲伤的理性观点”，在这里与失去的亲人保持联系比用放开或者切断这一联系的纽带来极力减轻痛苦更有价值。

当你失去母亲，悲伤反应的间隔会随着时光流逝而不断增长，但是对母爱的渴望从未消失。这渴望总是在意识边缘徘徊，不知何时就会以无法预期的方式在出其不意的地方涌现。尽管多数的观点是与此相反的，但有这种想法并不是心理有疾病。这很正常。这就是为什么你会在 24 岁、35 岁或是 43 岁时发现自己会加倍地思念母亲，也许是在拆开礼品包装的时候，也许是在穿过通道的时候，或是在穿越繁华大街的时候，这一切仅仅是因为她在你 17 岁时就去世了。

⁝第 2 章⁝

改变的次数

女儿人生的发展阶段

那是在 1973 年，父亲为母亲买了那件中长款式的皮草大衣，大衣棕色的拉链非常结实。童年时在纽约城郊的那些日子，母亲一直穿着它。她其实并不是真的需要皮草大衣，羊毛质地的其实更适合她，但是在 20 世纪 70 年代中期的纽约春谷地区，皮草极为流行。母亲穿上皮草大衣几年后，我父母在后院修了一个游泳池。事情的顺序就是这样的。

当然，这件皮草大衣不能和长款貂皮大衣相提并论。母亲白天穿着它，晚上有非正式的活动也穿着它。她个子很高，肩膀很宽，穿着很合身。那件大衣的皮毛是灰黑色的，几乎和她稀疏的短发一个颜色。对比着单调的黑白色，她鲜红的唇膏很是抢眼。她开车的时候，我喜欢坐在副驾驶的位置上，把手搭在她肩膀上。大衣上的软毛，很令人舒服。晚上，当他们外出看电影、参加保龄球协会活动或是从邻居家的晚宴归来，父亲会开车送保姆回家，母亲则走进我的卧室和我说晚安。我站在床上，手放在她脖子上。皮草上还有外面的寒气，我都能闻见她脖子上香奈儿 5 号香水的味道。晚上她用香奈儿，白天她用查理那个牌子的香水。

有几个学校的同学穿兔毛夹克去上学，其他皮草都只适合成年人。社区里也有些妇女穿长到脚踝的狐狸皮或者貂皮大衣，那是她们结婚纪念日丈夫送的礼物。她们通常都开着四个门的梅赛德斯（Mercedes）轿车，我母亲开的是一辆奥斯莫比（Oldsmobile）旅行车，那车很大，同时搭上我的 6 个朋友都没有问题。我觉着这车就不错。一直到九年级时大家都开始穿品牌服装，而我却一件都没有，就出现问题了。有天下午母亲就带我去商场买了两条歌莉亚・温德比（Gloria Vanderbilt）灯芯绒裤子和一条约达西（Jordache）牛仔裤。她说她知道我渴望能和别人一样时尚。

那时我才 14 岁，还不觉得在公共场合和母亲一起很尴尬。一直到那年年末，我开始变得总和朋友在一起，不喜欢母亲的陪伴了。我开始在停车场和游戏室流连忘返，只有需要搭车回家时才想起父母的存在。从某个角度而言，我仍旧有着安全感，而且知道虽然我开始抵制母亲，但是母亲并没有抛弃我。十年级的一个冬天里，我上西班牙语课时病了，不得不给母亲打电话让她来接我。她到的时候，我正躺在护士办公室外的躺椅上。她穿着那件皮草大衣，脸冻得红红的，胳膊上挎着一个品牌手袋。我觉得她就是有活力的女强人的真实写照。她快速地走过来，把手放在我的前额上，看我没什么事儿，快速地松了口气。我们并肩走在去往停车场的空旷的大厅里。当时我真想撞开所有班级的大门，大声喊道："大家快来看啊，我年轻漂亮的母亲来解救我了！"

这件事发生在她生病之前。后来，她开始接受化疗，头发都掉光了，每天早上吃的白色药片也使她的体重暴增了近 40 斤。她一照镜子就哭，她开始不愿意外出，总是一个人待在家里。下午晚些时候，我会开车带她去接受化疗，她紧抓着我的胳膊来抑制呕吐。那以后，她只多活了一个冬天，我记得她再没有穿那件大衣。实际上，在接受治疗的 16 个月里，虽然我知道她有着一柜子衣服，但是除了睡衣和浴衣，我真不记得她还穿过其他什么衣服。我想象着她穿着讲究的套装，就好像我给纸娃娃穿衣打扮一样。当记忆不再准确，就会产生幻觉。现在10年过去了，每年我的记忆都会更模糊一些。

虽然我宁愿忘却一些事情，但我猜测自己青春期时是相当不容易相处的。我找了份全职工作，就此宣告独立了。15岁以后我就对家务事毫无兴趣了，每天我都忙些别的事儿。当母亲忙着做午饭、和朋友修指甲的时候，我正在尝试毒品；当她和麻将牌友在楼下牌桌上掷骰子、闲聊时，我正在隔壁房间和男友约会……也许这就是典型的20世纪80年代的青春期少女的生活。后来的某一天，这种生活结束了。

“那肿瘤是癌症。”母亲说，那是我快16岁时5月中旬的一天下午。她刚从外科医生办公室回来，正好在楼梯口和我相遇。

“那意味着什么？”我折回来问。

“哦，天啊，”她紧抓着栏杆说，“医生要动手术割掉我的乳房。”

她还说了些别的，我知道，但我所听到的就只剩下这句话了。“不！”我大喊，我跑下楼，冲进我的卧室，紧关上房门。她紧跟着我，不停地敲门。我尖叫着：“走开！让我一个人静一静！”我躺在卧室地板上，那时我就知道，这事儿意味着我的童年就此结束了，这比月经初潮或是第一次接吻更有决定意义。我在房间里给朋友打电话：“我妈得癌症了，我怎么办呢？”然后跑到1公里外约定的地点去见她。她和另外的两个朋友正在那里等着我。我失控地冲向她们，跳过必经墓地的矮矮墓碑。我敦促自己快点去，就好像自己动作的爆发力将会把我弹射入另一个空间、另一个时间。

乳房切除术后，当母亲坐在厨房挤压橡胶球以增强剩余肌肉的力量时，我已经知道将愤怒转为沉默。“别让母亲心烦”这话不用说出来，大家都知道该怎么做。所以我不敢大声弹琴，在饭桌上能不说话就不说，以及天黑后，让男友通过我半地下室的窗户进来约会。

我在反感和害怕之间摇摆不定，在地狱边界徘徊，害怕自己不待在母亲身边（要是我这样的话，她可怎么办），然而我也为她的癌细胞拖我后腿而生气（因为如果我不走又会发生什么事）。每当我自信满满走向自立，家里的现实就会将我拖回来。天啊，真是一团糟啊！

7 月 4 日（过了我 17 岁生日的两个星期后），我看完音乐会回家，探身去父母卧室宣告我的归来。

“我回来了。”

母亲正窝在躺椅上，调电视频道，但她一看见我，就马上坐直了，冲我微笑。她问我：“音乐会怎么样啊？”

“很好。”

“演奏的是谁的曲子？”

“詹姆斯 · 泰勒（James Taylor），还有别人的。”

“那好啊！多长时间啊？”

“两小时。”

“两小时？时间很长啊，中间没有休息吗？”

“没有。”

“跟我说说，人多吗？”

“很多。”

她不停地提问，我越来越不耐烦。直到第五个或是第六个问题时，我再也忍不住了：“这都什么和什么啊？你在审讯我吗？”我大发脾气，冲下楼回到卧室。母亲是位古典钢琴家，她以前从不关心流行音乐，怎么突然对流行音乐会感兴趣了呢？父亲几分钟后敲门进来。“你究竟为什么要这么做呢？”他说：“你把母亲弄哭了。她自己不能出门，问你只是想和你分享你的一天，连这你都做不到吗？”

我羞得满脸通红，逼着自己面对父亲。他气得浑身发抖，但是仍克制着自己没有对我吼。那时我已经知道母亲剩下的日子不多了。

葬礼之后，我收拾母亲的衣物，准备捐给慈善机构。7 月末的一个早晨父亲从办公室给我打电话：“我做不到，你来吧，好吗？”那天下午家里没有别人，我慢吞吞地、机械地收拾着母亲的衣服。我小心地展开、重叠每件毛衣，期待看到她绝不可能写过的留言条飘到地板上。我尽力不思考每件衣服的特别意义，但是我怎么能做得到呢？每件衣服都叙述着自己的故事：白绿相间的家居服是用砂锅做晚餐时穿的；那件红色的浴衣是母亲乳腺癌手术后我们俩一起选的；紫色丝绒运动衫，她在我十年级照相时穿过。我一个接一个打开她的抽屉，机械地从左向右整理，然后把拾掇出来的衣物放进卧室地板上的大纸箱里。

抽屉里的都收拾好以后，我把箱子拖到楼下客厅的大衣橱那里，这时发生了个什么事，可能是电话响了或是我去喝了口水，我再没能清空最后一个橱柜。因而母亲那件皮草大衣一直放在那里，它就挂在父亲的旧羊皮大衣和妹妹的外套中间，直到第二年我上大学时带走了它。

为什么我要随身携带这件大衣呢？当然，我不是想要偷偷地藏匿，但事实上我是偷偷地把它塞进了我坐船去芝加哥带着的行李箱里的。也许其他人没有注意到，也许是他们根本不介意。我不知道！我把它挂在自己衣橱的最里面，先是在宿舍里，后来是在我住了 3 年的校外公寓里。我根本就没打算要穿它，但是我觉得某一天我会穿上它。

我的室友发现我衣柜里母亲的皮草大衣后感觉很奇怪。母亲去世的那天早晨，我打开她的珠宝盒，拿走了她的结婚戒指，戴在我右手上，后来一直没摘。当我告诉别人这是母亲的婚戒，人们会赞叹：“真漂亮啊！”人们对这件皮草大衣的反应却是大不相同，常常是惊讶或是厌恶。一次一位朋友和我解释道：“结婚戒指象征着你的未来，但是皮草大衣呢？那些剥皮致死的动物好像把你包围在过去了。”

我从不努力解释这满是灰的旧皮草大衣对我而言散发着一种永

久的温暖——谁又能理解呢？我从未告诉任何人母亲去世的头几年，我有时会俯身衣橱，把脸贴在那毛皮上，努力寻找残存着查理香水的味道。

在学校保存皮草大衣的那四年里，这衣服我只穿过一次。我大学的朋友都是校园自由主义的中坚分子。因为他们放弃食肉、祈愿并且参加动物权利集会，不久我也加入了他们，虽然我深知愤慨和抵制是冲动的。在某个特别的日子，我突然感觉她们和母亲很像，或者说和她们在一起的日子很像和母亲共度的最后时光。我在她去世后在叛逆的道路上走得更远了。我像女生联谊会的姐妹收集串珠手链一样不断进行各种校园申诉活动，我的个人政治只靠简单的黑与白的对比来定义。至于我的观点是否真的是事实并不重要，只要我每次能够确认和支持一位明显的受害者——哪怕是我自己。

大学三年级的时候，我听说芝加哥城里像我这样激进的人都往皮草大衣上泼红漆，也许那只是流言，但不管怎么样，我对皮草的热爱从那以后就消退了。一天，当我整理衣橱准备冬装的时候，看见衣橱深处有一堆动物皮毛的时候，吓了一跳。随后我就想起来那是什么了。

我不得不承认没有扔掉这件皮草大衣令我很羞愧。这件大衣又在我那儿放了一年，直到有一天，上课前我想都没想就把它从衣橱里拽出来穿上了。那天早上密歇根湖畔很冷，似乎穿皮草是很合时宜的，但是我朝校园走了两个街区后，就意识到自己真是愚蠢至极。我站在街角，周围的人都穿着 L.L.Bean 皮制大衣和长及脚踝的大衣，我知道自己不能再穿这件大衣了，这和水貂农场或是被泼红漆没有任何关系。皮草大衣是严肃的商业产物——适合妇女、妻子和母亲，适合她们在 2 月的晚宴上或是在纽约听歌剧时穿着。皮草这类东西，适合我的母亲，但一点儿都不适合我。当时离上课还有点时间，我急忙赶回公寓。我把大衣挂进衣橱。两周后，没有任何预光，我把这件大衣打包寄给了慈善机构。

有时我仍然觉得母亲去世对我而言仅仅是同她少待了几年，或是对她少了一些了解。那些年我们是否会相互憎恶和争吵呢？有一天我们会不会成为朋友呢？很早就失去母亲的女性朋友很嫉妒我，因为她们没能和母亲共度许多时光；20 多岁才失去母亲的女性则和我说她们同母亲的恶劣关系过了 17 岁就缓和了。到底是有了母亲却又失去她好，还是根本就没有母亲好呢？我无法回答这个问题，我只知道任何时期、任何年龄失去母亲都很困难。无论失去母亲时我们有多大，我们一生都在呼唤母亲的爱，寻求安全感和安慰——那是当我们生病、处于转折期或是感到压力时，只有她才能给予的。

关于母女关系我们已经讨论得够多了，但是关于失去母亲提及得还很少。最自然的想法就是我们想知道母亲活着时的情况，以及母亲离开后我们的变化，但这可不是那么简单的事情。我们说母亲的存在对孩子自尊的发展很必要，但这并不是说没有母亲的孩子就没有自尊了。相反地，这类孩子一定以别的方式发展自尊。这就是为什么我们说失去母亲的年龄很重要。失去母亲的年龄能指出孩子可能的发展，以及利用哪些情感和感知工具能帮助她应对突发灾难的压力，指导她进入人生的下一个阶段。

早年失去母亲（6 岁或是更小的时候）

特里西娅的母亲在和癌症抗争了两年后去世了，那时特里西娅年仅 3 岁。现在她 25 岁，所能记得的仅有当时的困惑和被抛弃感。

> 我还能记得母亲去世前一个月的事情。那时是圣诞节，她还能出房间呢。她坐在客厅父亲的椅子上，看着我们拆开圣诞礼物。我还记得我们这些孩子都被要求保持安静。

那是种异乎寻常的冷静氛围。对她而言，能走出房间来看我们是不寻常的、很特殊的。我记得当时她还戴着假发，而且还不是很适合她。那挺好玩儿的，因为我还有她戴着假发的照片呢。现在我很喜欢那些照片。我记得当时我还想："多傻啊？她还戴假发呢？怎么没人笑呢？"

我记得是父亲走进卧室告诉我和姐姐母亲去世的消息。那时姐姐 5 岁，我们俩当时都待在床上。我还不太理解那意味着什么，但是看到父亲哭了，姐姐也马上哭了起来，我还很疑惑。那时的记忆就是很困惑，真的很模糊。我还记得一个月后的葬礼，姐姐和我穿着淡红色的天鹅绒裙子。我还记得天鹅绒贴在身上的感觉，我记得自己很失落。父亲告诉我那以后的几个月他最难熬，因为我总在半夜尖叫着要找母亲，不停地叫，但是我自己一点也不记得这些了。

特里西娅只同母亲一起生活了 3 年，但足以使其同母亲建立起深厚的感情，并且知道生命中最重要的一部分已经被夺走了。从那以后，她一直努力重新获得那种感觉。现在，她仍然不断发掘任何能告诉她关于母亲生活和她们共度的简短时光的故事、照片以及其他物品。

一个孩子首先要具备想念某个人的能力才能体会到丧母之痛，这通常发生在孩子 6 个月和 1 岁之间，在此之前失去母亲的女孩会感觉母亲的离开和自己没有什么联系。语言期之前的、早期看护时期的视觉回忆也许会在其心灵深处留下印记，任何特殊看护者抱着她、同她说话或是喂食，都不会给她留下深刻的印象。莉萨今年 27 岁，母亲去世时她才 4 岁，她相当遗憾地说："我对母亲没有任何印象。我有她和父亲结婚时的照片，也有她单独的照片。看到这些照片我很疑惑。她长这个样子吗？我感觉像是陌生人的照片，又感觉似曾相识。只是因为她生了我，我们之间才有某种潜意识的联系。我们之间一定有某种联系，但我没有任何感觉。我只能指着相片说，‘这是我母亲，而我知道的就这么多’。”

在婴儿或者刚会走路时就失去母亲的女孩在成长中有空虚感而非失去感。“因为这个家长从未被了解过，孩子没有从爱自己并且珍惜自己的家长身边被夺走的经历。”马克辛·哈里斯解释说。这些孩子们不得不与被称为“缺失的记忆”做斗争，母亲的样子在家庭相册里找不到，她的脸没有被记住。“要之前有关联才能失去，”哈里斯在《永远的失去》中写道，“虽然当一个人只知道空虚的时候，这个人能够体验空无。对于父母在很早就去世的孩子，空无和空白与孩子从未谋面的父母的神秘形象不可分割的联系在一起。”

英国心理学家约翰·鲍尔比（John Bowlby）强调说，虽然孩子的记忆力和理解力有限，但也不是全部归零的。他发现，孩子会去母亲最后出现的地方找她，而这种想法会一直持续到成年。比如，一位母亲最喜欢坐在摇椅上，她的女儿在成长中就会经常渴望地看着那摇椅，而且成年后会将摇椅同忧伤联系在一起。

失去母亲的正在学步的小孩子，经常会回忆起与母亲相关的特定的有形物或视觉影像（比如头发、手或是肌肤）。33 岁的阿曼达 3 岁时因父母离异同母亲分开，她对于自己的早期回忆还不能确定是否真实。“20 岁时，我开始求证父亲关于我所记得的人和地点的真实性。父亲要么回复‘哦，好像还挺准的’，要么指出‘我记得不是这样的’，”她回忆说，“一次，我想起母亲总是抓着头发在脸上揉，而他也记得有这么一回事，这吹散了我的疑虑。背地里我也有抓头发这种奇怪的举动，当我紧张时，我就会抓自己的头发、使劲拽。”虽然这只是同母亲的一个小小的相似之处，但是阿曼达感觉自己就此同那不可能再见面的母亲的关系又进了一步。

同母亲分离的心灵创伤常常会将某些特定的场景或是事件定格

于正在蹒跚学步的孩子的记忆中。在三四岁时母亲去世的女性，她们对某些事情记得相当清楚。虽然正在学步的孩子还不能理解死亡，而且通常随后的五六年也不能理解，但是通过阐释周围发生的反应，她们能够感知有事情很不对劲。如果没有人给这个年纪的小孩解答她的困惑，那么这些特定记忆将持续地困惑她，其作用将远远超过事实。

41 岁的克劳迪娅在 4 岁失去了母亲，她还记得母亲去世的那天晚上，放在家里的棺材、送葬和葬礼。“我记得就要埋葬母亲时的情景，我站在墓地旁边，”克劳迪娅说，“当他们下放棺材时，好像永远都不会停止，我想知道他们到底要把她放在多深的地方。他们给我们鲜花让我们放上去，然后我走过去把手里的花放上了。那个洞好深啊，我感觉自己都应该跳进去。我没有，但是说真的，我真想跳进去和她在一起。”那一刻留下如此深刻的情感烙印，所以之后的 20 多年里，克劳迪娅拒绝再到母亲的墓地去，直到父亲去世。当她再次重温这种家庭情节，4 岁时感到的伤心和恐惧卷土重来。“姨妈拍着我的后背说：‘向前看，孩子，向前看，去把花放在她的棺材上。’”她回忆说，“我不想去，因为我记得以前看过那个洞。我不想再靠近那里。所以我飞快地走过去，把花放下，迅速回来了。”

孩子需要完全依靠某个人来帮助他们掌握纷繁复杂的发展技能，并给以鼓励和支持。多数情况下，这个人就是母亲。孩子最初的、最重要的社会经验就是和母亲在一起，而且同母亲的关系直接影响她的心理和生理发展。正如鲍尔比观察到的，那些六七个月起就得到母亲回应且其母亲能与之社会化互动的孩子，明显要比那些很少受到母亲关注的孩子的发育超前。

当这最初的稳定关系被打断或是紧张起来时，任何愿意在孩子成长上投入时间和耐心的固定看护人（父亲、祖母、姐姐、保姆）都可以替补母亲这个角色。各年龄段的孩子中，在后期痛苦中起决定作用的因素并不是失去母亲本身，而是在失去之后是否还能有这种持续的、深情的、支持性的关爱。失去母亲后如果孩子能够依恋另一个成年人是最佳选择，那么其在之后的成长过程中就不会遇到严重的困难。虽然她非常清楚相对于失去的母亲，这个替代者是第二号最佳人选。她将在同这个新的母亲似的人物重新建立同母亲一样的关系的时候，从中找到安慰。

虽然阿曼达幼年被母亲抛弃，而后又同生疏的父亲和继母之间存在一点隔阂，但她最终能够进入稳定的婚姻，开始家庭生活，并且找到幸福。阿曼达认为这主要是因为祖母照顾了她 4 年。父母离异时，她刚刚 3 岁。在父亲再婚之前，她与祖父母和叔叔生活在一起。“那是个很有教养氛围的家庭，”阿曼达说，“我不知道祖父母为什么要让我和他们生活在一起，但我总是很希望他们能和父亲说：‘让曼蒂待在这儿吧。你只管过你的日子去吧。’我和祖父母的关系一直很亲近，我和他们相处得比和父亲继母好。”整个童年和青少年时期，阿曼达都是从祖父母那里得到爱和关心，而没有从自己家得到过这些。是祖母教她应对初潮，而且去年还给予她经济支持帮她回到学校求学。

阿曼达在幼年时期找到了母亲的替代者（祖母），她有着足够的信心得以在 18 岁离开父亲的家，进而自信地追求自己的新生活。如果阿曼达没能找到母亲的替代者，她的幼年成长之路就要在很多方面大相径庭了。在厄纳·弗曼（Erna Furman）的《父母逝去的孩子们》（*A Child's Parent Dies*）一书中，伊丽莎白·弗莱明研究过露西的案例。这个案例说明，当孩子后继的看护者总是更换或是对孩子漠不关心，就会出现与早年丧母相似的后果。

露西的母亲突然去世时，她才刚刚 10 周。由于父亲常年工作在外，先是母亲那边的亲戚照顾她，后来是一位堂兄。露西 6 岁的时候，父亲再婚了，他带露西到新家和继母带来的 3 个孩子一起生活。之后，父亲一直拒绝回答露西任何关于生母的问题，这导致了露西对其生母一无所知。露西到弗莱明处就诊时是 11 岁，体重超重，而且晚上尿床。治疗专家认为，由于露西很小的时候没有固定的母亲式的看护者，童年也不稳定，而且周围环境禁止其谈论生母，这些因素综合起来导致小露西吃得过多、封闭自己、变得麻木、吸取了周围所有人的特性，而且怀揣要找到自己所失去的一切的梦想，露西还坚持不懈地发展新的关系。

> 她在自己生活的剧变时刻从未做出过决策。在同周围的人的关系上，她已经习惯顺其自然，而不会主动将其了结。露西是经历一番思想斗争才来找我的，因为她希望我不仅提供治疗，还能给予她更多东西。（她的）不定期的造访让她得到慰藉，我是那个等待的人，不知道她什么时候会出现，就像她小时候不知道父亲什么时候会离开、什么时候会出差回来一样。无法控制生活和死亡、周遭的人走马灯一样更换以及自身的能力，所有这些使得她在处理与他人关系上非常偏执……她刻意地疏远我，就好像如果在我们的关系中投入就会再次痛苦失望。她很害怕这个。她跟我说无法与同事成为朋友，因为他们离职过于频繁了。

露西之所以后来会拒绝同他人亲近，是因为自己不希望再次被抛弃，这是一种自我防御。许多很小的时候就失去母亲或是母亲去世的女性都有和露西一样的生活经历。她们说，爱上某个人就意味要承担失去的风险。信任感和安全感总是同时被粉碎，她们又怎么愿意再经历一次失去的痛苦呢？

“如果一个孩子在一位家长去世后无法获得安全、稳定的人际关系，她就会隐藏自己的情感，因为暴露自己的真实情感太危险了，”黛蕾丝·兰多解释道，“从那以后，这孩子就会想：‘我再也不相信别人了。我知道那太不安全了。你这个人不错，但是我不会信赖你。’她未来的爱慕者都需要向她妥协，因为她绝不会在他们的关系上下功夫。她只会保护自己，而且这种自我保护的一部分内容就是不要依恋任何人。”

39岁的贾妮说她就这样作茧自缚保护了自己几乎37年。母亲去世时，贾妮才21个月。在她12岁的时候又失去了代替母亲照顾自己的祖母。两次丧亲之痛后，她进入了青春期，父亲和继母都很冷漠。这一切使她逐渐封闭自己的情感，直到今天才爆发出来。

> 我养了条狗，我非常喜欢它；这狗也非常喜欢我，以致把我的眼镜都弄坏了。那是它第一次干坏事儿，我气极了。它可是给我上了一课，这听起来有点荒谬。我意识到自己对小狗很生气，但还是非常喜欢它，于是我想：“由母亲带大的小孩一定也是这样吧。”你可以调皮捣蛋，让人们抓狂，但她们还是一如既往地爱你，不会把你送去收容所。以前我从没有过这种想法。现在，我可以冒风险去爱人和被爱了。这对我而言真是一个巨大的挑战。

童年晚期（6～12岁）

一些治疗专家认为，失去同性别亲人的孩子在接下来的成长阶段将面临许多困难。他们在感知上和情感上都非常超前，对失去有着深刻的认识，但是他们还不能自如地控制自己的情绪。他们陷于巨变和顺应之间，只能强制自己抛弃悲伤。正如心理学家朱迪丝·密西拿（Judith Mishne）写道：

> （人们）避开失去亲人的话题，沉溺在游戏之中，并且建议“咱们换个话题吧”。对失去这最终结果的回避源自于对亲人回归的幻想，而在期盼的同时，人们内心其实知道亲人已死的事实。已知和否定两种倾向同时存在，却从不产生正面冲突。

弗洛伊德称这种想象（允许事实与假想、接受与否定同时存在）为“自我分裂”。当亲人去世时，我们都有这种倾向。然而，在童年晚期，如果一个女孩对于已知的突发事件只能获得少量信息或是错误信息，那么其内心的紧张感将会加剧。人们常常告诉年幼的女儿她的母亲“走了”或是“沉睡了”，而且经常委婉地表达这种说法。年龄大一点儿的孩子（七八岁的孩子已经能够辨别隐晦的言语，能够明白生病和死亡的真实含义）会感觉很受伤害，像是戏里的小丑。

玛丽·乔的母亲在她 8 岁时去世了。她知道母亲病得很重，却无法获得任何能判断母亲病情的真实信息。她听到母亲不断地呻吟——虽然当时她在场，但她忍着不敢问。家人对此一致的缄默不语使得她非常困惑，只能隐忍这种恐惧和失去亲人的痛苦将近 30 年。

> 母亲去世的时候，没有人来告诉我，但是我知道发生了什么事，知道那意味着什么。如果我提起这事，就只能得到这样的回应：“你以为你是谁”或者“别说这个了”。回忆这些的确令人痛苦，所以大家都不愿意提及。不管怎么说，我们全家处理感情的方式都很失败、很不成熟。这么多年来，我和其他人一样，不去想那些，坚信自己能够接受，能活得很好。父亲不愿意提这件事是因为太痛苦了，但是对于一个 8 岁的孩子来说，这并不痛苦，只是不适合谈论而已。这么多年我就是这么一种心理。

> 这么多年以来，我认为自己对此已经能够接受，但是当我35岁左右第一次接受治疗时才发现事实并非如此。最初接受治疗的时候，有一次我们聊起我的母亲。治疗师引导我做一个假想治疗，她说："想象一下，你的母亲就坐在你的身边对你说，'我在这儿呢。我想回来，重新回到你的生活'。"我一下子蜷起身子，说："不、不、不！我真受不了了。"我都对自己的反应感到意外。我原本以为自己已经能够接受母亲的死，就那样一直生活下去。

母亲去世一年后，玛丽·乔的幼弟又在一次事故中身亡。乔的父亲深受打击。祖父又是在母亲去世前一年逝去的。为了逃避痛苦，父亲对这些事绝口不提。"我感觉非常痛苦。作为一个孩子，我觉得那都是我的错，"玛丽·乔解释道，"我觉得也许我能采取某些行动，这些不幸就不会发生了。"

母亲离开是因为孩子不好，亲人去世是因为孩子希望他们离开——这是典型的"异想"，源自孩子的自我中心以及因果价值系统。有的孩子3岁就出现"异想"现象了。据报道，失去母亲的女性会在整个童年和随后的时期出现这种情况。这些女儿认为母亲的死或离开是因为她们做了或是没有做某些事情导致的。她们为自己的力量而惊慌失措、感到敬畏，由此而进一步感到愧疚和自责。也许她行为恶劣，希望母亲借此返回挽救于她；也许她行事完美，使得任何人都不想再离开她。

童年晚期失去母亲的女儿对同母亲共度的时光记忆犹新，日后也许会依赖这些细节发展自己的女性特质。我们希望女孩子能从小就习得传统的女性行为习惯，而孩子对自己母亲的第一印象就是其成年期的典范。如何对待男性、如何持家、如何融合家庭、如何拥有自己的事业以及如何做母亲，这些都需要向自己的母亲学习。女儿最早的个性形式很大程度上来自从自己母亲处获得的经验、对自己母亲行为的观察，并受他们之间关系质量的影响。

“有母亲的女孩 5 岁就知道应当如何处世了，在那之上是 7 岁的经验，然后是 9 岁的层面，”南・伯恩鲍姆解释说，“这并不是说之前的身份确认消失了，而是互相增值了。因为女孩审视母亲的角度慢慢成熟了，她从更实际的方式去审视母亲，母亲不再是完美的了，也有瑕疵。她开始发现母亲也做过不好的事情。她仍然很尊重母亲，但不再如神一样崇拜她。与此同时，女孩对自己能力的认识也日渐成熟，她开始意识到：‘这方面我比母亲强’或是‘我得去问问父亲或是其他人了’。她变得越来越现实了。”

以上程序因为失去母亲而在成熟期就终止了，将女儿的身份认同停留在一个非常特殊的点和时间上。“没有鲜活的生活经验，没有新的可增加的认识层面，”南・伯恩鲍姆说，“八九岁失去母亲的女孩的看法有时很想当然，都是建立在其早期经验之上的。她们以非常僵硬的、固定的方式要求自己做到母亲能做到的事情。她们会非常苛刻地判断自我，对自己非常挑剔，或是夸张地、理想化地认为其他亲人都要做得和母亲一样好。这是孩子失去母亲后面对的一个最主要的问题——她们的身份认同没有机会走向成熟。”

今年 53 岁的科琳娜，其母亲在她 11 岁时去世，她说自己每天都在想念母亲。记忆中的母亲仍然是童年时的样子，每天做丰盛的早餐、给女儿们唱歌。尽管科琳娜今天已为人母，但她说自己最开心的就是遇到有爱心的女性，她非常乐意被人照顾。我们见面采访的那天，她刚刚去探望了父亲和他的第三位妻子，她的这位继母给了科琳娜母亲般的关怀。42 年过去了，科琳娜仍然很渴望那种母爱的感觉。

今天从渡口回到家，我思考自己到底有多爱我的新母亲。因为我很匆忙，必须按时到达渡口，她给我打包了回家途中的午餐。拿出便当一看，三明治的奶酪中填的是芹菜；它被涂满了蛋黄酱（我喜欢）；它里面是菠菜而不是生菜（我喜欢），她注意到了这些。有两张质地很好的正餐规格纸巾，因为路上没有水洗手，她还为我准备了一包湿纸巾。还有 8 块甜曲奇，而不是 3 块。不能说因为失去了亲生母亲，就失去了母亲般关怀的需求。我就是一个例子，我已经 53 岁了。这位我刚认识两年的 75 岁的女人像母亲般照顾我，而我也乐于接受。我喜欢这种感觉。

儿童和失去亲人：努力适应、努力成长

当母亲去世，女儿（不论年龄大小）都必须应对可能出现的任何变化和令人沮丧的结果。然而，儿童心理防御的发展则要比成年人更本能、更脆弱。失去亲人能使成年人在认知和情感上更加成熟，而儿童则会退化、突显、确认或是使自己陷入敌对的戏剧性层面。

取代 失去母亲的剧烈情感痛苦对儿童来说常常很难独自承担，而且失去亲人的孩子还常常掩饰自己的情感。他们拒绝讨论失去亲人的事，假装从未发生过，而且只允许自己以模糊、移位的方式痛苦。当安娜·弗洛伊德（Anna Freud）观察第二次世界大战时期被抛弃的孩子时，她发现他们常常将自己的痛苦和孤独移位到失去的母亲身上。“我得给母亲打电话，她多孤单啊。”这种想法在那些希望母亲回来的孩子身上很普遍。

有一些女儿只允许自己远距离地悼念。32 岁的希拉丽说母亲去世时 6 岁的她并没有哭，而 5 个月后，当她的宠物仓鼠死掉的时候，她彻底崩溃了。她将自己对失去母亲的悲痛情感深深地隐藏在保护层下面，直到几个月后外面发生的事情才将这情感拉出表层。对有些人，这种爆发也许几年以后才会发生。

转移 失去配偶的成年人可以自我处理而无须在一定时期同另

一个人保持亲密的联系，而失去亲人的儿童情感上则不能毫无代价地独处。她被留在安娜·弗洛伊德称之为“无人的爱的地界”，她是孤独的，与每个人都不交往，而且将来也很难再与他人亲近。所以，同情感上疏离母亲相反，这个女儿也许会尽量又快又直接地将自己的依赖感、需求和期望转移到最近的、最有可能接受她的成人身上。这个人也许是她的父亲、年长的兄姐或是其他近亲、老师、邻居、治疗师。在青春期，这个角色也许是男友或是某位年长的女性朋友。当孩子太小，无法从爱护她的人身上抽离情感，那么转移情感则能起到一定的作用，但是如果她以后也无法回头，不能远距离悼念母亲的话，她将继续在其选择的替代者身上寻找母亲的影子。

发展停滞　失去母亲代表着发展的挑战。有时当孩子非常依赖的母亲去世，这会迫使她非常迅速地承担起自己的责任，从而不得不比自己的正常发展超前一些。与此同时，她也许会通过确认自己的早期发展阶段来维持同母亲的关系，并否认她的死亡。最后的结果就是其长大成人后将保留一些早期发展阶段的特征，感觉自己的童年或青春期总是有一段“卡壳”的过去。这个女儿感觉“长大”不仅很神秘，而且还是相当不可能的：她仍旧脱离不了童年。“本质上而言，失去亲人并不会导致发展停滞，但是如果这期间的环境不适合对亲人的悼念，这种情况就有可能发生，”南·伯恩鲍姆解释说，“即便女孩在有些方面和兴趣都得到了发展，但在某些方面还是不成熟的。她就像一个 20 岁女人和 10 岁孩子的混合体。只要她的悼念是不完全的，那么她就会觉得还有什么无法再次体验，仍旧处于渴望的状态。”

在某些方面发展停滞的女儿日后可能在同自己正常年龄相关的任务和责任上发生情感问题。失去了母亲的社会化影响，她将很难达到智力或情感上的成熟。25 岁的特里西娅 3 岁时母亲去世，她说每次发生浪漫史，她总是希望对方能够像对待孩子那样宠着她、关爱她。现在她的朋友都结婚了，并且组建了自己的家庭。她承认："我就是想找人哄着我。我真是很不同步。"

延迟反应 当哈佛儿童丧亲之痛研究项目的研究人员调查父母一方去世一年之后的学龄期的儿童时，他们发现这些孩子与那些没有经历丧亲之痛的孩子之间没有明显的行为和心理差异。然而过了两年，经历过丧亲之痛的孩子比没有经历丧亲的同龄人表现出更为严重的攻击性和破坏性的行为。此外，他们还在社交上更退缩并且自尊心更低。其他研究发现失去亲人的孩子直到父母去世后的 3 年之后才会表现出这些障碍的症状——这时临终安养院或者其他家庭支持项目退出已久，这些组织通常为需要的家庭服务 1 年，此时已经退场。

青春期（十几岁的时候）

青春期即便没有经历丧母之痛也是非常剧烈的内心冲突时期。在这段成长时期，偏执、病态妄想症以及多疑行为都是正常现象。在这成熟的狂乱中，所有规则突然间都改变了。父母变得烦躁、尴尬；朋友是无法琢磨和互相竞争的；学校里的男孩很神秘，而且突然变得重要了。当然真正的变化是从内心开始的。女孩心情变幻莫测，对性有了朦胧的认识，发现自己以前从未体验过的制造不和谐感的超前感知技巧。"这只是阶段性的。"父母说。从某种程度而言，他们说得对。青春期多数时候就是失去和再次获得的力量的平衡，就是要允许一个崭新的、更加成熟的个体慢慢地从家庭的重围中展现出来。

至少这个阶段是成熟计划的一部分、正常工作的一部分。那些年里如果有创伤发生，整个发展过程就全都被打乱了。青春期的任何一项发展任务，例如发展自治、应对权威人物、习惯生活中的矛盾和模棱两可、学会发展亲密关系、确立对性的正确认识、学会控制情绪、发展个人价值系统，以及维持胜任能力和竞争力，所有这些都将因为母亲在这个时候去世而中断或是停滞。

母亲与女儿：纽带决裂时

我们人类是社会性生物，是需要依赖他人来满足自我的。当我们远离某人或是某个群体时，我们自然就会想要接近其他人或群体。在正常发展的青春期，如果一个女孩失去同母亲联系的纽带，她就会倾注情感于同龄朋友或是自己的浪漫同伴。虽然母女纽带的决裂意义重大，但它属于不完全决裂：女儿紧张的时候还是会定期地回头求助于母亲。正所谓前进两步，却又倒退一步。青春期是进入自主增强阶段的准备阶段，是帮助她最后脱离原本的家庭、创建自己家庭的转折时期。

一个女孩对母亲同时持有肯定和否定的态度在青春期是非常正常的，常常也就是几分钟而已。爱和安全感的需要使得她同母亲的爱护和支持联系在一起，而愤怒和憎恶又使得她和母亲之间建立和保持能独自前进探险的距离。在这个阶段，女儿也许会最终发现母亲不是完美无瑕的，甚至在同其他人的母亲相比较时为自己有这样的母亲感到尴尬。当她认识到自己不想重蹈母亲的覆辙，自己有能力过不一样的生活，并且开始着手实施时，她就向发展独立的自我迈出了重要的一步。

这种分离是非常简单明了的，通常是由于母亲的行为而变得复杂。因为母亲通常认为女儿是她的自我延续，所以对女儿会比对儿子要求得更多。当女儿日行渐远的时候，她会竭力阻挠。与此同时，由于她自己也经历过青春期，很清楚女儿必须自主，她又将女儿推向成年和独立。⊖这个时期并不是所有母亲和女儿都能达成共识，

⊖ 并不是所有自身从未同自己的母亲分离或是没有完全分离的母亲都希望同女儿维持同样的关系。

他们之间的纠葛将延续到女儿15岁以后或是20岁出头。20世纪80年代韦尔斯利大学的100份学生调查表显示，青春期的女儿超过75%都对自己的母亲表示不喜欢或不讨好。

当母亲在女儿的青春期去世，原本期望在短暂分离后重新复合的希望就成为不可逆转的骨肉分离。女儿就想对母亲大喊："等一下！我不是真的希望你走。快回来吧！"

如果母亲在女儿叛逆的巅峰去世，女儿会为母亲的死无比愧疚，因为她们之间一直冲突不断、怒气冲冲。在她的记忆中，过去15年的关系将全部压缩，就剩下最后一年的6次争吵了。我还记得我那时吼母亲的伤人话语以及那最可怕、最自负的言语，"爱"字就像刀一样伤害她："你根本不爱我！""我不爱你，我恨你！""我要你走开，让我一个人待着！"青春期时的我有一次就是这样愤怒。我从不认为母亲是因为我这样想而去世的，但是对许多女孩而言，童年时异想的残留部分的确会在童年之后一直存在。

阿琳·英格兰德是一个注册社会工作者，她领导纽约市癌症关爱协会的丧亲群体7年。她说："无论何时，同我们有着矛盾关系的人去世了，尤其是如果我们刚刚经历了争吵，我们常常会感到非常痛苦并且为自己曾经的恶语而自责。当人们有压力时，他们就想逃避，那时青春期的孩子，甚至是成年人都会在意识层面重新激活异想。然后他们就认为在某种程度上自己要为亲人的死负责。"

莉今年34岁，她还记得13岁时和自己最要好朋友的对话。"我们一直在聊13岁女孩认为比较重要的话题，"她说，"朋友问我：'如果你不得不失去父母中的一个，你希望放弃哪一位呢？'我说是母亲，因为我和父亲一直很亲近，而且我认为失去母亲生活也不会有太大变化。两个月以后，母亲突然中风去世了。由于当时只有13岁，而且我是在教会学校，很长一段时间我都认为是上帝听了我的话带走母亲的。"

青春期的女儿也许还会责备自己做得不够好，从而为失去最后赎罪的机会而难过不已。葆拉今年 27 岁，多年来一直为 15 岁时母亲的死而自责，认为自己应当少同她吵架，多安慰她。“就好像我当时明知道她病得那么重还和她吵架。我真不应该说那些难听的话，”她说，“甚至现在有时候我会烦躁地抓自己，跟自己说哪天都做了哪些可怕的事，但是现在我能告诉自己：‘哦，那时你才十几岁，那是必经阶段’或‘也许你得了经前期综合征’。总之做些事情让自己好受些，因为现在 27 岁的我已经没有机会和 50 岁的母亲说说笑笑：‘哦，还记得那时候吗？’”

葆拉继续说：“你希望自己处境艰难的时候母亲能够在身边陪伴，但是事情不都如你所愿。你希望她走的时候并不是带着你并不爱她的遗憾而去的，这正是我所害怕的。每当自己这样想，我就强迫自己把思绪拉回来，跟自己说：‘没事。那时你已经做了自己该做的事。事情已如此，她应该能够理解你。你们在一起的时间不多，但是只要你做到了，一切就都到位了。’”

和葆拉一样，我也努力哄骗自己使自己免于自责。我安慰自己：母亲一定也对她的母亲说过同样的话。虽然她们的关系有着自己的复杂性，但这仍然可以作为我的释放愧疚之情的说辞。

“最重要的是，女儿能够理解母亲知道青春期的对抗是正常的。”伊夫琳·巴索夫说，“你记得《母女情深》（*Terms of Endearment*）中的一幕吗？当母亲垂死时，她的长子是多么气愤、多么叛逆啊！她临终前坚信‘我知道你是爱我的’。那一幕真是很了不起。这部影片塑造了一位非自恋型的、无私奉献的、宽容的母亲。我相信她不顾长子对她的恶劣态度而对他这样说，是给予了他最珍贵的礼物。我认为即使不是这样的复合，不是如电影中这样发展的情节，你也能明白这个道理。母亲死去时你们的关系不好，你不知道如何去做，但母亲是很成熟的，知道你应当如何及时修护关系。最后你逐渐成长，就知道：‘母亲年龄比我大，比我睿智，知道我正要度过这个阶段。’”

因为走向成熟的过程是具有个体差异的，每个不同的处于青春期的孩子在不同的阶段同母亲疏远，而有的从来也不会有这一过程。如果母亲去世或是离开时同女儿非常相爱、关系亲密，相比愧疚感而言，女儿会感到更加痛苦。原本依赖父母的孩子突然失去了依靠，她必须自己学会独立。玛丽安娜是家中的大女儿，母亲死于肾脏衰竭，她和我说母亲去世时她感觉非常恐惧，因为她当时还是一个那么怯懦的小女孩。我必须对她进行特殊诊断，起初我还不相信会是这样，但最后我发现她的确是这周我遇见的最感情外露的病人，因为她不停地点头强调谈话重点。

> 母亲去世前，我是一个非常害羞的人，我真的都不怎么迈出家门。家里人都叫我“仓鼠”，因为有时你看见我好像要走出房间了，但其实我只是在门口偷窥了一下。母亲和我关系很亲密，她不只是我的母亲，还是我的好朋友。所以我不仅失去了母亲，还失去了一位亲近的朋友。从前她什么事都帮我做好了，所以当她走后，我毫无准备，不知道没有她的保护我还能干些什么。
>
> 高中毕业后我就直接工作了。如果母亲还活着，我可能会到离家近的大学念书。我很担心父亲，他患有糖尿病和低血压，时不时就得上医院。我有一年没有去工作，然后就给我所支持的国会议员做志愿者。虽然这占用了我同妹妹相处和做家务的时间，但是我觉得如果不走出家门我就会疯掉。为乔工作令我改变很大，他非常年轻，只比我大 10 岁。我同一群年轻、有活力的人一起工作。这也改变了我的性格。我不再那么自闭了。

如果不是母亲去世，玛丽安娜的自立进程不会那么快就成功了。对于其他女儿而言，尤其是那些在最混乱的时期失去母亲的女孩，性格发展的某些方面可能会立即停止。发展停滞不只是童年现象，在青春期也很重要，通常发生于十几岁的孩子感觉同去世时的母亲有很深的矛盾。而又不知原因，不能恰当地悼念母亲、同她分裂。现年 32 岁的盖尔的母亲去世时，她才 18 岁，她是 8 个孩子中最小的，母亲生前对她管束很严（她很不开心）。盖尔同母亲的分裂一直到母亲去世后的 12 年才出现。

> 我同母亲的关系非常复杂。她身体很弱，情感上和身体上都很不适，在我出生之前就是这个样子了。她 40 岁时生的我，可以说是在她生命的后期了。有时她是我的朋友，有时又大力压制我。她告诉我只有她才知道我在生活中都需要什么。我是她最小的孩子，她紧紧地把我拢在身边。当哥哥姐姐要离开家时，她和他们争吵，让他们都走，但是我青春期时从没有逃离过她。我也尝试过，但我真的和她绑在一起了，就好像脐带还没有剪断似的。现在我一想起这些，都觉得我们俩是血脉互通的。我就是她的，为她而生的，要同她待在一起，关系紧密得我都想要尖叫。而青春期时我的确尖叫过，努力和她抗争过，但每次的碰撞都是以我放弃而告终，因为我没办法赢她。
>
> 和她一起的最后几年正是我重新定义人生的阶段。我重新审视同母亲的关系，意识到我从未真正悼念过她的死亡。我直接奔向美好的成年生活，把那段时期封锁了。我想：“好，我们继续前进吧，不要再想这些了。”现在我终于做到了。我感觉自己今天才刚刚开始青春期的旅程。

由于悼念通常反映了失去母亲时期的情感反应，回到过去那个时间点的女儿会发现自己在完成青春期没有完成的成长任务。像盖尔这样在先前阶段发展停滞的女儿，会在成年期完成这个任务。同样，被迫很快承担成年人责任的女儿们会感觉她们遗漏了某个环节，而整个青春期不再完整。那时十几岁的她们将在10年或15年后来完成成长体验。

既然失去母亲加剧了青春期的紧张与压力，那么很小的时候失去母亲的孩子能否平安度过那激愤的岁月呢？也许不能。20世纪50年代，英格兰汉普特斯儿童治疗诊所研究发现，相比5岁前母亲去世或是离开的孩子，同年龄段失去稳定的母亲式人物的儿童实际上在日后的青春期会有更多成长困难。多数5岁以前失去母亲的孩子都经历了前青春期，特征就是发疯似地寻找母亲式人物，找到后也许就会依附于她，而后又会慢慢放手。

前文中提到的伊丽莎白·弗莱明研究案例中的露西，她在婴儿时期就失去了母亲，当她进入青春期后，就在母亲与女儿关系中陷入了绝境。她对亲生母亲知之甚少，而又不认可继母为合适的母亲替代者。据弗莱明说，露西15岁时经历了消沉期。

> 那时的露西每天都很消沉、很绝望，早上起不来，对社会活动不感兴趣，不参加学校活动，也不参加分析会谈，好像身体和头脑都被固定了——这是她以前从未显示过的特征。另外，她原有的困难也被放大了，体重增加，总生病，后来还不小心把手腕划伤了。下意识地，露西将目前的困境同第一任男友的抽身离去联系在一起……她最大的绝望源自没有过世母亲的任何印象。如果脑海中有母亲的形象，那她就能脱离自己的孩子气；而作为成年女性，她就能选择是否以母亲为标准鉴定自我。接下来的两年里，露西独自搜寻一切关于母亲的详细信息，期望能拼出缺失的母亲形象。她第一次去了母亲的墓地，抑郁症状就此消失。

青春期失去母亲或母亲式的人物是推进女孩走向自主和自信的重要步骤。

青少年与失去：表面问题

大学时我加入了一个女学生联谊会。同其他学校的女学生联谊会一样，我所在的组织有自己的年度入会传统。在入会地狱训练周的一天晚上，所有 64 个女生在起居室地板上集合坐好。我们在蓝色圆点地毯上随意坐成一个圆圈，听入会培训老师给我们讲解规则。每个人都要讲一个故事，并且都要这样开头："有件事我的母亲不知道……"一个女生讲的是半夜醉酒开车去了密尔沃基，另一个和我们简单说了在邻居郊外寓所的浴缸里的风流韵事。我们大家围坐在一起，一个接一个地讲故事，时不时哈哈大笑，偶尔也会有人打趣"你真的没有吗"或是"绝对不行"。然后其他 63 张热切的脸都看着我，等着我讲自己的故事。

我静静地坐在那里，盯着自己的手指头，暗自思忖——我要不要顺着话题讲呢？说出真相，还是找个借口逃之夭夭？这时我左边的女孩用胳膊肘使劲捅我。"该你了。"她说。

我抬起头："我想我就不说了吧。"

"那可不行！""快来吧。""给我们讲讲，讲讲，快讲讲。"

"不，我说了我不想说。"

大家笑得更厉害了。"快说吧！""你到底有什么好事瞒着我们啊？""不行，不行，绝对不行。每个人都要说的。"

我很惶恐，结结巴巴，最后鼓起勇气，说："我没有母亲，但是我有父亲。所以我给你们讲个父亲不知道的事情吧。"整个房间一下子就静了下来，充斥着令人很不舒服的沉默。我含含糊糊地讲起在新奥尔良那个冬天遇到的一个男人。现在我已经想不起当时的细节了，而我怀疑自己当时根本就没有注意周围的人。当时就想快点儿说完故事，然后从众人的瞩目之下逃离。这么多年我一直努力回避这种情况的发生。

后来我还强作镇静听了几个故事，直到入会培训老师注意到我的不自然，把我领到她的房间。我放声大哭，她和我并肩坐在她的床上。“对不起，”她一边递给我面巾纸一边说，“真对不起。我不知道你母亲已经去世了。”

没有人知道。他们怎么可能知道呢？我没有告诉过他们。这些朋友是我抛开悲剧的避难所。在女生联谊会我能以一个无忧无虑参加聚会的女孩的新形象示人，没有过去的包袱负担。在有装饰品位的起居室里，我可以假装和其他女儿没什么不同，这里距离那个人们知道我的母亲去世了的高中有 800 英里[⊖]。

同龄群体是青春期女孩生活中力量强大的青少年陪审团，它在青春期女孩失去母亲后的恢复中扮演非常关键的角色。多数青少年在这个时候常常会将原先倾注于父母的能量转而投向同龄人或是最好的朋友。因为多数青少年鲜有应对痛苦的经验，所以女孩的同伴经常无法认可她们的情感，无法理解失去母亲意味着什么。

罗宾（Robin）现在 27 岁，其母亲去世时她才 16 岁。她还记得那时候她与同伴相处并不融洽，但她还是非常感谢帮助过她的同学。

> 那时我的同辈关系很棘手。她们总是抱怨得做多少作业，而我就会想：“有什么大不了的。难道这会比自己母亲去世还令人难过吗？”我还觉得她们在互相竞争，看我更依赖哪一个，这真让我发狂。我觉得不能和其中一个人多说一句话，要不另一个人就会很难过，认为我忽视了她。有一个朋友还总是把我看成流浪小狗，总是说：“哦，我真为你难过。”这让我觉得我得让她好受些，让她知道我很好，

⊖ 1 英里＝1609.344 米。

用不着为我难过。我连自己都快控制不了，又怎么能让别人好受些呢？

母亲生病时，我在避难中心为越南人做志愿工作。在那里我有一位朋友，以前和我关系非常好。她是非常辩证的人，有能力保持客观性，而不是为情感所左右。她和我谈起过母亲的病情和死亡，她从不说："我真为你感到难过，可怜的小东西。"相反，她问我："这对你来说意味着什么呢？"她给我空间倾诉，我告诉她我不想让别人觉得我很可怜。我意识到自己的其他朋友都很回避这个问题，都害怕牵连到她们自己和自己的母亲，她们不能真正地彻底和我讨论这件事。避难中心的这位朋友并不认识我母亲，这是一个很大的区别。我的其他朋友都认识我母亲，所以相对于那位朋友，母亲的死对其他朋友而言非常真实。我和她在一起谈了很多，这对我有很大的帮助。

青少年焦虑中最严重的就是女孩害怕被自己的小圈子拒绝或是令圈内的朋友沮丧，尤其是当其他家庭成员忙于应对丧失亲人的痛苦而没有时间顾及她的时候。青少年正象征性地与家庭决裂，因此与孤儿有很多共同之处：感觉被疏远、被孤立，自卑，家庭混乱，害怕被群体拒绝。其他女孩常常认为母亲是女儿最重要的财富，所以失去母亲的青少年会因为自己丧失这宝贵财富而非常难为情。十几岁的女孩会认为母亲的缺失会令自己看起来与众不同、很不正常，所以会选择拒绝同龄人——常常是避免和朋友谈论母亲的去世或是隐藏任何愤怒、沮丧、愧疚、焦虑、困惑。

与此同时，十几岁的女孩还会将悲伤推到一边，对外竭尽全力表现得正常，就好像在告诉别人："看！我是足球队长、优秀学生，而且是校园话剧的主角。我太完美了！"她的自我定义是以有母亲的家庭为基础的，只是由于自己不能预见和无法逆转的力量而改变了。如果准许其个性沿着这条路发展下去，就意味着将其定义为没有母亲的女孩——这并不是她希望选择的准确形容，但她也不想违背它。所以她尽力创建新的身份，是相对于过去完全独立的身份。

在寻求自我改造的过程中，她努力使自己成为有能力的、有自制力的人。而据报道，在患有暴食症、吸毒或是酗酒的失去母亲的女性中，没有人说自己这些问题的冲动是十几岁时开始的。不管怎么说，青春期是焦虑和探索的时期，但是对于失去母亲、需要感觉自己的身体和环境都很正常的女孩，对某事上瘾或是有自毁倾向是战胜悲伤的常见手段。丧失亲人的孩子常常将情感隐藏于内心，但是青少年则可以通过很多方式释放情感。25 岁的朱丽叶在母亲被诊断为癌症后开始吸烟、喝酒，而且每次母亲的病情恶化，她就会变本加厉。朱丽叶回忆："她开始化疗的前一天，我又在商店偷了 30 美元的东西。然后我被抓了，接着她的病情有所好转。她因癌症前期生长而切除扁桃体的那天，我在舞会上喝醉了，我朝每个人身上狂吐，差点和别人打起来。她死的时候我酗酒正凶，这种情况一直持续到我 23 岁才有所好转，最后我清醒了。"当青少年时期失去母亲的女孩被内外巨变所围困时，她就会寻找自己能得到安慰的方式或是认为她能够得到安慰的方式对此加以控制。

家里的新女主人

几乎就在家里完成犹太教法规定的 8 天悼念后，我带着弟弟去理发，带着妹妹去看牙，钱包里揣着家里的备用金。我继承了母亲的车。我就好像踩上了前进的按钮，一下子从 17 岁变成 42 岁。我没有任何悬念地承担了母亲的角色。私下里，我数着时间，等着逃离的那一天。秋天，开学的时间到了，我马上溜出城去上学，而 15 岁的妹妹就接手了我留下来的烂摊子。

青春期的女孩在母亲生病、离开或是死亡后，常常会无意识地成为父亲或兄弟姐妹的“迷你”母亲。这是我们当今文化下不幸的副产物，我们希望女性能照顾孩子和家庭，希望长女或是次女（即便家中有长兄的存在）能够承担母亲的角色。如果这个女孩正处于青春期的话，她特殊的身份将是一个冒险。玛丽安娜的母亲死后，16 岁的她不得不承担家中所有的家务事，包括照看妹妹。“如果你 16 岁，而且以前这些家务事都是母亲来做的。那么你肯定也会有这样的反应：‘凭什么我应该洗衣服？凭什么我应该洗盘子？’”她说，“刚开始的几个月很难熬。我的姨妈，我叫她‘干净太太’，会来检查卫生。那真是让我抓狂。直到今天，我都非常痛恨洗盘子。每天晚上我还得做晚饭，照顾妹妹——她根本就是个野孩子。换句话说，白天我和所有十几岁的孩子一样去上学，晚上回家就得做饭、打扫屋子，就像母亲或妻子那样。”

面对这样的责任，一个女孩有三个选择：满足需求、部分满足需求或根本不满足需求。有时，如果她年龄足够大或是自制力足够强，就会主动拒绝扮演母亲的角色，但是之后就会为抛弃家庭而内疚。有时尝试了几年后失败了，她会意识到自己一个人满足不了家庭的需求。 菲莉丝·克劳斯拥有教育学硕士学位，是一位注册社会工作者，也是加利福尼亚州伯克利和圣塔罗莎的精神分析专家，她经常为失去母亲的女性做咨询。她说：“不得不扮演母亲角色的女孩会遇到各种各样的问题，她们会变得超级能干或者是为努力达到自己的要求而筋疲力尽，也有可能以某种不健康的方式逃脱责任，比如和家人关系恶化或是离家出走。”

如果青春期的少女不得不成为生病的母亲的护士、弟弟妹妹的家长或痛苦的父亲的看护者，她们就会形成富有同情心、怜悯心的性格，这对于其今后的生活有好处。社会赋予关爱者（尤其是女性）许多令人钦佩的特性，表面上看十几岁的女孩必须要照顾其他人。

一些研究表明，亲人去世后对他人承担责任的孩子能够获得一种能力，并更有可能成功地消除丧亲之痛。但是在多数文化中，让青少年承担看护的责任是不成熟的，在她能够胜任之前就提前把她拽入下一个发展阶段。这就迫使她在本应该倒退或是被照顾的时候提前成熟了。

再没有比亲人去世最能让青少年迅速成长起来的事了。她的思想、责任和意识的成熟只是一夜之间的事，但是她的身体、环境经常在提醒自己还没有长大。当你每天都搭校车去上学，就很难成为一个大人。芙朗辛 32 岁，母亲在其 13 岁时突发心脏病成了植物人，她 17 岁就搬出来独自生活了。她说："我觉得自己比同龄人要老得多，现在我身边的朋友都比我大 10 多岁。我喜欢与独立的人交往，他们和我很像，但是有时我又跟婴儿一样。我丈夫说有时我非常成熟、能干，但有时候又一点儿不像成年人。我不得不快速成长，不能像个孩子。我最近准备减少工作时间，一周只工作三天，这样我就有时间当小孩了。我真高兴自己终于可以无忧无虑地当小孩了。"

过去的 24 年里，我一直在思考自己的时间年龄。母亲死后，我总感觉自己可以划分为三个部分：第一部分迅速成长为 42 岁的女人，开始接手母亲该做的事；第二部分停留在 17 岁了，守候着母亲的形象以及我们那时的关系；第三部分是我常常觉得最不了解的事，即正常生长。有时我真希望自己能有超能力，伸开双臂，一手抓住 42 岁的我，一手抓住 17 岁的我，然后把她们紧紧地拽在一起，直到在某一点重合。

青年时期（二十几岁的时候）

如果说青春期是个性的形成，那么青年时期就是带着自己的鲜明个性在更大的世界有所作为。这就是为什么这个阶段失去母亲的女性会成为最受忽视、误解的女儿。她有可能已经独立生活，独自照顾自己或是照顾自己的家庭，所以当丧母之痛将她打入情感泥潭时，她也最有可能感到挫折和困惑，而且别人最有可能常对她说："你已经 25 岁了吧？哦，你真的不需要母亲了。"就好像当女儿脱离青春期了，母亲的重要性就缩小到零点了。

离家求学、结婚或是搬出家自己住都是发展的里程碑，但是为建立新家打好基础并不意味着切断我们与身后的家的情感纽带。自相矛盾的是，年轻人建立新家庭的成功基础来自他继续拥有安全的地基，即他将在有压力的时候可以回归的核心大家庭。他正处于人生的旋转门，到外面感受世界，回到家来寻找鼓励或是休整。

"如果妇女在成年早期失去母亲，在 19～23 岁之间，丧母之痛将带来巨大冲突，因为这动摇了所有根基，"菲莉丝·克劳斯说，"她正处于发展个人事业、搬出去独立的起点，所以说她需要鼓励。但是相反她也需要回归家庭，需要家庭的帮助。由于智力和理解力的层次大幅度提高，以下的想法会不断涌现：'没有母亲我怎么处理生活中接踵而来的许多事情呢？'所以她失去的不仅有母亲，还有她需要的鼓励和自我的重生，那时她真的很想同母亲分享这一切。"

这同蹒跚学步者一步步地去冒险，定期回到母亲那里寻找安全感、恢复自信没什么两样，只是现在不是小孩，是一个女人，她的旅程几个星期或是几年轮回一次，而且她同母亲重新联系方式是通过信件或电话。

"二三十岁的时候，你会有非常强烈的回归家庭的渴望，"娜奥米·洛温斯基说，"母亲就是你的参考点。也许她让你抓狂，也许你不想成为她那样的人，但是你的母亲是你的资源。她是原点。你总是回头寻找她，去看看自己到底在哪里。如果你 25 岁，而且你认为母亲一无是处，那么你也就知道你自己身在何处了。如果你 25 岁却没有母亲，你怎么能知道自己在哪里呢？你就需要去建立关系。父亲也许真的很重要，而且对你帮助很大，但是他不是女人，他的帮助是另一种类型的，是对立性别的一种关心。”

当女儿成熟后，尤其是当她也成为母亲后，她同母亲的视角都会进化。比如，女儿首先发觉母亲不能解决所有问题，这个年轻人开始认识到母亲是多角度的，是有人的局限性的，是有优点也有缺点的。虽然女儿还是保留了一些早期对完美母亲的渴望，但是她也慢慢变得可以降低期望标准了。相反，母亲开始接受女儿已经自立，有能力自己做决定并执行了。双方都在给予或获得，处于推和拉的关系，最后达到一个理想的妥协基础。即使双方不能互相理解，至少都能互相尊重。

自女儿第一次离开母亲身边时起，她就总是希望回到早期记忆中的母亲的身边。母亲曾经给予她的关注和关爱成为女儿持续追寻的理想。分离是必需的，重聚却是永久追寻的目标。虽然母亲在成年女儿生活中的地位完全不同于 20 年前了，但是成年人的调和能力使得母亲和女儿间建立起第二层关系。在青春期的女孩完成脱离家庭的个性化后，她通常会回归，同母亲重聚，把母亲当作女人与女性伙伴。

多数是在 20 多岁时，女孩们首次发现母亲的特质——有同情心、睿智、经验丰富。这时候失去母亲，就好像要找到她时她却消失了，感觉像是个残酷的把戏。35 岁的克里斯蒂娜的青春期非常混乱，她刚刚开始享受同母亲的亲密关系，母亲的死就切断了她们之间的纽带。

母亲是在我 18 岁时被诊断出患有乳腺癌的，而在我 23 岁时，她就去世了，那时我住在别的州。虽然我不常在

> 她身边，但我们关系非常好，她想念我，我也想念她，我们还经常写信。她来看过我一次，我们在一起很开心。我觉得相比于妹妹，她的去世对我更残酷，因为我一直身处远方。我为此很内疚，妹妹也埋怨我。真的很残酷。母亲的确和我说过："去吧，好好过日子，做任何你认为需要做的事。"妹妹不能理解，她们因我搬到远方去住、8 年没回家而伤心。我想母亲也为此而惊讶，但我想她其实是很高兴我在外游历、有所作为的。
>
> 非常幸运，在她去世前我们就建立了良好的关系，但是我想："哦，这不公平。我们刚刚真正成为朋友。"当我还小的时候，父亲是个侍者，我们常常去酒吧喝无酒精的鸡尾酒。等我大了，就能真正和父亲喝一杯了，和母亲也是这样的。我终于能够作为成年人和她在一起，并且讨论成年人的事情。过去一直到母亲去世，我们都不曾交恶。我有我的生活，她有她的生活，而我们在一起很开心。

无论母亲是否健在，在我们的成长过程中，我们都有期待同母亲重聚的冲动。童年或青春期失去母亲的女儿到达二十几岁的年纪，感觉准备好同母亲重聚了——但是和谁团聚呢？以什么名义呢？当我 20～25 岁的时候，我第一次在生活中强烈需要一个女性人物。那些年概括起来就是我疯狂寻觅能来指导我的人，但是我最想与之联系、最为思念的人消失了，而我努力寻找别人来取代她却总不成功。29 岁的凯伦 9 年前失去了母亲，她也是这样认为的，她说："回到母亲身边，和她做朋友，在相等的层面相会，这就像母亲生命的一道华美乐章。当她不在那里，你就无法和她重聚。我感觉自己没着没落，等着什么能来把这空虚填满，希望能有办法让母亲回来。但是，我没有办法。这总是萦绕于心，因为需求仍然存在。"母亲去世过早，女儿内心将总是感觉不完整。她继续寻找迷失的碎片，总是试图填补内心的空白。

治疗师称失去如同成年朋友的母亲为“二次失去”，这在真正失去的时刻表现并不明显，随着时间流逝而日益显现。20 多岁的女儿总是跳跃想象着二次失去，她们看到了失去母亲的长期后果——没人帮她筹备婚礼，没法咨询孩子的养育问题，孩子们没有祖母。这只是理想化的剧情描写。膝盖上绑了 8 年绷带的母亲，如果她还活着，恐怕也不能抚平 18 岁女儿的心碎，或是接手 26 岁女儿繁重的劳动。那只是我们渴望的母亲，是我们所能想起的母亲，是我们迫切盼望的母亲。

我的母亲 24 岁时辞职生下我，她能帮我出谋划策、解决公司层面的问题吗？她结婚前是处女，能倾听我讲述 18 岁险些怀孕的经历吗？或者她能接受我同她大相径庭的两性道德标准吗？当我努力拼出我所知道的更为成熟的母亲形象，每次我都有疑问。她教我用卫生棉，对于避孕有自己独到的办法。母亲作为一个女人，对我而言非常神秘。在我脑海中，她永远是 42 岁，而作为她的女儿，我也一直没能跨越 17 岁。

这真是种令人悲伤的美，母亲将永远保持年轻。我再也不必看着她一点点变老，或是担心她的老年看护问题。但这也意味着我会超越母亲，不久之后还将比她长寿。在我二十几岁的时候，我就发现这些问题了。虽然我们在不同的时代到达同一个年龄，但是青春期的我们基本上是差不多的：虽然与父母有不同的见解，但是我们很爱他们；我们在公立学校毕业，在大学求学，谈恋爱。她 21 岁就结婚了，而 21 岁的我做出不同的选择——自给自足、仍旧单身、去获得更高的学位，这使得我的成年经验与母亲的大相径庭。

但是没有什么不寻常的，多数朋友的仍旧健在的母亲也是这么认为的——女儿都是要超越母亲的。这就是事实，但是我的成功是苦中带甜的，因为母亲也希望自己能有所成就，却没有时间去实现。我游历过许多国家；我去参加弟弟妹妹的婚礼；我还可以看见新世纪的第一天；某天，我还将超越 43 岁这个年龄坎儿。

成年以后的人

我真是很惊讶竟然有那么多三四十岁或年龄更大时失去母亲的女性联系我，她们还希望我能把她们的经历写入本书。也许因为我失去母亲的时候还很年轻，我一直以为超过 25 岁或 30 岁的人应该能够接受母亲的去世，认为这是顺其自然的事情，她应当不会觉得毫无准备地失去了自己最重要的人。

但是我大错特错。两年前我刚刚搬到纽约的时候，我去买躺椅。在我买完东西的时候，销售员索尼娅和我闲聊起来，我们一个话题接着一个话题，然后我告诉她自己正在写一本关于年轻女性失去母亲的书。她把手头的表格往边上一推，紧抓住我的胳膊，热泪盈眶，说："你想不想采访我啊？几年前我的母亲去世了。我不是孩子了——我 43 岁了，但是我跟你说，任何年纪都很难接受得了这种事。"我有一位处在不惑之年的女性朋友。她最近每隔一个星期在洛杉矶和菲尼克斯之间往返一次。她在帮助她体弱生病的母亲料理人生历程最后一段的事情。她的母亲正在接受化疗。她的经历和我见过的年轻女性没有什么不同，一样令人惊恐，一样令人心如刀绞。在某些方面甚至更严重：我的这位朋友不仅必须学会有关她的母亲病痛的知识和可能的结果，而且她作为独生女，必须担负起照顾母亲的巨大责任。在洛杉矶时，她不得不在做一个悲伤的女儿的同时担当母亲和妻子的角色。这使她的情绪和生活的复杂性极大地提高了。

旧金山州立大学（San Francisco State University）的研究人员伊丽莎白·纳吉尔（Elizabeth Nager）和布莱恩·德弗里斯（Brian De Vries）正在研究已成年的女儿们为过世的母亲创建在线悼念这一现象。她们明白在中年人之中其父母去世是正常和可预见的事情。超过 50% 的 40～60 岁的美国女性会经历父母中的一人或者双亲离世。然而，纳吉尔和德弗里斯说，在成年期失去母亲“代表了各种各样的情绪和心理历程。父母之中一人离世标志着生命和死亡之间缓冲地带的消失，人们会产生不同的时间感和自我感。父母的离世切断了或者说永远改变了儿童时期建立起来的联系纽带”。

人到中年的女儿在母亲去世很久之后会继续怀念母亲，即使母亲去世是意料之中的事情，并且已经被女儿所接受。几项对近期失去母亲的成年人的研究表明：

- 在丧亲之痛 3 个月后，80% 的人说她们仍然非常想念母亲。
- 74% 的人说母亲去世是她们目前人生中遇到的最难熬的事情。
- 在母亲去世 1～5 年后，67% 的人仍会有包括悲伤、哭泣在内的情绪反应。
- 86% 的人报告说在母亲去世 1 个月后，她们生活的优先顺序转变了，60% 的人报告说在母亲去世 1～5 年后，她们改变了职业生涯。
- 40% 的人报告说她们和兄弟姐妹更亲密了，25% 的人与兄弟姐妹的冲突增多。这通常发生在父母临终阶段兄弟姐妹不愿帮忙或者兄弟姐妹的关系从一开始就紧张的家庭。
- 36% 的人在母亲去世之后与父亲的关系更紧密了，但是也有 18% 的人说她们的父女关系更疏远了或者矛盾更多了。

- 75% 的人在母亲去世时将离世看作好事。
- 72% 的人并不觉得母亲去世是一件不公平的事情。
- 80% 的人相信她们会和母亲在某一天再次相聚。

较为年轻的女性——年龄较靠近 40 岁而非 60 岁的女性更难以接受母亲离世，有着积极正面的母女关系的女性也是如此。仍然在情绪上依赖母亲的女性也很难调整自己。我在研讨会和讲演活动中遇到过许许多多照料生病的母亲数年的女性，有些甚至拒绝了结婚和生育小孩。对于这些女性来说，母亲最终离世后，她们不仅需要重新安排日常生活习惯和责任，而且要放弃她们作为照料者的身份。

年长的成年女儿在母亲去世时的紧张情绪一点儿不比青年人少，也不会认为母亲去世不再重要。只是她们的感受同年轻人不同。因为已成年的女儿自己已经承担多种角色——情人、妻子、母亲、祖母、帮手，她同母亲的关系是最不具有依赖性的，在她心目中母亲已经不是生活的重心。然而母亲仍然在生活中承担重要的角色：对她孩子无微不至的祖母、其丈夫的丈母娘、成年密友。一旦失去生命中重要的人，悲伤也是不可避免的。

韦尔斯利大学研究中心对女性的研究提醒我们：因为男性的寿命预期比女性要短，所以女儿和母亲的关系可能是其生活中持续时间最长的。当这种联系忽然断掉，无论女儿是何年龄，母亲的死都是令人困惑、意义深远的。她仍旧是母亲的孩子，母亲的逝去会令她觉得被抛弃、愤怒、伤心。

然而，相对于青春期或是孩童时代的女儿，已经成年的女儿能够处变不惊，以更成熟的方式应对母亲的死亡。同在悲伤时期突显个性不同，她的个性已经成型了。最初的悲伤阶段，她也会号啕大哭、否定自己、行为退化，但是她知道在某种程度上，调控自己对亲人逝去的悲伤情绪是中年人的必修课。逝去亲人对她对未来的设想打击力度很小。最理想的情况是，她能继承母亲身上的积极个性，摒弃母亲负面的、曾经困扰她的个性。没有了母亲，她将继续前进、毫发无损。

“虽然母亲同女儿最初的纽带变得扭曲、被破坏，但是绝不会被切断。”玛莎·A. 罗宾斯（Martha A. Robbins）在《中年妇女同其母亲的逝去》（*Midlife Women and Death of Mother*）一书中写道。失去母亲的女性一生都会持续不断地调整同母亲的关系，她不断改变视角，随着年龄的增长不断为母亲的每个新形象寻找合适的位置。

童年期、青春期以及青年时期失去母亲的女性，在到达中年或是更大年龄的某个特定检验点时，会经历二次失去的悲伤。她们会渴望有位更成熟、更有经验的女性来指引自己。现在 53 岁的科琳娜，其母亲去世时她才 11 岁，她说：“作为成年人，母亲去世真的很令我伤心。要是能有什么人给我传授女性知识就好了，比如成年女性应该什么样，怎么度过更年期，怎么回顾人生并思考死亡，等等。当然，我母亲没有经历这些，她去世时才 47 岁，她也许从没有经历过更年期。”虽然科琳娜有两个很爱她的继母，还有许多亲近的女性朋友，但是这么多年来，她仍旧渴望能够得到母亲的传授。

母亲是我们同自己的历史和性别最直接的联系。不管我们认为她是不是一个好母亲，她的缺位都将使我们的人生不再完整。苏珊妮今年 33 岁，母亲 3 年前去世了。她说：“我的母亲去世时，一大堆人来安慰我。‘哦，你还有父亲，还有弟弟、妹妹。你有个很棒的丈夫和漂亮的孩子。’你知道什么？那些的确是事实，但是我还是没有了母亲。”

⁝第 3 章⁝

因与果

无路可走其实是最好的办法

我母亲的死亡方式是大家都不愿意谈论的，非常突然，非常戏剧化。周围一片恐慌、嘈杂。她的身体被遍布全身的癌细胞折磨得很虚弱，她的精神也被不真实的希望打垮了。她蜷缩在救护车担架上，卧床啜泣，周围是医院急救室破旧的帘子。她已经没有力气坐起来了。我一直抓着她的手。医生进来后，我们去了医院大厅。倚靠着一排付费电话，我怀疑地盯着医院的地板砖。以前我从未见过母亲如此无助，没有见过她的身体虚弱到如此地步。我从不知道人是这样不堪一击。

我带着感情才能回忆出这些场景，因为我总是先想起它们，实际上当时亲眼所见的场景要更令人难以启齿。到了癌症的最后阶段，病人挣扎着去控制已经彻底击败她的身体是很不容易做到的。“那就是你母亲，那就是你母亲，那就是你母亲。”每当我向医院病床看去，我都逼迫自己要记得那是母亲。16 个月的化疗已经将她变成毫无特点、看不出年龄的妇女。她的身体胀得像气球，黑黑的卷发也没有了。当癌细胞到达肝脏，她腹部肿得很大，临死时看着就像要生产了。在她丧失意识的几个小时前，她已经没有能力说话了。尽管我们努力辨认她发出的哼哼声，但还是不知道她到底说了些什么。

父亲后来告诉我，她的最后遗言是“照顾好孩子们”，那是她陷入昏迷之前跟他说的。我倒是愿意相信她最后还是有所请求的。你一定听说过一个已经昏迷好几个星期的人在临死前忽然睁开眼睛，或用手画十字，甚至坐起来说出完整的话。所以我相信一切皆有可能，任何事在那个特殊时刻，只要你想让它发生，都有可能发生。

那些临终遗言是我父亲的版本，不是我的。到目前为止，我们每个人都有一个版本，都有自己的神话，都有自己对真相脆弱的把握。妹妹的回忆是一种方式，我的回忆是另一种方式。我高中的一个朋友还跟我说起过一些片段，但我敢发誓那从未发生过。是真相还是虚幻？我真不知道，我只相信自己的故事。在我的这个版本中，母亲没有临终要求，因为她并不知道自己就要死了。

她所告诉我的、我所听说以及我自己添加的内容填满了记忆的缺口。所有碎片汇集在一起就像难看的马赛克，拼凑出一间二等病房内发生的一幕幕。据我所知，那是在 1979 年，一位过敏症专科医生在她腋下检查出一个肿瘤。她又去妇科医生那里检查，医生说：“没什么，而且你刚 40 岁,6 个月以后你再来我这儿检查。”6 个月后，他说肿瘤还是那么大，他告诉她：“没有恶化，不可能是癌症，你什么事也没有。这就是囊肿。你很好。” 2 个月后的一天下午，我们一起在餐桌前吃花生，把皮扔进绿色的特百惠碗里。她说仅仅为了安全起见，应当去动手术切除掉肿块。但是手术费很贵，那年家里的钱还有点紧。又过了 6 个月，也许是更长的时间，她又去了另一个妇科医生那里检查。医生给她做了乳房 X 光检查，还让她去外科医生那里做了切片检查。看了结果他直摇头，建议她二次会诊，以确诊病情。

在乳房切除手术后，她告诉坐在病床边的我，癌细胞已经扩散到淋巴结了。她说，医生已经将它全部摘除了。接下来的那一周，预防化疗开始了。首次 6 个月的疗程后，她去复诊，11 月份的 CAT 扫描是阴性。第二年的 4 月，又一次扫描后她回到家笑着说："好消息，癌细胞全都没了。"5 月，肿瘤专家给她开了新的处方药。她告诉我说那药就是为了预防，因为她的白细胞有点儿少。

在我的故事版本里，我们都认为癌症和化疗只不过带来了暂时的不便，母亲的病只不过是一点儿小故障，任何经过培训的医院勤杂工都能解决。当我发现她抓着掉下来的一把头发在洗手间哭的时候，我安慰她今年就都能长出来。就连我们去买假发都像演一出戏剧。她从商店出来就和我炫耀那一头法拉·福赛特（Farrah Fawcett）卷发，还要我答应永远也不染金色的头发。5 月，她开始给我织外套，计划在秋天她的治疗结束时完成。然而当她明显变得非常虚弱，胃也开始肿胀时，我才意识到事情已经变得相当严重。

我很不理解人的身体正常运转和垂死的准确分割线是什么？是不是真的有那特定的时刻——一毫秒或是千亿分之一秒，健康细胞的数量突然降低，以至于生命无法复苏？或者是不是一个细胞的正常分裂产生了这个临界，而以前一个也没有，就是这一个"不法分子"干的。似乎母亲的这一过程太快了。据我的回忆，有天晚上她还在电视前的摇椅上看电视，放松双脚，不耐烦地等着腹部消肿，而第二天她就起不来床了。

父亲那时候所在的宗教分支要针对犹太教堂的职责写一份年度检查，每天下午都得去和大师谈话一小时，我就一个人陪伴母亲。那时她躺在楼下，就在半地下室的位置，因为那里很凉爽，使她灼热的皮肤很舒服。我扶着她去洗手间，她坐在马桶上，递给我一卷手纸，不敢抬头看我。她太虚弱了，只能求助于我，她感到很不好意思。"真抱歉还得让你来。"她一次又一次地说。当我努力帮她上床的时候，她绊倒了，直接倒在床上，她大哭了起来："我真希望自己已经死了。如果我不得不这样活着，我真的想死了。”

“别说那种话!”我命令她，边说边给她垫上一个枕头。“你肯定不是那样想的。别再说这种话了。”

我确信自己那时没那样想，但是现在我知道那1小时是我距离地狱最近的时刻。我和垂死的母亲坐在地下室里，在7月的热浪里，空调的冷气开得很足。我周边的每件事都变成两个极端：生和死、高温和冰点、疯狂的希望和彻底的绝望。也就是在那1小时，我不能再无动于衷了。我没有试图抽回思绪，因为那1小时变得无比漫长。

早上，母亲醒来就吐了好多黑色的胆汁，父亲赶紧叫了救护车，我们在家里做了所有能为她做的事。她在楼下翻来覆去睡不着，父亲那时和我坐在客厅，告诉我她就要死了。“你的母亲不得不去医院了，我觉得她回不来了。”那是他的原话。

我盯着他椅子上的装饰物看，蓝色和绿色的草履虫涡纹漂浮在米色的大海上。我脖子上的肌肉紧张起来，都能看见汗毛在颤动。“怎么会恶化得这么快呢?”我问，还盯着椅子。

“其实我早就知道了，”他说，“自从去年春天动完手术。”

“你早就知道什么?”

父亲说：“外科医生一出手术室就跟我说没法完全摘除淋巴，他只能照原样缝合。医生说‘她最多再活一年’，但是我怎么跟她还有你们这些孩子开口呢?”

“你看你做了什么?”我想他看得出我眼中的责备。

“我们已经很幸运了，她比预计的多活了4个月。”他说。这时急救人员已经到了房前的小路上，他从椅子上站起来，手压着前额。

当我一个小时后站在急救室的帘子后面，抓着母亲的手，把冰片放在她龟裂的、满是血的嘴唇上时，我想：“幸运?有人能确认这就是那个幸运儿吗?”

当父亲去填保单的时候，母亲又和我独处了。她躺在担架上，闭着眼睛痛苦呻吟，眼角都是泪。“我好害怕，”她小声说，“我怕我就要死了。”她拽着我的手臂，恳求道：“告诉我，霍普，跟我说我不会死。”

在这母女共处的最后时刻，女儿怎么能不答应母亲的要求呢？按她的要求做就意味着要说谎，告诉她真相又意味着无视她的要求。我没有合适的答案，忠诚于谁也很微妙：我是和生我的母亲站在一起，还是和留我在这儿的父亲一起呢？我低声说话时攥着拳头，指甲紧抠着手掌，都抠出月牙印了。我说：“我会一直待在这里陪你的。不会把你一个人扔在这儿。”这话一出口，我就知道自己完全跑题了。在这最关键的时刻，我失败了。

下午，家里人一个接一个地来了，姨妈和我坐在医院候诊室的黑色塑料长椅上。“真是噩梦，完全是噩梦一场，我周围全是小丑。”我说。我们都混用着隐喻，毫无逻辑地谈话，但是谁都不介意，也不关心。有太多的事要做，一切都要快。母亲刚给肿瘤专科医生打了电话，她冲着我贴在她耳朵上的电话问：“我到底怎么了？”然后我得告诉她那医生说的都不是真的。那时我意识到事情的严重性，许多人都一直向她隐瞒着她的病情。

第二天一早她就陷入昏迷，内科医生在大厅把大家召集在一起。他提醒我们她可能会好几天、好几个星期甚至一个月都是那个样子，他让我们做好准备。“一个月？”我想，赶紧把嘴堵上不发表异议。“我们怎么能这样下去一个月呢？”也许母亲也是这样想的。第二天凌晨 2:43，她拉着父亲的手走了，而我那时睡在大厅另一头候诊室的长椅上。

母亲去世的前一个晚上，我还拉起隔帘，给邻床的妇女看我们一家去年春天拍的照片。我说：“我想让你看看她真实的样子，而不是她现在的样子。”即使我这样说，我知道这话是对我自己说的。好多年以后我才能记起她患乳腺癌之前的样子，好多年以后我才能忘记她躺在病床上以为自己得了黄疸、昏迷不醒的可怕形象。虽然第一个形象存在了近 20 年，而第二个形象仅仅存在了 2 天。

当人们问我母亲是怎么死的，我说："乳腺癌。"这是告诉他们死因。

而对于我，则仍能回忆起我们当初一起在商店买第一顶假发，能听见她嚷着说 CAT 扫描结果错了，能感觉到她躺在病床上用手抓着我。我也许可以用三个字告诉你母亲的死因，但是他们背后的故事却能写满整页纸。

"我母亲是得癌症死的。""我母亲自杀了。""有一天，我母亲消失了。"这些句子很简洁，但不只是简单的陈述。整夜守着痛苦的母亲、在厨房台面上发现她自杀的留言或听到她车祸身亡绘声绘色的描述都是那些我们永远无法忘记的情景，除非我们彻底地封存它们。心理学家说亲人的死因（连同孩子的发展阶段以及幸存看护者的应对能力），是决定孩子长期适应能力的首要因素。南·伯恩鲍姆说，死因对整个家庭的反应方式、可行的支持系统以及真正失去母亲前孩子的紧张情绪都有着重要的影响。"我们说一个 8 岁女孩的母亲已经患癌症 3 年了，"她说，"那就意味着自她 5 岁起，母亲就接受着各种治疗，经历了各种焦虑，还不得不维持同孩子们的关系。在母亲真正去世之前，这一切已经对孩子有所影响了。所以这同一个 8 岁女孩的母亲因车祸去世是完全不同的。这个故事也许不是非得比另一个故事痛苦，但是对孩子成长的影响是截然不同的。"

149 位女儿指出，母亲死因 44% 是癌症，10% 是心脏病，10% 是事故，7% 是自杀，3% 是肝炎、传染病、分娩并发症、堕胎或流产、肾衰竭以及脑出血，其余的是酒精中毒、过量用药、动脉瘤、中风以及手术并发症，还有 5 位母亲是不明死因。

失去挚爱的母亲好像没有容易令女儿接受的方式，用一位 26 岁女士的话来说："不同种类的地狱。"每个原因都令人痛苦，而且对每次失去，我们都疑惑自己怎样做才能阻止死亡。出于不同的死因激起完全不同的反应——对自杀感到愤怒、为杀人而蒙羞、为不治之症而绝望和恐惧，母亲死亡或离开的特殊方式决定了女儿的反应。

长期患病

几年前，凯莉得了尿路感染。她向为她诊断的妇科医生直言不讳："我不喜欢医生，我不相信现代药物，我不吃药。"但是她没有告诉医生她这样说的原因。自从 15 年前母亲死于乳腺癌细胞转移，现在 30 岁的凯莉就将医生同放射治疗和失败联系起来了。

> 我母亲病了 3 年，她去世前的那个夏天接受了大量放射治疗。当时我是唯一在家的孩子，我还记得陪她去医院，看到那些人为她准备放射治疗，我就想："真是疯了。"毋庸置疑，我对医生和药物的看法可以追溯到那个时候。我看到他们给她采用静脉临时推注的方法，每次还得用针垫。她看起来就像个瘾君子，满胳膊都是针眼，最后都没有地方可以抽血了。我不想也这样。
>
> 她去世的前几天，我听到父亲在医院和医生的对话，医生说："没办法。我们只能再给她做一次手术。"那天晚上，我终于忍不住大哭起来，因为我意识到一切都是无用功，没有什么办法了，就是看她的身体还能支撑多久。这段经历使我意识到安乐死是多么慈悲。我坚决抵制药物或科技对最后垂死时刻的英雄进行拯救。我牢牢记住了科沃基安（Kevorkian）博士，准备自己一有什么不测就第一时间给他打电话。
>
> 现在除了病得很严重，我是不会去看医生的。我什么药都不想吃。当我得尿路感染时，我的医生非常理解我。

她解释说这种病是因为细菌感染的，没有什么纯天然的或是同种疗效的方法。所以我只好吃抗生素，还得吃足量。我吃了两天就停药了，我痛恨吃药。

和凯莉一样，母亲长期患病的女儿通常同时面对好几种冲突：看着深爱的人身体不断地衰退，感觉无助和愤怒，努力维持正常的生活，而且当新的危机发生的时候需要不断调整自己。多数女儿不能马上应付过来。15年了，凯莉终于不再为自己将青春期冲突归罪于生病的母亲而自责，但是她依然不信任医生，而且害怕自己也患上癌症。

虽然真实的死亡是最沉痛的失去，但是母亲死于长期疾病的孩子通常会在母亲的整个患病期间不断地体验失去的痛苦。由于要照顾生病的成员，家庭成员的职责进行重组，家庭原有的生活方式消失了；一位或全部家长对孩子活跃的注意消失了，无法满足孩子的需求；经济上也日渐拮据；而女儿对母亲的认知也将历经几次改变。年幼的女儿也许长大成人后，记忆中的母亲就是一个病人，从未有过健康的母亲；年长的女儿将不得不放弃自己的兴趣以及同龄群体喜欢的东西，待在家里照顾病人，会心生不满。当母亲的病情加重，女儿也许不得不成为母亲的看护者——一个独特的、不成熟的角色。女儿和母亲双方都为此很不满意、很憎恶。

女儿还会发现她对于父母能力的假设破灭了。她的母亲不再是家里全能的崇拜对象，不再有强大的能力保护她的孩子免于痛苦和伤害。“当一个女孩目睹家长慢慢衰弱，她看到的不仅是死亡即将降临，还有一个强大的保护者的崩塌和毁灭。”马克辛·哈里斯解释说。

各个年龄段的女儿会发现在家里没有可以倾诉恐惧的对象，因为家长和兄弟姐妹们都有着同样的压力。在女儿有烦恼的时候，母亲是其自然的避难港，但是当母亲自己都忧心忡忡的时候，是无法胜任这个角色的。

这正是斯泰茜的烦恼，她是单亲家庭的独生女。父亲在她 9 岁时去世了，而母亲在其 15 岁时感染了艾滋病。接下来的 4 年里，她要照顾母亲、上学，还得应对艾滋病带来的羞辱——这些都得不到已经成为其知己的母亲的支持。“她活着的时候，我就没有感受到母爱，”斯泰茜回忆，“记得有几次我生病了，我想回家去，就想躺在她身边，获得一点安慰就好。但是我不能，因为她会传染我，那很危险。我不能到她那里去寻求照顾，真是很伤心。父亲去世很突然，我当时就在想‘真希望知道父亲是怎么死的，那我就可以和他一起了’。母亲生病，而且过程还那么漫长，我想那才是更令人痛苦的事。”

母亲逝去的女性常常争论哪种失去母亲的方式（突然死亡还是延缓死亡）更容易接受。多数治疗专家认为突然死亡短期内令人很难以接受，因为整个家庭尚未从震惊与难以置信之中解脱出来，就要进行家庭的重要调整。另外，可以预计的死亡（使得必将死亡的事实得以公开并加以讨论）从而使全家可以逐渐地为失去母亲做好各种准备。萨曼莎今年 32 岁，母亲患病 2 年后在萨曼莎 14 岁时去世。她还记得母亲是如何帮助 5 个孩子为没有她的生活做准备的。“她知道自己就要死了，所以她刻意说一些她认为非常重要的事，”萨曼莎回忆说，“比如‘等我不在了，家用怎么安排？谁来打扫卫生？谁来做饭？’她把我们召集到一起，教我们怎样做这些事情。我们轮流做晚餐，每天她都会讲解当天的晚餐怎么做。我们在厨房和她的卧室间来回穿梭，记下菜谱，然后到她那里去确认。不知不觉中我们就学会了做饭。”母亲死后，萨曼莎和她的 4 个兄弟姐妹把家打理得井井有条。她说这使得他们感觉自己很能干，也使他们在童年和成人期受益匪浅。

长期的病痛也使得家庭有时间缓冲必将发生的丧亲之痛。当女儿知道母亲的病情最后的发展结果，她就能一点儿一点儿地调整自己、一点儿一点儿地磨灭希望和期待。

28岁的贝丝发现，提前悼念在某种程度上是可能的，其悼念程序却不完整。母亲诊断为癌症的时候，贝丝24岁，她用了近2年的时间调整自己接受母亲必将死去的事实。贝丝说："父亲说从她病了他就开始伤心，但是我不同。当母亲垂死的时候，我们都哭了，我们很伤心。当这一天真的到来，她再也回不来的时候，我真的很崩溃。"这种反应很正常，本杰明·加伯认为即使有时间去准备，你也不可能体会死亡的痛苦，不可能知道死亡将发生在哪一天。"你可以预见死亡，并且确定你不会像面对突然死亡一样完全被那伤痛压垮，"他说，"但是在这长期过程中，你为面对丧亲之痛所做的准备其实没什么用。只要那个人还在那里和你说话、大笑、哭泣，就还是活着的。这些就足够了。"

当母亲仍旧生机勃勃、身体机能正常的时候的确如此，但是在许多疾病前期阶段，如果患者仍旧意识清醒，常常要承受很大的痛苦。在这种情况下，长期的、可预期的丧亲之痛常常伴随着女儿对母亲生命延长的憎恶——她甚至认为那会给自己带来更多的麻烦，暗地里希望母亲尽快走到生命的尽头。

"当患者病入膏肓时，尤其是十几岁的孩子会这么想，因为他们希望能够独立外出和参加社交活动。从某种程度而言，女儿希望这一切能尽早结束，"阿琳·英格兰德说，"就是说她们希望母亲死去，因为她们希望自己的生活能回归正常。但随后，她们会因为自己曾经有过这种想法而无比愧疚。"

"女性应当认识到，在重压之下，这种想法是正常的，"英格兰德说，"人性本能地希望自己能生活得快乐、健康、丰富多彩。当女儿目睹自己所爱的母亲陷入痛苦的深渊，知道她无法享受自己的生活时，女儿会承受很大压力。我们希望所爱的母亲能尽快死去不仅仅是希望她能解脱痛苦，也希望我们自己的生活能尽可能地正常化。这谈不上什么善与恶，只是人性的正常反应。”

贝丝和妹妹西斯尔记得母亲患病的 21 个月，那段时间可以说是无比痛苦。癌症在她们家就是死亡的象征，没有人敢提这个词，也没有人敢去讨论预诊结果。姐妹俩看着母亲的身体每况愈下，知道最后的结果不可避免，她们也努力对父母掩饰恐惧。她们假装坚强乐观、充满希望，所以姐妹俩常常在去父母家探望的路上在车里哭，而到了家就假装微笑、假装开心，回去的时候又会哭一路。因为她们知道，如果公开表达自己的悲伤，整个家就会垮了。

现在，西斯尔知道了那 21 个月对她来说伤害有多大。她的身体前倾，齐肩的头发摇摆着贴着脸颊。“我用了很长时间才调整好自己不再那样痛苦地生活，”她柔声说，“我已经习惯压抑自己、保持高度紧张、电话铃一响就手足无措。直到 6 个月前我才不再悲伤，1 年以后才觉得生活正常了。然后我意识到正是因为母亲从来不让人讨论她的病情，我才活得这么压抑。为此我很愤怒。事情就那样发生了，我却用了 1 年多的时间才恢复平静。”

目睹母亲的身体每况愈下无疑是一种长期的痛苦折磨。女儿感觉非常无助、愤怒、害怕坚持不下去，但她还要坚持、再坚持。她一会儿希望保护母亲，一会儿又厌恶母亲，这种认同与逃避的转换将持续数年。

霍莉今年 26 岁，是家中 3 个孩子中最小的。母亲被诊断为卵巢癌时她才 12 岁，3 年后母亲去世了。在我们两个半小时的交谈中，她一直没有哭，直到提起一件小事。她说那件事代表着母亲无助地同没有任何好转的病痛做斗争，而当时还是少女的她面对母亲的无助却无力改变什么，这令她感到挫折、非常愤怒。

我记得那是母亲有次化疗回来，她是个很壮实的妇女，还是自己开车回来的。我好像是14岁还是15岁，还没有驾照，所以化疗后她只能自己开车。她的体力尚足以维持她开车回家，但是当她到家后还没来得及脱下大衣，坐在厨房餐桌旁就吐了自己一身。我正好坐在那儿，看见了这可怕的一幕。非常可怕、很痛苦。她把冬天的大衣吐脏了，这说明她的病很重，已经无法控制了。我感觉很受折磨、非常无助，很担心她。那一刻我非常想去爱护她，同时又很恐惧与无助。我希望像她照顾生病的我那样去照顾她，但是我做不到。

我曾经在日记中写道，如果母亲的病能好，那我们之间的裂痕就能得到修复。因为她病得那么久，对我而言实在是一种折磨。我无法原谅她使我们陷入这样的恐惧与极度的不幸当中，无法原谅她就这样退出我的生活、离开我。现在我意识到，如果她能够康复，我们将皆大欢喜，但是她长期的病痛是这么折磨人，我想对她而言是再也回不到以前的正常生活了。

这个刚刚化疗回来的母亲不再是霍莉12年来视为榜样的那个母亲了。对于这个少女来说，这个“新母亲”表现得非常无助、很虚弱。化疗的不良反应（恶心、呕吐、掉头发、体重减轻或是增加）以及最后阶段的艾滋病和其他退行性疾病使得原本充满活力的母亲变成一个令女儿恐惧或憎恶的人。由于传统文化非常重视母亲的形体美，生病的母亲的形象变得令我们非常难以接受。

母亲对身体变化的应对向女儿传达了有关疾病、压力、女性气质以及形体的明确信息。比如，一位母亲很好地处理掉头发的事情，就告诉了女儿不能仅凭外表定义女人。相反，因为掉头发而陷入消沉、不肯出门，则告诉女儿外表变成那样是羞于见人的。龙妮今年25 岁，母亲在其 16 岁时去世，之前经历了 4 年化疗。“我非常欣赏母亲爱美的天性。从小我就和她玩化妆游戏，希望和她一样漂亮，但是化疗到一定的阶段，她的外表变化非常大。她自己照着镜子说：‘太可怕了。我都不敢看自己。你讨厌我吗？’她不让朋友们来看她，因为她觉得自己不再完美了。”龙妮形容自己是那种“就是野营都要化妆”的人，她承认当自己觉得丑陋、沮丧的时候，她也会足不出户、封闭自己。

受母亲对外表改变焦虑影响的女儿，在失去母亲后，会决心打赢身体保卫战。她将对自己的外表非常苛刻，不希望像母亲那样，希望自己掌握身体控制权。她要求自己每根头发都恰到好处，摄入的热量都要经过计算。如果身体指标稍有下降，她就认为自己向死亡迈进了一步。饮食上的紊乱（比如厌食症、贪食症）都是女性这种控制欲望的极端表现，但是也有许多女性说她们也关注其他身体指标，将那看作自己健康状况的晴雨表。这个我能理解，我一直留长头发，就是因为当年母亲在卫生间看到自己开始大把地掉头发而号啕大哭。我知道是药物而不是癌症致使她掉头发，但是在某种程度上，我相信头发越多，距离死亡越远。这很不理性。

安德烈娅·坎贝尔（Andrea Campbell）博士是新泽西州比奇伍德的一名治疗专家，经常为失去母亲的女儿做咨询。她 10 岁时母亲因为乳腺癌去世，她说体重是她安全感的源泉。“我母亲很重，总是非常在意自己的体重，”她解释说，“她临死的时候，体重不足 90 斤。所以每当我体重下降，就会非常害怕，觉得自己快要死了。8 年了，我对身材控制得很好，多 1 斤我就要马上减掉；要是体重减轻，我也马上增肥。我知道自己是通过这种方式获得安全感的。”

女儿个性的发展取决于吸收母亲特征并摒弃糟粕的能力。当女儿对母亲最近的、最深刻的印象是一个病重母亲的形象时，其个性发展的过程就将相当复杂。“女儿不希望自己像母亲那样，因为那意味着那些可怕的事情将发生在她自己身上，”娜奥米·洛温斯基解释说，“那样的话，她将陷入可怕的境地，头发都会掉光。关于母亲的回忆使得她不想成为那样的人。”

身体上同母亲分离（由此保证自己的幸存）的女儿直觉上希望在情感上同母亲疏离。这种彻底背叛的尝试使得女儿同好母亲（那个曾经年轻、健康，不曾被医院、药物、焦虑所困的女儿心目中的女性榜样）也切断了联系。“我见过很多女儿，不论她们的母亲是否还活着，内在同母亲的联系很紧密，能力上受母亲影响也很大，”洛温斯基博士说，“年幼时就失去了母亲的女儿就不会有这样的体会，因为她们眼中是生病的母亲形象。于是，她的一部分工作就是要将健康的母亲形象重新带入自己的生活，她得依靠自己的力量与母亲保持活跃的联系。”为了做到这一点，女儿不得不聚焦母亲生病前的日子，浏览母亲健康日子里的照片，听她们活着时候的故事，从而了解我们出生之前或是很小的时候母亲和我们在一起的形象。

慢性疾病和模糊的失落

有一个人数不多但是引人注意的失去母亲的女儿群体，她们成长在母亲患有像是多发性硬化症或者早发性老年痴呆症这种慢性退行性疾病的家庭之中，或者她们的母亲在医院、私立疗养院待了一段时间。在这种情况下，生病的母亲无法发挥母亲的作用，女儿与含混的丧失感做斗争。母亲在世，却无法履行母亲的职责。她的仍然是家庭之中的一员，然而无法用有意义的方式参与其中。当一个母亲的疾病是由于孩子出生而导致或者加剧的时候，孩子经常在她的母亲病情恶化中为自己深感愧疚。

51 岁的约瑟芬是由她的奶奶和爸爸养大的。她的母亲患有多发性硬化症，无法照顾她。她的母亲去世的时候，她 20 岁，不过她从很小的时候就把自己视为没有母亲的孩子。

> 我真的没有过母亲。她怀上我的时候患上了多发性硬化症。我是家里的独生女。她在怀孕期间做了脑部手术，但他们什么也没发现。之前他们认为脑部有积水，最终发现是多发性硬化症。她在我出生的时候开始瘫痪，所以我的爸爸让奶奶搬来照看我。我的母亲在医院进进出出直到我 9 岁。然后她住进了一所固定机构。在我 20 岁的时候，她在那里去世了。
>
> 我们以前每个周末都去看望她。不过我对她的认知仅仅是她是个住在医院里的女人。因为我那时太小了，我根本没有“她是我的母亲”的记忆。她可以说话，但是她长期卧床。我几乎记不得什么她作为母亲的事情。

对于女儿来说，母亲住在私人疗养院或者以植物人的状态维持着生命过了很长时间，命悬于生死之间的无人之地，既不是一个能够发挥正常作用的母亲，也不算是去世的人。当死亡来临之时，它降临的方式和时间通常难以预测。作为一个因中风而长期昏迷的母亲的女儿，在她的青春期中大半的时间里她的母亲处在昏迷之中。她回忆说：“尽管我们知道她最终会死去，当那一天真的到来时仍让人心惊胆战。我原以为我准备好了，但是当那一天来临时我崩溃了。那一天我意识到我之前一直还心存一丝希望，虽然希望渺茫，但是只要她还活着也许哪一天她会好起来。”

突然死亡

菲利斯·西尔弗曼说死亡总是让人感到突然，即使是有征兆地死去，仍是晴天霹雳。“当一名父母‘忽然身故’时，这种打击对一个家庭来说难以估量。”她强调说。心脏病突发、动脉瘤、事故、自杀、他杀、孕产期并发症以及其他突然死亡，还有恐怖行动、自然灾害、战争以及其他形式的突然死亡[㊀]都将使整个家庭毫无准备地陷入灾难。面对这种丧亲之痛，能幸存下来的确是对人的意志的一种考验。“人能够在毫无准备的情况下，在受到重大打击后还能继续生活下去，这实在是人性的神秘之处。”马克·吐温（Mark Twain）写道。这位伟大的作家深爱的女儿苏茜（Susy）1896年患脑膜炎去世。生活的巨变就是一瞬间的事情，任何人都无法优雅而轻松地面对。

所爱的人突然死亡后直面的震惊和无序常常会迫使亲人压抑悼念之情，直到家庭成员能够适应失去亲人后的环境。女儿原本假定的安全和充满爱护的世界突然破碎，她不得不在投入更多经历接受母亲离去的事实之前重建自己的信念和信心。只有当我们感觉稳定和安全、能够放松自我控制的时候，才能悼念亲人，而不是在期望下一次风暴来临之时。

唐娜今年26岁，她还记得自己得知母亲自杀的消息后，赶往医院时把车开到时速70英里。她回忆道：“我冲进了急救室，跑得肾上腺素急速上升，我哭不出来，嘴里反复就一句话‘我是唐娜，我的父亲在哪儿’。护士把我扶进房间，我看见母亲躺在那儿，嘴里插着管子，头上缠着绷带。父亲坐在她旁边，抓着她的手哭了。我转过身用力捶打护士，我失去了希望。现实粉碎了一切，这种情况一直持续了好几个月。我知道母亲已经走了，但还是想着她会回来。我希望自己能在梦中再次见到她。人们在她死后不停地问我‘你是否还好’，我说‘我不想说这些’，然后他们说‘唐娜，你得接受现实’。”

对于旁观者而言，唐娜最初的应对行为看起来像是否认，但是

㊀ 当女儿不知道母亲长期患病，或是无预期地死亡，比如母亲的癌症已经缓和却突然死于心衰，她的感受就等同于直面母亲的突然死亡。

正如黛蕾丝·兰多所说，这种对突然死亡的直接反应更多的是一种质疑。“当亲人突然死亡，你没有时间逐渐转变自己的语气，去告诉自己‘好吧，下个圣诞节她将不会再出现了’或是‘我顺着过道走过去时她不会再在那里了’，”她说，“相反，所有都一起消失了。你不可能那么快就转变观念。这对你概念中的理想世界是沉重的打击，那个世界里是包含这个人的。尤其是母亲，母亲就是母亲，你的世界里怎么能没有她呢？”

突然死亡，相比较其他形式的失去，更能使孩子们认识到任何时候人与人的关系都不是永久性的，不是永远可以依靠的。这种意识将决定性地塑造孩子们正在形成的个性。卡拉今年 44 岁，她说由于自己在 20 多岁和 30 多岁时害怕不持久的亲密关系，所以一直拖到 40 多岁才结婚。她 12 岁那年，母亲自杀了，她感到自己被深深地抛弃和拒绝。而 3 年后，父亲也自杀离她而去。从此她就很害怕没有任何预示地失去自己所爱的人。“父母死后，我总是感觉灾难无处不在，潜伏在各个角落。任何时候都会有可怕的事情发生，没有任何准备，没有任何防备。”她解释说。如今，卡拉已经成为职场精英，并且结婚生子，但是她的童年经历使她很难理解其他人的观点。

对儿童而言，父母自杀这种方式是最难让人接受的。这通常发生得很突然，没有任何征兆，常常夹杂着暴力，甚至那些能够理解精神疾病和抑郁有时会发生这种情况的女儿也认为，母亲的自杀是对自己的一种真正的厌弃。“对孩子来说，父母自杀就意味着‘滚开’，”安德烈娅·坎贝尔解释说，“这就是说‘我不能为你而活，我活着不是为了你，你也许会认为这是一种伤害，但是我更受伤害’。”

母亲自杀将使女儿产生一系列复杂情感，包括极度愤怒、负罪感和羞愧；她会自信心下降、自我价值受损；她会认为自己能力不足、性格有缺陷，是失败者；她会对亲密关系产生恐惧；其信任能力减弱，她会很难相信那种拒绝不会再发生。治疗专家发现，在有关经历的孩子中，学校表现糟糕、饮食和睡眠紊乱是常见的症状，而年长些的孩子则倾向于吸毒和酗酒、逃学、不合群或是好斗。经历过母亲自杀的孩子可能会有创伤后应激障碍的行为表现，比如回忆起母亲死亡时表现出的记忆紊乱，认为自己也会在年轻时死去，早期发展技能衰弱，还有通过梦境、噩梦、玩耍重复创伤的倾向。这是因为在我们的文化大背景下，亲人自杀将使其身后的家庭成员产生羞辱与罪恶感，哪怕是很小的孩子。

“在我得知母亲自杀的消息后，一听到‘自杀’这个词，我就觉得很尴尬，”20 岁的珍妮弗回忆说，母亲在她 4 岁时自杀，“我甚至不清楚这个词到底意味着什么，但是任何时候只要任何人提起这个词，我就觉得自己的脸都红到脖子根了。我总是害怕有人会过来跟我说：‘你！就是你母亲自杀了吧！’”

艾伯特·凯恩（Albert Cain）和艾琳·法斯特（Irene Fast）是很早就开始专门研究父母自杀的心理学家。他们研究了 45 例 4～14 岁之间父母自杀死亡、心理失调的孩子。他们发现，面对父母自杀，罪恶感是最主要的反应。“为什么我不能救她”以及“她这样绝望是否由于我”，这些都是常见的问题。他们还发现在世的家长很少和孩子们谈论自杀这件事，有很多人还拒绝谈论。他们调查的案例中有 1/4 的孩子目睹了亲人自杀的情景，然而大人却告诉他们亲人其实是以其他方式死亡的——这也是亲人自杀会摧毁孩子的基本信任感的一个原因。

凯恩和法斯特还发现孩子有时还会在青春期和成年期好像冥冥之中与死去的父母有极端的联系，会重复父亲或母亲的自杀举动。有些案例是如此类似，比如 18 岁的女孩在多年前母亲自杀的海滩以同样的方式溺水自杀身亡。珍妮弗也郑重地说，在她家里，虽然没有公开讨论过母亲的死亡，但是她和姐姐都在十几岁时试图自杀过。珍妮弗说自己上大一时感觉很沮丧、很孤立，那时似乎自杀是唯一能解决痛苦的方式。

女儿也会因母亲自杀而在某种程度上自闭。25岁的玛吉形容7岁那年的悲剧时刻是一片混乱，她半夜被祖母的尖叫声吵醒，才知道母亲自杀了，尸体在车库中被发现。“从那以后，每到深夜我就会感到极度恐惧，僵硬地躺在床上却不知所措，”她回忆说，“我认为自己之所以一到深夜就感觉恐惧，是因为那时候我是自己一个人，还因为母亲是晚上死的。我一直患有严重的失眠症，最近我才将失眠同母亲的死联系起来。”

类似自杀、他杀以及事故等突然死亡夹杂的暴力将腐蚀女儿的思想，入侵她们的梦境，甚至会产生比现实更为可怕的想象。

曾经目睹或是置身于事故之中的孩子除了丧亲之痛还会有其他层面的痛苦。39岁的贾妮对自己21个月时母亲死于车祸没有任何有意识的记忆，即便当时她就坐在后座上。“自从我上了大学，我开始梦到那场车祸，”她说，“我现在也不知道梦境是不是真的，或只是我的想象。我只知道车祸的一些片段，但是我想我可能是通过梦的形式还原它、回忆它、平息它。我梦见自己坐在前座上，感到窒息，还看见血了。我想象母亲趴在我身上，用身体保护我，所以我才感觉窒息。当然，事情的真相不是那样的，但是我希望母亲曾经那样保护我。而在我清醒的时候，一听见汽笛声或是警报声就开始颤抖、感到恐惧。我想这不是单纯的身体反应，而是我内心的一种表达方式，‘你应该关注这件事’。”

贾妮的反应也许是一种延迟的创伤后应激障碍的表现形式，这是常常折磨事故幸存者的一种综合征。医学博士莉诺·特尔（Lenore Terr）是专门研究儿童挫折的专家，她研究了1976年加利福尼亚州乔奇拉校车绑架案中的26个孩子，发现他们在事件发生时以及事后的回忆中都有着恐怖、愤怒、否定、羞辱、愧疚以及误解心理。看不见希望以及梦境场景再现都是创伤后应激障碍的行为表现。她发现许多孩子的创伤后应激障碍真实且具体，都和绑架案相关，比如害怕货车（类似绑架者驾驶的那种车）和校车（类似他们被绑架时乘坐的车）。他们还害怕和挫折初期相关的动作，比如在路上减速。特尔发现一些恐惧甚至持续到孩子的成年期。心理学家劳拉·雷德蒙（Laura Redmond）也在亲人遇害的数百名孩子身上发现了类似的特征。虽然他们没有目击亲人的死亡，然而幸存的孩子或成年人还是会在谋杀发生后做噩梦、回放事件、饮食和睡眠紊乱、害怕陌生人、易激动、突然勃然大怒，而且有些症状竟然会持续5年之久。

自责、愤怒、恐惧以及复仇的幻想都是经历他杀案件的幸存者的心理表现。孩子将被自己的强烈反应吓一跳，并质疑自身情绪的稳定以及心理是否健康。如果孩子目击谋杀或是认识行凶者，那么她未来的情感将更复杂。在2007年，67%的女性他杀案件中受害者死于家庭成员或者亲密的伙伴之手，45%的女性受害者是被丈夫、前夫、男朋友或者女朋友杀害的。这些女性的孩子通常会失去双亲：一个亲人死去了，另一个亲人被捕或者被监禁。因为他杀有时是随机的，而且非常残暴，所以幸存者就会感觉尤为脆弱和无助。以这种方式失去亲人的孩子们将会尽量搜寻关于此案的信息，尽管有些事实是那么可怕。努力寻找真相以及弱化自责是女儿非常重要的尝试，能够帮助她恢复其世界中的控制力、可预见性和公正性。

劳拉22岁，在其19岁时她的母亲被母亲的前男友跟踪射杀。次年案件审判的时候，劳拉决定出席。

> 我努力坚持出席整个庭审，但只参加了3天的。律师告诉我展示照片和证据时我可以离开，但是我说："不，我想要看看。"我不相信她已经死了，我要看看证据……

> 马克，就是杀了她的那个家伙，受到了最严厉的宣判——25年有期徒刑。我坐在那里想："我看着你呢，你这个坏蛋。"我说这话的时候，不仅仅是我在瞪着他，还有我的母亲。当我在那里的时候，母亲好像全程跟着我。或者是我假装是她，她的力量给了我。我的愤怒不是我的而是她的，我假装我就是她。我坐在法庭后面，绞着双手，就像她生气时一样。

通过以这种方式认同母亲，劳拉体验了自己的极端情感。现在，她刚刚开始通过咨询解决这些问题，这种延期的、延迟的悲伤反应通常出现在因他杀失去母亲的女性身上。俄勒冈州波特兰市的道奇中心的辅导员发现，因谋杀而失去至爱亲人的儿童经常说他们的感情"暂停"直到调查或者审判结束，直到这起惊人的事情开始淡去，或者因为事实被困惑包围着。在他杀之后警察、记者、律师、法官参与案件，可能在案件未决之前拒绝透露死亡的相关信息。有很多次，即使细节公开了，孩子们仍对发生了什么一无所知，要自己拼凑事件的全貌。

与恐怖行动和自然灾害有关的他杀案件把家庭里私人的悲哀带到大众的视线之中。这在孩子的恢复过程中既是帮助又是阻碍。在3000名18岁以下的孩子之中的一个调查就是最佳的佐证。2001年9月11日的袭击，3000名失去父母的孩子们之中有340名孩子失去了母亲，1995年俄克拉何马城爆炸案中200多名孩子失去了父母。新闻报道和国丧期在一开始时让孩子们产生同在一个大家庭的认同感，但是当摄像机镜头不再关注此事，国家继续发展之时，悲伤来得痛彻心扉。

每年的纪念日旨在纪念逝者，往往激起生者的悲伤。在每个9月11日，那些被称为"911孩子"的孩子们被这个日期带来往日的回忆，电视特别报道、课堂讨论、杂志照片都会出现他们的父母死亡的可怕境况。每年的公众宣传会干扰孩子将关于去世的至亲的美好记忆和亲人去世的悲剧场景区分的能力，而这是哀悼的一个重要目标。

在自杀、他杀、恐怖活动以及自然灾害中失去父母，孩子们从创恸中恢复的困难很大——精神创伤和丧亲之痛令人难受地交叉在一起。当死亡事发突然或者出乎意料的时候，或者当死亡与暴力和肢体残缺、破坏有关的时候，或者当死亡与可预防性、随机性有关时，或者当死亡与大规模、令人震惊的多人死亡相关时，容易导致创恸。生者必须与创伤后应激障碍和悲痛两者做斗争，黛蕾丝·兰多解释说这是一种比单独的各部分加起来更广更深的体验。

与此同时，在“911 事件”发生后美国全国的注意力都集中在创恸上，这打开了在突然死亡和创恸上的文化对话，并首次给一些没有了母亲的女孩们一个讨论她们丧亲之痛的公众论坛。37 岁的比阿特丽斯的妈妈在她 11 岁的时候死于商业航班空难。因为她的妈妈的死既戏剧性又非同寻常，她常感到自己是个边缘化的哀悼者。不久，她在火车站和一群乘客站在一起讨论“911 事件”的恐怖之处。“我对一个人说‘我记得当有个人开着我妈妈的车从机场回来时的感觉，还有我在那时意识到她再也回不来了的感觉’，”她回忆说，“我在谈话课程之前无法像那样说话。‘911 事件’多少让我的经历正常化了，不再那么格格不入。”

因他杀失去母亲的女儿以及因事故、自杀和其他突然死亡而失去亲人的孩子常常认为，如果他们在那时拖住亲人，他们就能阻止亲人的死亡。女儿常常重新演绎自己是事件中的关键因果关系人，要不就是武断地加以理解。“为什么我没有听到她从楼梯上下去呢？”爱丽丝问道。她 15 岁，是莱斯利·匹斯克（Leslie Pietrzyk）

的小说《一年和一天》(*A Year and a Day*) 的旁白员。她的母亲自杀身亡了。“我为什么没有在去睡觉之前吻她呢？那天晚上我甚至没有做噩梦。我没有起床喝杯水。我上床睡觉，睡了一整晚就好像一切都会在早上醒来时保持原样似的。为什么妈妈没有到我房间里来叫醒我？我会对她说些什么的。一个字也许就够了。”

这种现象非常普遍，可以称之为“要是……就好了”综合征，例如“要是母亲出门前我多问一句话就好了，她就不会在那个特定的时间穿过那个十字路口”，这样的说法使女儿责备自己，并且给这根本无法预测的世界强加了某种秩序和控制感。

希拉在其 14 岁的一天早晨发现母亲心脏病突发去世了，她说自己用了 10 多年的时间才停止因母亲的死而自责。

> 一直长时间困扰着我的就是我去得太迟了。我觉得关键就在于我发现她躺在床上的那一刻，如果我能早点去她卧室，她可能现在还活着。
>
> 高中时我每年都有数月在想这件事，无法控制自己不去想。然后大学时我读了变态心理学教科书，看见一系列能够引起心脏问题的劳累过度的症状。我发现母亲有很多类似的症状，然后我就想要是我 14 岁时就看了这本书就好了，就能救她了。然后我就聚焦于她死之前的情景，她生前最后一个见到的人是我弟弟，我就想要是我就好了，我肯定能发现她有什么不对，就能带她去看医生了。
>
> 现在，我仍旧有一些愤怒、感觉被拒绝、很失落，但我不再那么自责了。我能够接受顺其自然，人们已经竭尽全力了，尽管还有些差距。我是从理解父亲和继母开始意识到这一点的，尽管他们对我而言不是最棒的父母，但

是他们已经尽力了。我知道自己以前不是这样想的，现在的我改变了许多。由此我意识到，作为孩子，我已经尽力了。当我接受这种想法，退一步我要说自己无法阻止母亲的死亡。她的死并不是我造成的，而我也不能阻止她不死。我知道不是我杀了她，但我总是想我应该能够救她。最后，在我20多岁的时候，我意识到那已超出了我的能力范围。

许多因突然死亡失去母亲的女儿说这种经历引领她们进入了一个新的意识范围。她们由此知道生命会随时终结，所以她们决心每时每刻都欣赏生命的美好。她们确定要在说再见之前告诉丈夫和孩子们“我爱你”，生怕自己再也看不到他们了。而当她们探讨失去的意义的时候，一些人认为这是自己个人旅程中非常必要的一步。海瑟现在25岁，其14岁时母亲被谋杀。

我不知道自己14岁时怎么就会有这种想法，但是我记得和一些朋友说过：“我不想过痛苦的生活，不想那么愤怒。正因为这样，我要做一名强者。”整个高中和大学时期，这种信念都支撑着我。我努力从悲剧中站起来，而且我认为那完全就是件好事。近些年我发现因为自己要成为强者，我很少愤怒和自责。我错失了一些悲伤的阶段，以后也必将经历，但是我很为自己生存在这个世界上而自豪，而且我认为经历了这些自己能够成为更好的人。

像是海瑟这样的女儿可能正在经历心理学家所说的“创伤后成长”。这是创伤研究中的一个新领域。其定义是“在与挑战性很大的人生危机抗争时产生的积极改变的结果的经历”，比如失去亲人、疾病、暴力或者生理缺陷。关键词是“抗争”。成长并非创伤的直接结果也非必然，但是似乎女性的成功抗争可以改变她在危机之后的世界观，从而引领她进入自知和目标的阶段。正如神经学家和神经病学家维克多·E. 弗兰克尔（Viktor E. Frankl）在他在人类战胜痛苦的能力方面突破性的大作中提醒我们的那样：人类对意义的追求在于，当我们发现我们身陷无法改变的情况时，我们转而要面临的是改变我们自己的挑战。然而，因为一套已经建立的对世界的核心假设在被改变之前需要存在，由创伤而导致的成长可能在青少年和年轻人之中比在儿童之中更为常见。

被　抛　弃

母亲抛弃孩子总是留下许多疑团：她曾经是谁？她现在是谁？她在哪儿？她为什么要离开？同生下来母亲就去世了的孩子一样，被抛弃的女儿的生命里也没有母亲，但是她还在挣扎，只是明白母亲还活着，但是不能接近、无法联系。死亡不管怎样都是个结局，但是被抛弃没有一个定论。

如果女儿的母亲对她的态度接近离弃或是没有能力照顾她，会令她觉得自己在情感上是隶属于下层阶级的，就像是被政府无视需求的社会上可有可无的那部分群体。最后，相比较母亲已经去世的女儿，她的落魄感和被轻视感会更严重。

“痛失至亲，并不意味着抛弃，”吉娜·米罗特（Gina Mireault）博士解释说。她是佛蒙特州约翰逊州立大学（Johnson State University）的心理学副教授。她的母亲在她 3 岁的时候去世了。“母亲离家出走的女儿比母亲去世的女儿在心理上的风险更高。因为从某种意义上说，如果你的母亲去世了，你可以说，‘我知道她不想离开。她没有选择死亡。这是一种她无法左右的疾病，或者这是一件她无法控制的事件。’但是亲人选择了离家出走的孩子则背负上了包袱，‘我能做些什么呢？作为孩子我一定是不够好才这样的吧。我不够可爱。我一定是让她感到无法忍受，她才离开的。’这会是更加难以咽下的苦楚。”

不管母亲是身体上还是情感上离弃了孩子，结果都会伤害女儿的自尊。朱迪丝·密西拿在她的《被父母抛弃：失去亲人的特殊形式以及对自我欣赏的伤害》（*Parental Abandonment: A Unique Form of Loss and Narcisistic Injury*）中指出：被抛弃的孩子将会缺乏同情心、消沉、感到空虚、有不法行为、成为瘾君子、总是怒不可遏、有病态说谎症和强迫忧郁症，以及过度自恋。这些孩子不会为失去亲人而悲伤，因为他们意念里理念化的母亲形象很难排除，他们仍旧希望他们的母亲（不论是本人还是在精神上的）有一天会回到他们身边。

被抛弃的女儿会感到愤怒、憎恶、伤心，她的情感也会为母亲放弃抚养自己、对自己不闻不问、离开或是失踪而受到伤害。“为什么她要离开我”这个问题会一直存在于“我”的附件里。

生理上的分离

33 岁的阿曼达还记得她常常坐在路边，拽着自己的头发，想知道母亲到哪里去了，还会不会回来。母亲失去对她的监护权时，她才 3 岁，然后母亲就消失了。阿曼达记得她整个童年充斥着对母亲的渴望。“我太想有个母亲了。我最喜欢的是伊士曼（P. D. Eastman）的《你是我母亲吗》（*Are You My Mother*）这本书。我祖母总给我读这个故事，鸟宝宝和鸟妈妈分开了，然后它就去问遇到的各式各样的动物：‘你是我母亲吗？’我看这本书时目不转睛，对于鸟宝宝最后找到妈妈的结局我并不关心，我对寻找的过程很感兴趣。那种失去母亲的感觉和我的感受一模一样。”

被抛弃的女儿满脑子都幻想着母女重逢，渴望母亲弥补过去对她的亏欠。与此同时，对再次被抛弃的恐惧或是消息全无会阻止青春期或成年期女儿寻找生母的脚步。“她现在很想我”这种想法会被“但是她那时不想见我”所替代。于是女儿将在不稳定的没有母亲的状态下长大，自己的女性特质都来自拼凑的记忆碎片、理想化的形象以及任何从家庭成员和朋友处能够得到的宝贵信息。

当母亲遗弃孩子，家庭苦难也许会令女儿不想揭开过去的细节。伊夫琳·巴索夫指出，如果婚姻不幸，失去母亲对孩子的影响要远远严重于对父亲的影响。而由于寻找事实需要父亲的帮助，女儿寻找母亲的脚步会就此打住。阿曼达的父亲曾经帮她确认过早期对母亲的印象，但是后来就不愿意再和她分享新的信息了。“每次我忍不住去问他，他就会告诉我：‘哦，阿曼达。她成了地狱天使，因为她有一件地狱天使皮夹克。你知道怎么才能拥有地狱天使皮夹克吗？’我说‘不知道，父亲’。然后他告诉我得和 13 个地狱天使在台球桌上做爱，这真是太恶心了。那次他可能就对我的问题厌倦了，他只想保守秘密，但记忆中还是有些关于她的对话。有一首歌，我一听就知道母亲很喜欢这首歌。你知道吗？真不知道怎么形容这种感觉，但是我知道我们之间的联系从未被剪断。”

被抛弃的女儿对神秘母亲的幻想也不能同现实中离开孩子的生母的形象完全吻合。没有一直存在的真正的母亲，女儿依靠谁来验证想象中的母亲形象，来不断调整她的期望呢？于是过度理想化的母亲版本就出现了。女儿都会将母亲想象成完美的好母亲，因为她害怕一旦了解母亲是个坏人带来的愤怒和悲痛。但是直到她接受了两种母亲形象，逐渐消除极端，她也没能学会真正地为母亲而悲伤或是接受失去母亲的事实。

43 岁的琳达说她最后放弃了脑海中的完美母亲形象，因为 20 岁出头时她意识到自己一直希望的母女重逢的景象是不能发生的事情。同阿曼达不同，琳达童年大部分时候还是偶然能同生母接触的。父母离异时，她才 1 岁，与祖父母一同生活，周末轮番同母亲和父亲见面。当她 5 岁的时候，母亲再婚了，搬到 700 英里以外的地方。她并没有把琳达接去同住，而是让琳达每年飞去看她一次。琳达说："据我所知，母亲对我有监护权，但是母亲同我的祖父母相处得不好。我母亲说她想接我去，但是祖父母不同意，威胁说要告她。母亲说她不想令我陷入监护权的纷争之中，但是我觉得这很荒谬。你不会因为自己的母亲和自己争吵就扔下你的孩子吧。即便这是真事，也不是一个合理的解释，至少我这样认为。"

在 11 岁那年祖母去世以后，琳达就搬去与父亲和继母生活。她的母亲再婚后又生养了 3 个孩子，都没有试图承认过她。9 年后，作为一个成年人，琳达很为童年的反复被抛弃而愤怒。她给母亲写了一封信，倾诉自己的苦恼，却没有收到任何回复。她由惊讶而激愤，发誓自己再也不会同生母联系了。接受这彻底被抛弃的事实对她而言是非常艰难的。琳达说她从未对自己的选择后悔过。今天，她是一名勤奋的艺术家，在婚后很幸福，还有一个 6 岁的儿子。"我经历了那么多，现在一切都进入了最佳状态。"她说，没有任何不满。但是她也说童年失去母爱，自己总是害怕被抛弃，所以成年后只有每天拼命地工作才能克服这种心理。

情感上的遗弃

酗酒、吸毒、精神疾病以及童年时遭受虐待，这些都会导致母亲没有能力在情感上回应孩子。维多利亚·塞昆德（Victoria Secunda）在其著作《当你和母亲不能成为朋友》（*When You and Your Mother Can't Be Friends*）一书中形容这类母亲为"哑巴母亲"，母亲肉体上是存在的，但是没有任何感情实质。就像空空如也的车身架子，女儿不停地发动引擎，希望如果操作正确，母亲就会启动。

“这类被抛弃的问题就更令人费解了，”安德烈娅·坎贝尔说，“当母亲精神上游离时，孩子对母亲的渴望要远远大于母亲去世的孩子，‘我一定是哪里不够好。我肯定做错什么事了。我不值得母亲为我留下。如果我很可爱，母亲就不会走了。’”

37岁的乔斯琳记得她5岁时认为母亲的精神疾病是自己所致。乔斯琳5～8岁时和祖母住在一起，她母亲在精神病院。她不停地要求去看母亲，要回家，但是没有人搭理她的请求。“最后我推理一定是母亲不爱我才不来接我的，而且我认为父亲也不爱我，因为他也不接我回家，”她回忆说，“所以从很小的时候起，我就知道只能靠自己。”乔斯琳说，那种想法成为她成年生活的决定性因素。虽然她语气很平静、非常理性，但我还是能感觉到其背后明显的愤怒。“因为我从来没有人可以依靠，所以我知道任何时候都得自己照顾自己。现在我还是这种观点，我不需要任何人，我自己什么都能干。”

乔斯琳说她已经不抱希望母亲有一天能成为她所需要的母亲了。正如伊夫琳·巴索夫在《母亲和女儿：爱和放手》（*Mothers and Daughters: Loving and Letting Go*）一书中指出，被抛弃的女儿疗伤的第一步就要弄清楚母亲是爱她的方式不正确，还是根本不能爱她。

> 知道母亲并不爱自己是很受伤害的，所以许多可怜的女性要和事实抗争。就算母亲不断地伤害她，她也不会同母亲反目。更有甚者，她们仍然无私奉献、不离不弃，永远等着母爱的验证，希望获得再也不会出现的母亲的爱。即使她们同不爱她们的母亲保持距离，生活状态也和同母亲在一起时的关系很相似。
>
> 例如，有些人会无意识地像母亲那样对待她们的爱人或丈夫。她们试图软化他们冰冷的心，获得他们的爱，这是间接地对母爱的渴求。

29 岁的卡伦说她就是如此。14 岁时，卡伦离家出走以逃避母亲的酗酒。尽管母亲在她离去时以及走后都无动于衷，但是卡伦在接下来的 6 年里无时无刻不在希望母亲欢迎她回家。

> 当我 13 岁的时候，我真不知道怎么去形容，但是我想从那时起母亲头脑中仅存的那一点理智也消失了。突然之间，她将我完全推出她的生活，她不想和我有任何关系，在情感上不停地伤害我。那时我很绝望，在这种情况发生一年后我还曾经试图自杀。后来我听从心理医生的建议离开了家，但是在我离开的那一刻一直到她去世的这 6 年里，我一直希望我们能和解。那些年我一直等她说："卡伦，对不起。"但这再也不可能实现了，所以我感觉我失去了她两次。她死的那天我想："就这样吧。我将永远不会得到她的承认。"

即便是在母亲死后，卡伦还试图寻求她从未得到过的承认，从情人那里、朋友那里还有同事那里。因此大家都说她是"被收养的"。这就是成年的她获得童年从未获得的关注和赞美的方式。

巴索夫博士说许多女性已经找到了弥补母爱缺失的方法。她写道："感受和探讨痛苦——没有人关爱的羞辱、对冷酷母亲的愤怒、害怕成为她那样的人的焦虑、恨她却又害怕受到惩罚，这些都是治疗的良药。如果处方有效，她们就能认识到自己的母亲其实是不幸的人，是不合格的母亲，是危险人物。如果母亲的行为仍然具有破坏性，那么她们最好离开母亲。"

身边慈爱的、有关联的父亲也能帮助弱化女儿被厌弃的感受。许多女性形容虽然同母亲情感上分离，但是父亲能给予她们爱和安全感，从而使她们的自尊心得以发展，进而能和正常成年人一样维护人际关系。

莎丽今年35岁，她母亲患有躁狂抑郁症，情绪很不稳定，但她父亲是个非常热情、稳重的家长。她认为正是由于父亲，她的童年才没有那么不可忍受。

> 和我母亲共同生活是很困难的一件事，我对她既爱又恨。小时候我和妹妹经常想："上帝，我真希望她赶紧死掉。怎么才能杀了她呢？"这很可怕。母亲在我23岁那年去世了。然后我想："真不敢相信。她死了？最后竟是癌症杀了她？"如果你身边的人有精神病，他们发疯、尖叫、打你，你一定会想："这些人会一直活到200岁。"所以那时我很愧疚，"当时我不是真想让她死"，但是那时我就那样想了，所以我现在一点办法也没有，只能向前看。
>
> 是父亲跟我说我应该做自己想做的事，成为自己想要成为的那种人。他是个乐观的领导者，是鼓励的源泉。尽管母亲好的时候对我们非常支持，很激励人心，但当她犯病的时候——任何时候都可能爆发，一切好感就都消失了。我小时候很困惑，母亲有时候很可爱，我知道她很爱我们，也很爱我，但的确是父亲帮助我们不断前进。

母亲去世两年后，莎丽搬回家去照顾被诊断为癌症的父亲。她希望能给父亲安全感，就像她们紧张时他给予她们的一样。当她准备结婚时，莎丽说父亲仍旧是她为人父母的榜样，而母亲则是反面典型，她绝不会成为那样的母亲。

菲莉丝·克劳斯指出，像莎丽这样的女儿都很害怕和自己的母亲一样，因为母亲对她们有那样严重的伤害。"有个坏母亲的女儿常常会很害怕，"她说，"她们很困惑：'我会像母亲那样伤人，会像她那样发脾气吗？'她们常常行事与母亲相悖，但是如果她们对此事没有清醒的认识、不能从中反思的话，她们实际上会重蹈覆辙。"当不得不照顾母亲的女儿自己做了母亲之后，就会这样，她们会要求自己的女儿来照顾她们。

与因母亲去世而失去母爱或是肉体上同母亲分离的女儿一样，情感上被抛弃的女儿必须摒弃坏母亲的形象，将虚幻推到一边，继续前进。她需要客观地看待母亲，选择想要汲取的记忆和优点，然后继续前进。从根本上说，除非女儿自暴自弃，将需要和欲望抛在脑后，否则她不会被彻底地抛弃。

⁝第 4 章⁝

失去之后

学会如何继续人生

我们相遇在大学的舞会上，我听到他在后门廊讨论托马斯·哈代（Thomas Hardy）的诗。我只读过其中的几首，而且还是高中时代读的，但是我后来也参与了讨论。他正是我喜欢的那种类型。夜深之前，我们还聊了其他话题……我们聊啊聊，到了周末，我知道这就是我要嫁的人了。三年半后的圣诞节，他送我一个泰迪熊，还有一枚钻戒。

那时他就要毕业，而且我准备离开田纳西，我们计划搬到加利福尼亚去，他在那里已经找好了工作。从表面上看，我们未来将会厮守在一起，就像西部曾有的无限美景，但是暗地里激流暗涌。第一，是我母亲的问题，母亲已经不在人世是个不容忽视的问题。第二，他母亲的存在是很难不被注意到的。我是“有问题”的人，不是来自“好”家庭的姑娘，打破了他们组织严密的群体结构，这些都是值得考虑的因素。他的母亲直言不同意我们在一起，我被她的严词拒绝惊呆了。我难以接受一位母亲离开了我，而另一位却要我马上消失。我没有示弱，也没有试图缓和我们的关系。到我们休战的时候，我和男友已经为这事争论了很长时间。我感觉自己被抛弃了，要求他立场坚定，但是他感觉压力很大，坚持说自己也毫无办法。我们不停地转圈子，最后我看出来该退出的人是我。在去往加利福尼亚的前一个月，我把钻戒放在他的咖啡桌上，走出了大门。

死亡，我知道如何应对；分离，我却无法接受，所以我将这段订婚扼杀在摇篮里。我拒绝回信，并和其他人约会。我把他送给我的所有东西，包括那只泰迪熊一起装到一个大箱子里，放在地下室的架子后面。我并不是在炫耀我的做法，而是因为这是我能想到的唯一处理方法。我只知道如何结束一段关系，而不会去修补它。我只有母亲的尚未悼念的死亡可以作为失去的范例，而后来的分离则以一种罪恶的方式回应前者。

虽然这次痛苦拒绝被隐藏，但当最初分离的震惊慢慢消退，我开始感到异常痛苦，非常真切，整晚就抱着自己膝盖坐着。尽管是我甩了别人，我还是感觉被抛弃了、失去了亲人、非常的孤独。5个月后，我仍旧为4年的恋情是这么不堪一击而悲伤。于是我意识到自己的这种情感来自于心灵深处，那里不仅仅有那个我曾经爱过的男人。

45岁的伊娃听到我和她分享的这段故事不断地点头，她母亲在其8岁的时候去世了，她后来有着和我类似的分离经历。“两年半前我丈夫离开了我，一年后我们就离婚了，”她说，“那时，我还不能理解为什么这件事会对自己影响这么大。我见过很多人离婚，多数都没有像我这样难以承受。我真得很受伤，都是因为我母亲。所以我努力去了解第一次失去亲人的感觉，希望知道那对我到底有什么影响。”

然而对37岁的伊冯娜而言，失去亲人变得越来越轻松。她说自己3年前离婚了，而且十几岁的儿子选择和父亲在一起。相对于自己12岁那年母亲去世，她觉得这次离婚并没有那么痛苦。“我认为分离和失去都是不可避免的，”她说，“我时刻准备着，我从未想过事情是一成不变的。我知道这听起来很无情，但我是非常认真的。

我同许多人关系都很亲密，我希望自己死后还能被人回忆。”

为什么无论在个人还是专业领域，有些经历了早年丧亲之痛的女性面对后来的失去能够轻松地调整自己的心态，而有些人则陷入永久的对被抛弃的恐惧？没人知道确切的答案。多数专家认为儿童早年失去主要亲人的特殊经历将对其后来的个性塑造产生很大影响，将决定其如何看待和处理后来的分离。确切地说，她的个性是如何受到影响的（如果是根本性的）取决于以下因素。

个体素质

我们自出生就秉性各异，有的孩子具有天然的适应能力，能够保护他们免受长期忧郁的困扰。“有些人天生就很坚强，能比别人做得更好，”黛蕾丝·兰多说，“这并不是说这些人对死亡无动于衷，只是他们比那些个性脆弱的人处理得更好。”

其他孩子似乎天生就对失去的痛苦非常敏感，每次失去都令他们大受打击。心理学家和学者克拉丽莎·平克拉·埃斯蒂斯（Clarissa Pinkola Estés）博士称这些人为“敏感者”，在她的有声书《温暖石孩：被抛弃和没有母爱孩子的秘密和故事》（*Warming the Stone Child: Myths and Stories About Abandonment and the Unmothered Child*）中解释道：“对于敏感者而言，没有母爱或是被抛弃无疑是地狱，因为他们是那种你抓一下都要出血的人。就像没有皮肤的人一样，神经是外露的。”不管这些悼念失去的女儿受到多大的支持，她们都不能很快从丧亲之痛中解脱出来。

早期依恋模式

英国心理学家约翰·波尔比认为，儿童的早期依恋模式对于其日后面对生活压力有决定性作用，儿童有可能很快适应也有可能非常脆弱。虽然只研究了 6 岁以前的儿童，他假设女儿同母亲的纽带关系能够预测其失去母亲后能否很好地应对丧亲之痛。焦虑型依恋模式下的年幼女儿，比如只要母亲离开她的视线就会大哭，对于母亲或是任何没有强烈反感和焦虑的后续依恋对象，也许会缺乏接受失去现实的情感技巧。相反，与首位看护者依恋关系良好的孩子则能够坦然接受后续关系的分分合合。

感知与反应

认为自己很能干并能自己照顾自己的女孩在母亲死后常常能够掌控自己的生活。当她相信自己能有所作为的时候，对于失去亲人，她仍然能够保持自尊和自信，帮助自己排除后续的压力。她知道可以依靠自己的能量站起来。

而面对逆境认为自己很无助、无能的女儿，则更有可能长大后还是害怕再次失去亲人。她不相信自己有能力应对，她总是害怕再发生让自己完全崩溃的事情。

43 岁的玛丽·乔，她 8 岁时母亲去世，9 岁时年幼的弟弟也死了。作为天主教徒，她认为一定是上帝在惩罚她做了坏事。她认为面对神自己是无能为力的。小时候她就躺在床上练习自己躺在棺材里的样子，认为家里下一个该死的人就是她。她非常害怕再失去父亲。长大成人以后，她又进一步害怕失去丈夫、工作和家庭。“我总是时刻保持着警惕，担心别人，也担心我接着又要失去什么了。”她解释说。而 20 多岁时的离异更使得玛丽·乔认为自己无法掌控自己的生活。

悼念的能力

如果失去母亲的女儿比较成熟并且周围的环境支持她表达自己的感受，能理解失去亲人的意义并能建立其他安全的依恋关系，她则有可能适应母亲的死亡并且将来遇到离别也不会过度受挫或痛苦。

而因愤怒或悲伤被压抑的女儿、陷入自我否定或自责之中的女儿或是将来在被抛弃的威胁中长大的女儿也许再也不会悼念她第一次丧失的亲人。厄纳·弗曼研究了一组克里夫兰市失去亲人的孩子在 20 世纪六七十年代的分析数据，发现如果童年悼念不充分（普遍如此），成年后另一个亲人的死亡常常会对先前失去亲人的种种因素有所作用，包括孩子那时所依赖的同样的应对机制。而许多妇女也发现了这个问题，能够帮助一个 12 岁孩子走过失去亲人的痛苦的方法却未必对一名 35 岁的妇女奏效。

当后续亲人的离去将悼念者带回到最初的丧母之痛时，她将继续为母亲离世而悼念。经历后续亲人的离去，也许是女儿长期悼念任务中相当重要的一部分。

不可避免的是，人们会因后续亲人的离去而回忆起先前亲人的离去。后续亲人的离去对先前亲人的离去的作用是有选择性的，这取决于第二次去世或离开的是谁、失去的原因、在女儿生命的哪个时间段以及距离失去另一主要的亲人的时间。比如伊娃在母亲去世 25 年后失去了父亲，第二次失去亲人的情况与第一次截然不同，她作为成年人，将此作为一个孤立的事件处理而与前次失去母亲没有什么共鸣。但是当她的丈夫（她情感需求的主要依赖对象）8 年后离家出走的时候，她又感受到母亲去世时的那种被抛弃感和绝望。这次失去亲人将她带回到过去，重新开始做幼年时没有做过的悼念功课。

当死亡或是离开的母亲并不是女儿生命中第一次失去的亲人，情况就更为复杂了。父亲或是同胞死亡、父母离异、家庭机能失调或是不愉快的搬家经历，这些都有可能在母亲去世前发生。本书所调查的 154 名失去母亲的女性中有 6% 是最先失去父亲的，有 13% 说在母亲去世前亲生父母分手或是离异了。对这些女性而言，母亲的死亡常常触发之前更早的失去亲人的种种因素，而上次所依赖并有所发展的应对机制，这次也将再次发生作用。

这听起来也许不寻常，先前的家庭机能失调（比如酗酒或虐待）也许真的能帮助女儿应对失去母亲，至少在短期内。“对这些孩子而言，失去亲人是以前未曾经历过的，”黛蕾丝·兰多解释说，“她们已经经历过无助并且知道该怎么办。我却宁愿是那种经历了我称之为‘过于美好的童年’的人。因为尽管童年没有失去任何亲人，但是随着时间的流逝，面对失去亲人，她一定能够处理得很好。”有着痛苦过去的孩子在早年就已经学会“无动于衷”，也许在母亲去世或离开后仍能接受得了这个打击，但也可能缺乏应对巨变的坚实基础，因为生命中随后的、后续的失去亲人是不可避免的。

预测未来：负面推断

在我的第一个女儿出生之后不久，我坐在“妈咪和我”（Mommy & Me）小组中倾听其他疲惫的新手妈妈分享现在填满她们每天的压力源。一个新手妈妈没法让她的小宝宝睡一次超过 45 分钟的午觉；另一个新手妈妈担心水瓶里的水经由母乳影响她的儿子。我边上的新手妈妈表达了对她婆婆批评她使用安抚奶嘴的不满。

在新手妈妈枯燥乏味的担忧包围之中，我不情愿分享我的新担忧。我可以想象如果我开口说“自从我的女儿出生以来，我一直在担心我会死去，留下她没有妈妈，或者她会患上无法治愈的疾病，在医院的重症监护室住上几个星期，最后在我的怀抱中死去，留下我和我的丈夫痛不欲生”，别人会把头扭向一边，皱起眉毛。

我知道自己把初为人母的时刻描绘成了全军覆没的场景，但对我而言，我真是那么惨烈。因为我们早年失去了亲人，就会把“最坏的情景”想象成世界末日的噩梦。孩子们从来不会因为忘记看表而不回家吃饭，他们一定是被绑架了。头疼绝不是偏头痛，而是脑肿瘤，那正是你已经盼望好久的结果。空中根本没有气流，飞机要掉下去了。杰丝今年 32 岁，母亲在其 13 岁时去世。她说："如果我丈夫回家迟了，必须给我打个电话，如果他不打，我就会心慌，我害怕他路上出事故，我会觉得他死在高速路上。"

以前就有我们所爱的人离开了我们，谁说那不会再次发生呢？

这些悲观的版本通常和现实没什么联系，相反，那是女性已知弱点的产物。这与其说她潜在的倾向与未来失去有联系，不如说是因为她过去没有彻底为失去亲人而悲伤，菲莉丝·克劳斯解释说。当女儿很早就失去母亲，她最基本的安全感和信任感就此被打碎了，从那时起她就已经知道人与人的关系是暂时的、无法控制的、随时有可能终结的。她发现自己经常会遇到不幸的事，于是她性格的显著特征就是害怕以后再出现类似的失去亲人的事。"我知道母亲的死导致我现在如此愤世嫉俗，" 25 岁的玛吉说，玛吉 7 岁的时候母亲自杀死了，"我总是觉得，哦，我男友会不会出车祸呢？怎样才能阻止这样的事情发生呢？要是能让所有我爱的人都不死就好了。"

塔玛·格拉诺特说，任何经历了痛苦的损失的人都会对感知的或者实际的未来损失的风险做出更强烈的反应。"成年人往往无法理解为什么孩子会在面对似乎很简单的情况时表现出强烈的焦虑，"她写道，"孩子的过度反应与创伤性的记忆有关，无论何时只要孩子接近包含失去的风险的情况，那些记忆立刻浮现出来，掀起最深的恐惧和焦虑。"这不会在童年过后就烟消云散。我们经常很好地保留这些特点直至成年时期。44 岁的卡拉 15 岁就成了孤儿，她说："下车的时候我常想'要是正好有个车猛冲过来穿越隔离带撞死我儿子怎么办'，我知道其他母亲也这样想过，但是我经常有这种想法。后来我认识到自己为什么会有这种想法，我就常自言自语。'好吧，想归想，现在先不管它。你经常送漂亮的礼物给儿子，而且到目前为止他生活得很充实、很满足。'我不是说因为我的这种想法人们就把我归类为悲观的人，但我的脑海中总是蹦出这样的场景，我不知道，就是心里总是有一抹黑暗，非常奇怪。”

失去母亲的女儿经常会出现这种紧张的、不恰当的恐惧——害怕失去所爱的人，而且由于她们对母亲身体状况的心理认同，还总是对自己的安危或健康高度紧张。“同一个人也许不会为事业上的风险或是生活的其他方面有这种负面想法，”菲莉丝·克劳斯说，“她的恐惧感非常特殊，只同疾病、事故或其他危及生命的事有联系。那是她第一次失去亲人的痛苦的后遗症（延迟的创伤后应激障碍）同特定事件的潜在发生性相互作用的结果。”

潜在发生性是指在这批判的世界里，我们所害怕发生的事情是不确定的，随时都有可能发生。当失去母亲引发家庭的混乱或是被抛弃的恐惧，即使是后来失去亲人的风险也会引发焦虑、激发强烈的保持现状的行为。

32 岁的坎达西形容她过去的恋爱史是妥协与拒绝的大杂烩。面对明知道必将失败的关系，她还是试图去维系。“很多次，我宁愿忍受恶化的关系也不希望承担分手的风险，”她承认，“我总想成为别人的开心果，从某种程度上来说，我是这么想的。因为我不想被任何人拒绝。我把 14 岁时母亲的死等同于是她对生命和我们的抛弃——她抛弃了她的家庭。”当潜在的改变勾起了过去的痛苦回忆，保持现状就意味着保证安全。这就是为什么许多失去母亲的女性死守着自己早知道应当改进的关系、工作或是家庭。

有人问我成年生活最大的挑战是什么，我毫不犹豫地回答：我学会了如何应对分离与失去。有一天，当我退出某段关系或是推卸某个责任的时候，能确信自己的理由是充分的，从而果断地做出决定。但是有时我还是对抛弃高度敏感，我会因为要离开公寓，将猫咪独自扔在家里而站在门口大哭。“你没事吧？”我的朋友约翰说，“小猫只有高尔夫球大小的大脑，是分不清半小时和半天的概念的。”

他也许是对的。我的猫咪不会因为孤独和绝望而从九层楼的窗户跳出去，而爱人也不可能不打招呼或不做任何解释就随时消失。喉咙肿痛也许就是发炎了，不是食道肿瘤。我知道自己的偏好有点怪异，但是我只有看到确凿的证据说明某事是不可能发生的，直到我能够确认，我才会放弃这种想法。我内心有那么一部分总是时刻警惕，总是在等着，总是盘算着详尽的、毫无必要的预防计划。

失去第二位亲人

20 岁那年，我让父亲告诉我他的人寿保险单的细则条款。他的身体还很好，但是我得确认弟弟、妹妹和我都得知道保单内容。他随时都有可能出事，这是我唯一能确定的事。每到深夜，我去楼下客厅的时候就会到他卧室门外站着听一会儿，如果听到他均匀的呼吸声，我就会放心了。如果没有听到他均匀的呼吸，我就会冲进去，看看他胸部是否正常起伏。

我就是看看，我对自己说。我就是想要确认一下我们都很安全。

他又活了 20 年。虽然他的死充满了悲伤和悲剧色彩，但是其中也包含了一丝释怀，我知道最糟糕的已经过去了。正如我的母亲一样，他死于肝脏衰竭，但他是在临终安养人员的照料下在家中去世的，在家人的围绕中去世。这与 1981 年我母亲去世完全不同。因此至亲离世的伤痕在慢慢愈合。与此同时，我完全没有预料到他的离世会在我的心里留下一个巨大的空洞，我多么思念作为一名父亲和外祖父的他啊！

我之前已经失去了一个至亲，但这是另一回事。“你有过此类经历。”朋友们提醒我说，试着帮我找回思路。哦，是啊。不过，也不是。当我的母亲去世的时候，我作为女儿的角色缩小了。现在这个角色彻底消失了。随着我父亲的去世，在这个世界上再也没有我作为孩子的余地了。数星期以来，我在每天的日常生活中仿佛梦游一样，我不再是任何人的女儿了，这让我头脑发昏。

失去一位亲人只教会我们如何失去一位亲人，并没有教会我们如何准备失去第二位亲人。“失去最后一位亲人是完全不同的概念，”18 岁前就失去了双亲的黛蕾丝 · 兰多说，“当第一位亲人去世的时候，你的世界改变了，但是你还有一位亲人在世。当第二位亲人去世，所有的纽带都断了，你该到哪里去呢？你没有了历史，没有了同过去的联系，也失去了同死亡之间最后的缓冲人物。即便你已经成年，也很难接受自己成了孤儿。”

当双亲皆已去世，女儿的自我认识就彻底改变了。没有人再称呼她“女儿”了。当她还是个年轻人时，就得自己拿主意了。失去第二位亲人使得她不得不独立起来，自己为自己负责。“我 26 岁时双亲就都去世了，”35 岁的克里斯蒂娜说，“忽然间，没有人再告诉我下一步该怎么做了，我自己想干什么都行。当你突然间没人管了，意识到没有人会再来检查你时，那种感觉很恐怖。没有人会再问你‘你干什么呢’或是说‘也许你应当这样想’，忽然间你得自己对自己负责了，然后你会想自己该干什么。”

克里斯蒂娜说，很早就失去双亲使她成为比自己预计的还要成熟、独立的女人。正如克拉丽莎 · 品克拉 · 埃斯蒂斯所说，成为孤儿是有失又有得的。“他们直觉很准确，因为他们经历的太多了，”她说，“他们知道如何感知下一次打击或是伤害会在哪里发生。所以作为成年人，他们总是高度戒备，总是很神秘。他们能够分辨人性的善与恶。唯一的问题就是他们常常会推翻自己的直觉，尤其是当他们认为自己已经获得爱的时候，就像在进行货币兑换。”

年幼时失去第一位亲人的女儿，面对第二位亲人的死亡也许会激发对第一次丧亲之痛的新的悼念循环。32 岁的玛丽安娜 16 岁时母亲去世，经过两个月的惊悸和否定期，她进入了强烈悼念期。

> 大概有 5 年我都过不去那些坎。每年快到她的生日、父母结婚纪念日、祭日的时候，我都异常痛苦。然后，过了有 5 年吧，我不再那么痛苦了，并不是说我不再想念她了，只是不再那么伤心了，但是父亲的去世让我觉得彻底失去了亲人。他是去年 11 月份去世的，距离母亲去世有 15 年的时间。那就是说，我一个亲人也没有了。我感觉不是失去了一位亲人，而是两个。我回忆起失去母亲时的痛不欲生，同时还有为父亲的死伤心欲绝。

虽然玛丽安娜第二次失去亲人再次激发了她为母亲之死的悲伤，并且引入无父无母的新的悲痛，但是她作为 31 岁的成年人，比 16 岁时更加自立、情感上更为成熟，还是能够接受父亲的死亡的。他去世后，玛丽安娜也很悲痛，但是这种状况仅仅持续了不到一年。当父亲的周年祭日到来的时候，她说自己感觉比母亲去世时青春期的自己更加坚强了，更有勇气面对那一天的到来。

伊娃 8 岁时失去母亲，35 岁时失去父亲。作为成年人，她对失去父母的体会与小时候截然不同。她的同龄人有的也经历过父母去世，所以她认为死亡的确是令人很受挫折，但只是一时而已。所以，她也会非常悲伤，但是不会长时间地、持续地沮丧。“孩子和成年人对死亡的理解截然不同，”她说，“8 岁时我对死亡一点概念也没有。但是对父亲的死就不是那样困惑了，真是悲剧、令人痛心。我对死亡有了一定的认识，直到多年后父亲去世，我才对母亲的死亡有所认识。”

虽然童年或成年失去一位亲人已经令人很受折磨，但是一些年轻女儿在母亲去世之后马上就要或是随之就面临着父亲死亡的打击。每个月我都会收到在年轻时便失去双亲的女士们发的电子邮件，详细描述了其情况的特殊性。

虽然“孤儿”常被定义为至少失去父母一方的孩子（18岁以下），我们还是更接受狄更斯（Dickensian）对“孤儿”的定义——孤儿没有任何活着的联系人。2003年的数据显示美国有29 140名18岁以下的孩子符合这一标准（“完全孤儿”），另有32 000名处于19～36岁。放眼世界，这一困境甚至更甚。在2012年，联合国儿童基金会（UNICEF）估计有1300万不到18岁的完全孤儿生活在撒哈拉以南的非洲、亚洲、拉丁美洲以及加勒比海地区。

孩子需要有法定的监护人，而失去最后一个亲人常常意味着住所的更换以及受新的监护人的照顾。她也许会去亲戚家住或是到寄养家庭去。如果她还有兄弟姐妹，他们就是她同新的核心家庭活着的纽带，他们对她的重要性也将与日俱增。

43岁的达琳自从父母在她10岁前分别因为不同的事故去世，妹妹成为其童年唯一的忠实伙伴。达琳回忆说：“妹妹和我总是非常亲近，如果有人想要拆散我们，我绝不允许。我根本无法接受。如果我是独生女，处理事情肯定非常困难，但是因为我有妹妹，我们互相依赖、互相支持、互相容忍、互相认可。成年以后，我们也是如此。”

在短时期内经历失去至亲的多重打击会严重影响孩子的应对能力。年纪尚小的孤儿往往不得不把全部的情绪能量放在每天的生活中，而不是哀悼父母的逝去。这种创伤对一个孩子来说太过沉重，无法承受。只有孩子成年后，他们才能依靠外部的人际关系在自己身上找到稳定，从而重新看待丧亲之痛，让痛苦进入内心，开始消化这份痛苦。

年幼的孤儿探寻可以代替已逝父母的爱的道路是非常漫长的。黛安娜的父母在她13岁的一场车祸中双双丧生，她现在39岁，在父母去世后的3年里她换了9个住所。她一直在苦苦追寻属于她的爱。黛安娜说：“我就是个迷失的灵魂，我试过毒品，早些年对男女关系也很随意。我一直在寻觅能减轻痛苦、容纳我的东西。”最后她发现笑话能减轻紧张并获得积极的回报，她开始依靠幽默缓解感情的错位感和孤独感。

现在，黛安娜是一位成功的单口喜剧演员。早年的孤儿生活使得她有着强烈的生存欲望，她相信有观众能认可并欣赏她的表演。“我的表演有强烈的生活痕迹，人们很为之吸引，”她说，“看完我的表演，你可能不相信我编的那些难以置信的痛苦、悲痛的故事，但是好多女性朋友跑过来和我说她们也有同感。她们说：‘你知道吗？是你给了我力量。’我也不确定这是为什么。我没有在舞台上刻意表现我的过去，是她们从我身上看出来的。”

孤儿这个词代表着独居隐士的独特含义，代表着一种有洞察力的状态。炼金术士原本是用这个词来命名皇冠上独一无二的宝石的，类似我们今天单粒宝石的称呼。他们将孤儿石比作点金石或是哲人石，认为其具有毫无价值与无价之宝的双重特性。因为愚蠢的人不识货会嫌弃它，睿智的人知道它而喜爱它。因此，人们认为孤儿具有特殊的知识并且具有别人所没有的洞察力。

一些年幼的孤儿会在这个原型身上获得某种安慰，将其与自己失去双亲联系起来并为之做出解释。玛吉 25 岁，她 7 岁时母亲去世了，然后就同冷漠的父亲和对立的继母生活在一起，现在她同父亲和继母连话也不说。她说：“自从母亲死后，我在情感上就是孤独的，我越发认为自己与众不同，是特殊的，我觉得必须自己养活自己、照顾自己。有时我也疑惑自己觉得与众不同也不见得是好事，我好像做得有点过了，我的行为举止过于个性了。”玛吉时刻提醒自己“与众不同”，靠着这个意念支撑度过了困难、孤独的青春期。这是她对于在如此幼小的年龄在生活上失去母亲、精神上失去父亲的补偿。然而，成年以后，她才意识到这种自我定义是要冒很大风险的。她为自己的与众不同暗自高兴，但是也要时刻警惕自己的自我认知陷入夸大妄想的症状。

正如玛吉的例子所阐述的，女性并不是非得父母双亡才能称之为孤儿。许多有一位亲人或是双亲健在，但是母亲不在身边的女性也形容自己是精神上或情感上的孤儿。虽然她们的母亲健在，但是很少给予她们情感支持；虽然她们的父亲还活着，却在她们的生活中无足轻重。作为孩子，她们的关键情感需求从未获得过满足。

年幼的孤儿不断地探寻为什么这样的悲剧会降临在她们的身上。她们研究宗教信仰、形而上学、合理化作用，甚至陈词滥调——任何东西，只要能帮助她们相信宇宙不是漫无目的地释放灾难的，她们不是命中注定要生活在黑暗中的。失去亲人的时候，女孩会动用一切可利用的感知、情感资源，在青春期以及而后的成年期，她也将继续更新形象，在每个发展阶段寻找新的爱的慰藉。

达琳说她的追寻过程一直持续到了成年时期。

> 在三四十岁的时候，我觉得我必须要得到一个答案。我丈夫和我都接受过良好的宗教教育，但是我们结婚以后很少去教堂。儿子出生以后，我们希望他像我们那样长大，所以就开始回归教堂。那时我经常祷告，寻求帮助和指点。我丈夫对这些很有见解，我常和他一聊就是好几个小时。我就是不明白，为什么会发生这种事情，为什么就会发生在我身上。我就是想相信母亲的死也是有原因的。我想可能她太思念父亲了，现在他们一定快乐地在一起。能这么想对我很有帮助。

失去是生活的一部分，就像心脏病那样脆弱，像黄昏那样不可避免。这一经历对女性而言更是辛酸的事实，她们的性别体验本身就同分离与失去紧密相连。里拉·J. 凯琳内科（Lila J. Kalinich）在《失去是女性的正常现象》（*The Normal Losses of Being Female*）中写道，尽管男人在整个人生中也有潜在的和真正的失去，但是女性缺失每隔 10 年都要经历意义重大的失去：蹒跚学步而离开母亲的个性独立；童年结束时月经期的开始；青春期的第二次个性独立；成年早期的失贞；结婚后可能随夫姓而失去自己的本姓；有了孩子以后，如果不能兼顾事业和家庭，可能会牺牲事业做全职母亲或是放弃照看孩子外出工作；孩子成年后离开家；由于绝经而丧失生育能力以及排卵结束；因为女性通常比丈夫长寿，有可能失去丈夫成为寡妇。在这个大范围里，失去母亲是不可避免的，即便那是悲剧性的女性体验。

伊娃、玛丽·乔和玛吉作为成年人，每个人都找到了帮助其悼念母亲死亡的富有同情心的咨询者。本书其他接受采访的妇女提到了强大的宗教信仰、可靠的浪漫关系以及亲密的友谊，这些支持帮助她们应对了后续的分离与失去，使得她们能临危不惧。

“第一次死亡之后，还会有第二次。”迪伦·托马斯（Dylan Thomas）写道。他知道第一次失去对我们的影响有多大，它还蹲在我们的肩上，指示我们如何应对未来的分离，直到我们得以释怀。如果你在年幼时失去了亲人，那么你就会对后来的失去异常敏感。真正的挑战不是去埋葬先前的经验，而是理解它、接受它，不让它再来干预你余下的成年生活。

第二部分

改变

“乔安妮·内森说第一年需要慢慢过渡，然后就慢慢习惯了。”凯特琳说。

“我不想‘慢慢习惯’。”德莉拉厌恶地说。

“哦，好像不只是少了母亲这么简单。”索菲说。

大家都点了点头。的确“不只是少了母亲”这一件事，无数的事情都不对劲。房子里到处都不对劲，只有圣诞装饰物还是那些……姑娘们和以前一样布置着圣诞用品：把圣诞马槽放在客厅的中式餐桌上，把月桂树枝垂在楼梯扶手上，再把木质水果插进花环里。她们像母亲那样把圣诞卡放在楼梯上，然后点亮圣诞树，但的确什么都不一样了。

——苏珊·迈诺特（Susan Minot），

《猴子》（*Monkeys*）

第 5 章
父亲的小女孩
父女关系

我的父亲从来不是一个话多的人。即使是在我母亲还活着的时候，他也喜欢在我母亲外出的夜晚待在家里听收音机，玩字谜游戏。我母亲安排社交活动，组织晚餐聚会，认识新朋友。在她去世之后，毫无意外我父亲的话更少了。这么多年以来，他偶尔给我打电话的内容主要是谈论天气和我的车的性能。后来，他也会问起我的女儿们。他只想听好消息。如果我提到我的母亲或者对他说我今天过得不顺心，他通常会默不作声。如果我提到他饮酒或者他的体重，他会迅速与我道别，然后挂断电话。也许，他会过几天或者几个星期再给我打电话。我成年之后的很多时候都在想，我们之中谁会先绷不住，拿起电话打给对方。

我猜我之所以常常会害怕被抛弃，是因为母亲去世时我只有 17 岁，但这个理由似乎有点说不过去。虽然母亲的去世让我知道人与人的关系是无常的，但我深知母亲并不想离开我们。然而我的父亲却截然相反，自我孩童时代起，每次家里一发生争吵，他就大发雷霆，威胁着要离开，有时是象征性的，有时会来真的。最过分的是我大二时的一天傍晚，妹妹打电话给我，哭着求我赶紧回家帮忙，父亲忽然被身为单身父亲的重担压垮，收拾行李要离开。

最终，那天晚上他哪里也没去，但是我和弟弟妹妹就此明白，以后得小心翼翼地踮着脚尖绕开雷区，千万别谈论任何会惹恼父亲的话题。一位 8 岁失去母亲的朋友形容这种试探就好像是在拒绝的威胁和自我否定之间跳舞。让父亲面对痛苦的问题，对父亲自己也是一种冒险，但是假装这类话题根本不存在，这显然是对自己的最大否定。因为我家的孩子都很小，都太害怕被父亲全部抛弃，不敢去冒这个险，都保持了沉默。当父亲向我们发脾气，让我们知道他的痛苦的时候，我们都刻意地将他逼回安全地带。对我们而言，他的眼泪就意味着走向家庭解体的第一步，危害到了我们的安全。而父亲又从未给我们一个释放感情的安全空间，亦从未给我们机会向他倾诉。

我的父亲在 74 岁时过世了。最后时刻，他的儿孙们都在他的身边，但他没有伴侣，甚至没有亲密的朋友。他从未再婚，据我所知，他也从未约会过。他一个人住在一套整洁的小公寓里，墙上挂着几十张儿孙们的照片。母亲去世 24 年后，一提到她的名字，他还是会哭。直到他生命的最后一刻，他都拒绝谈论母亲最后的日子或他在其中所扮演的角色。命中注定，他不得不活下去。我的父母，一个死于肝癌，另一个死于乳腺癌肝转移。父亲在生命的最后 72 个小时肝脏衰竭，他以一种诡异的精确同样呈现了母亲生命中最后 3 天的状况。

丧亲专家研究生者与死者保持关系的重要性，以及在所爱之人去世很久之后，人们内心的对话如何继续。当我面对父亲时，发现只有沉默，但这既不令人不安，也不陌生。他活着的时候，长时间的停顿总是把我们的谈话中断。我有时会试图和他交谈，但即使现在，我也不知道该说些什么。在他生命的最后 20 年里，我们很少能在讨论天气之外的方面进行沟通。然后我不得不问自己：为什么我们不换种沟通方式呢？

我不得不追根溯源，回首过去。

对于我出生以前父亲的事情我知之甚少，只是偶尔知道些不连续的片段。父亲是大萧条时在纽约出生的，同父母和哥哥一起生活。他祖父在街角开了一个报刊亭。一到星期天，他就去看一刻钟书刊，然后花一角钱买三块糖。

他告诉我的童年故事只有寥寥数语，而且是阶段性的，呈抛物线形，但都是特地告诉我让我吸取教训的。每次当我提出增加零花钱时，他就讲自己小时候有次问母亲要 5 美分去买蛋卷冰淇淋，母亲手头竟连这点零钱也没有。当学校希望我跳过幼儿园直接上一年级时，他坚持让我和同龄人待在一起，他说自己小学时跳了两级，结果糟糕透了，总是班里最小的，交不到真朋友。

关于母亲的家族状况我很了解：祖父母是俄国和波兰移民，有姨妈和叔叔总共 8 个，有两个妹妹，还有她的父母，这些人的事情我都知道。然而父亲的家族对我而言很神秘，他们家人很少——只有他的弟弟，还有一位姨妈还活着，而他也对自己的过往绝口不提。在他的袖扣盒里，我发现一张他父亲的照片——这是一张小小的黑白大头照，上面的人黑黑的，表情严肃，和父亲非常相像。我常常在白天踮着脚偷看那张照片，想象着父亲一家是从哪里来的，他今后又变成什么样子。母亲曾经告诉我，祖父是在我父母认识后心脏病突发去世的，他当时才 52 岁。“所以我总是唠叨着让你父亲戒烟、戒酒、减轻体重。”她说。但几年前我和父亲提起这件事情，他却相当地困惑道：“但是我父亲是 57 岁得癌症死的啊！”但他没有再说别的。

作家维多利亚・塞昆德说：“母亲代表白天，父亲代表黑夜以及周末、假日和外出就餐时间。”她清晰地描绘了我 17 岁前所了解的家，母亲总是出现在我左右，而父亲每天在我起床前就离开家去工作，按时回家吃晚饭，收看黄金时段的电视节目，周而复始。反应迅速、体力超群，这是父亲的专利。他教我打垒球、修剪草坪；他帮我复习数学和化学公式；他教我搭帐篷。他是我们童年的纪律执行官，是疏远却有着英雄色彩的制定家庭规则的人物。他给我们下发行动指令，因我们做错事而惩戒我们。而我们外出旅游时，他总是给我们当司机。

母亲则是每天早上叫醒我的人，一定看着我吃下早餐、喝下满满一杯橙汁才放心。每当我和她再见去赶校车时，她总是说：“过得愉快啊！”而放学回家时，母亲总是在家的。她给我挑选当天穿的衣服，陪我去参加学校的野外教学活动，每天晚上给我读睡前故事；母亲教我弹钢琴，教我做三道菜的晚餐，教我编织简单的围巾，这些指导都需要她无比的耐心和重复。由此我可以说，母亲陪伴我度过了大部分的童年和少年时光。

母亲去世的那天早晨，父亲把 3 个孩子召集在一起，坐在厨房餐桌周围。他看着我们，他自嘲地对我们眨眨眼，好像在问：“都到齐了？”而我第一次清楚地明白，现在我只有父亲了，而且是我最不熟悉、不是很喜欢的父亲。关于好父亲和坏父亲的话题已经讨论得太多，但是很少有人把父亲一分为二来讨论。“一个男人，两个父亲，即父亲和另一个父亲。”这是莱蒂·科亭·波格莱宾（Letty Cottin Pogrebin）在回忆录《黛博拉、戈尔达和我》(*Deborah, Golda, and Me*）中形容她的父亲。当记忆逝去，在老旧的 20 世纪 60 年代的家庭录影中，父亲用肩膀托着我去吹灭他的生日蜡烛。这就是父亲，这个男人在妻子去世的第一年努力做到最好来补偿我们。为了每天 5 点前能到家，他重新安排了工作；他给我们钱去买新衣服；有一天他回家时还带回来一个微波炉，自己学着做饭。我常常帮忙放桌子，看着他准备晚餐——一个大男人戴着围裙弯腰翻着新买的烹饪书，身上的 Scotch & Soda 毛衣都蹭到身边的台面上了。天气暖和的时候，他每周有两个晚上固定露天烧烤。

我非常爱他，他是这么努力做一个好父亲。然而对于他由一个丈夫和业余父亲转变为一位全职单亲的艰辛，我只是隐隐地有一些感觉。我还记得母亲去世后我们第一次驾车出游，父亲脸上的表情很痛苦，没有人愿意坐在副驾驶的位置上。多数时候我看到的是另一个父亲。我是母亲的保护者，只要他们争吵，我就站在母亲这一边，而争吵后和母亲在卧室的“女人间的谈话”使得一个16岁的女孩知道了不应该知道的关于父母婚姻的事情，我得知的是一个母亲对自己丈夫的苦涩感觉。母亲使女儿和自己结成同盟，甚至在她去世以后一样维护她，这也阻止了女儿建立与自己父亲的关系。我知道自己对父亲的怨气就是由此发展而来的，再有就是怨他隐瞒了母亲病情的严重性，没给母亲机会皈依她深深信仰的宗教或是进行任何告别仪式。对父亲的怨恨远不止这些，我最生气的就是他只是父亲。母亲去世后才正式被我转为圣徒，而我觉得父亲就是个罪人。无论怎么努力，他都不能获得我的好感。他最严重的错误就是他不是母亲。

我一直知道我的父亲非常爱他的孩子们。他尽其所能地表现出这种爱：比如他简短的电话，比如我每次出门时他塞在我口袋里的10美元，比如我们过生日前一天收到的优先邮件里面附带一张卡片，印着“爱你的外公”或者“爱你的父亲”。我的成人朋友和男朋友在父亲晚年时认识他，他们只知道他是一个温柔、安静、冷静、孤独的人。然而，我知道他曾经酗酒，情绪难以控制，行为像一个孩子，让他的孩子们觉得他们反而需要照料他。接受母亲的好与坏是一回事，毕竟母亲已经离开了我们。困难的是，我们要调和对那个还活着的人的爱与恨。

我一直以为我和父亲的关系是特例，是难以启齿的，但是当我请其他93位失去母亲的女性形容一下她们同自己父亲的关系时，发现我们之间惊人的相似。她们当中只有13%的人形容自己同父亲的关系“很好”，31%的人说关系“很差”，其余的则在二者之间。其中一些女儿曾经和父亲关系亲密，只是在母亲去世之后才失去了父女之间的牵绊。其他的女儿说当继母进入家庭之后父女关系恶化了。

还有其他一些女儿说，她们的父女纽带从未如此强大，虽然在母亲尚在的时候，她们没有留意到这一点。

无论环境如何，这些数字最多令人灰心，至少也算令人忧心。在过去的 10 年中大量的研究关注了尚在的至亲对丧亲的孩子的长期适应的重要性，每次研究的结论都显而易见：丧亲的孩子与尚在的父母之间良好的关系能有助于缓解丧亲之痛的负面影响。关系紧张或者存在忽视、虐待的关系则会让孩子有经历长期负面影响的风险，比如抑郁、高血压，自我价值感减弱，以及容易感到有压力。

研究人员曾经研究过早期失去至亲与抑郁之间的直接因果关系。现在普遍认为尚在的至亲提供至关重要的媒介连接。在失去至亲的儿童之中，没有得到或者很少从尚在的至亲身上得到情绪关怀的儿童比那些在丧亲之后从尚在的至亲身上得到同情、可靠的关怀的儿童出现抑郁的可能性要大得多。“对孩子的情绪状态影响最大的外部因素，以及孩子如何应对丧亲之痛的关键毫无疑问是抚养孩子的尚在的父母或者抚养人。”塔玛·格拉诺特说。

菲利斯·西尔弗曼和威廉·沃登的成果为我们提供了对于失去母亲的孩子们在以父亲为中心的家庭中被抚养的最完整的资料。当他们将一群失去母亲的孩子与一群失去父亲的孩子对比的时候，他们发现失去母亲的孩子们更可能经历每天常规生活的改变，而且情绪需求得到满足的可能性更小。他们在更短的时间内有了继母，而且与一个抑郁的家长一起生活的可能性更高——这反过来增加了他们自己抑郁的机会。

在 2012 年，超过 110 万个 18 岁以下的美国女孩与父亲一起生活，而母亲不在身边。⊖在所有单亲家庭抚养的孩子之中，女孩的

⊖ 根据美国人口普查数据，大约这些女孩中的 6.3 万人与鳏夫父亲一起生活。其余的女孩失去母亲的原因是被抛弃、离婚或者其他形式的分居。然而，84 万个女孩的鳏夫父亲没有再婚。在美国有大约 40 万个女孩现在与生父和继母一起生活，虽然并没有统计局告诉我们这些女孩中有多少人的母亲去世了。

个人难题最为严重，特别是青春期期间。哈佛儿童丧亲之痛研究发现，由父亲抚养的失去母亲的青少年期的女孩比失去父亲的女孩实施或者参与犯罪行为的可能性更高。“他们往往是家里年龄最大的孩子，负担着照顾弟妹和做饭的责任，”威廉·沃登解释说，“那是憎恨的一部分。父亲往往会带回家一个新爱人，这也是憎恨的一部分。没有单一的特别原因，但是失去母亲的十几岁的女孩做出重大行动的比例远远大于失去父亲的女孩。”

根据得克萨斯大学西南医疗中心临床副教授、父亲监护问题专家理查德·A. 沃谢克（Richard A. Warshark）博士研究得出，由父亲抚养成人的女孩与父亲带大的儿子和母亲带大的孩子（不论男孩还是女孩）相比，表现得更不自信、更焦虑。这也许是由于父亲对于抚养女孩很不自信、没有把握，还有就是由于女孩对成为配偶替身的焦虑。

“当父亲不得不独自抚养女儿时，情况就很复杂了，”南·伯恩鲍姆解释说，“他会受到自己父母对自己认同的影响。父亲对自己母亲的认同能帮助单亲父亲理解自己的女儿，如果他对父亲对待母亲和姐妹有印象，那么他就会有根深蒂固的对待女性的方式。如果母亲和他的关系很和睦，能分享苦乐，那么他就会很快习得父女相处的要领；如果他和母亲的关系不友好，那么他和女儿的关系也会很紧张。”

当母亲去世或者离开家，父亲和女儿发现他们处在一种意料之外的尴尬处境之中。他们是陌生人也是亲密的人，即是同盟也是敌人。32 岁的莫林解释说，当她的母亲去世的时候她 19 岁，是三个孩子之中最小的一个。“当我母亲还活着的时候，我和我父亲之间不存在什么关系。她其实使我和父亲成了陌生人。我要完全从头开始和他相处。在我母亲的葬礼的 6 个星期之后，当他开始约会的时候，家里的气氛剑拔弩张。我对他满腔愤怒，我不知道该怎么办。我的继母帮助我和父亲像成年人一样谈话，而且我成熟了，可以修复我们之间的关系。如今我们之间的关系在日渐和睦。”

许多失去母亲的女儿发觉她们现在的挣扎不仅仅是由于失去了母亲，还有她们和父亲的关系。25 岁的玛吉的母亲和她父亲离婚后自杀了，那时玛吉才 7 岁。她只好投奔父亲和继母，没人来安抚她失去母亲的悲伤，这令她情感上没有任何安全感。

> 我的父亲非常易怒……我不知道怎样形容这种养育方式，漠不关心？我总是很怕父亲，他总是故意把我弄哭。我的继母就更糟糕了，我们从没有相处愉快过。最近我才开始有点概念，那时他们不让才 7 岁的我为母亲伤心，这简直就是虐待。如果父亲自己不能在情感上照顾我，就应该找别人来照看我。
>
> 作为孩子，我不得不琢磨在这个家里的生存技能。因为我意识到现在好用的办法一会儿就失效了。我最根本的信念就是任何人都不能相信，我从不相信父亲和继母，而且我现在也认为没有任何事值得相信。事实上信任他人是愚蠢的，就好像引火烧身。我不得不表现得过于强势，从不表现出自己的软弱或是任何需要。那时候我是“不能”有任何需要，我只能将那些抛于脑后。现在我和男朋友关系很好，和朋友们相处得也不错。我现在有情感上的安全感，而且我觉得自己还能更放得开一些，也许会表达更多的情感需求。

1993 年底特律大学研究了 83 名在 3～16 岁之间失去父母的成年人，心理学家贝特・D. 格里克菲尔德（Bette D. Glickfield）发现那些回忆起父母时感觉很温馨、毫无抵触的人都认为自己作为成年人是可以依赖其他人的。“能自如地和在世的家长谈论关于死亡的种种，向他们表达对死亡的悲痛，或是问有关失去家长的事情，还有拥有一位鼓励她独立和相信其他人的家长，这些都使得她们有能力获得情感支持。”她说。母亲死后能够获得安全感的女儿便能同他人建立安全联系。

26岁的霍莉对此很怀疑，她认为自己如果依赖他人的话就无法获得成人交往的浪漫。对她而言，之所以这种信任会摔得粉碎，是因为母亲去世不久后父亲突然退缩了。霍莉说当自己还是孩子的时候同父亲的情感联系就不紧密。对于母亲去世时16岁的她，则更不期盼同父亲的关系能有戏剧性的进展。但是她也不希望父亲在6个月后就带女友回家同居，而把她留给一位年长的阿姨照顾，一直到第二年她上大学。霍莉既愤怒又悲伤，她决心再也不要犯这种错误，再也不要依靠任何人。

> 我小时候父亲经常向我灌输一家人在一起是多么有价值，所以他抛弃我的行径令我很受打击，给我留下了深深的伤痕。现在我总觉得自己不能结婚或是向往婚姻生活，我都不知道该怎样继续照顾好自己。由于父亲的行为，我非常害怕从某人那里接受任何我想要的或是需要的东西，因为我无法回报人家相应的情感。这在我同男性之间的关系中尤为明显。我宁愿什么都不要，也不想依赖某个人。

父亲是女儿第一个接触的异性，女儿与父亲的关系是其日后接触异性最有影响力的蓝图。经历过童年和青少年时期，女儿就会通过和父亲的接触对异性交往略知一二。尽管相对早已熟知的同性角色形成论，这个观点听起来有些难以置信，但是一些女孩对女性气质的认定的确是因为父亲为她们展示实用工具主义和决断中的传统男性特征。父亲对女儿也倾向于增强性别角色型行为，这隐约地迫使他去学会安慰女儿、强调爱护和合作。当母亲离开或死去时，父亲传统的男性行为不能再满足女儿的所有需求。他是否有能力承担起突然被放大的有表现力的亲人角色，而他在这一领域的能力和缺点此时也一目了然，这些因素的作用比妻子在世时还要重要。

在此之上，另一个层面（父亲应对悲伤的能力）也给失去母亲后的父女关系增加了难题。“即使是今天，父亲仍然倾向于做寡言少语和不向孩子们显露情感的人，而且在某些情况中不想让孩子们向他人显露情感。”罗素·赫德（Russell Hurd）博士说。他是俄亥俄州的肯特州立大学教育心理学副教授。我们一定不能忘记还在世的父母本身也在努力应对失去爱人的巨大损失。丈夫没有期望比妻子活得时间长，可能在心理上和实践上没有做好独自处理家庭日常生活的准备。因此在孩子需求最多的时候鳏夫父亲自然能给予的最少。

4 种父亲

我们采访了 90 多位失去母亲的女性，发现失去配偶的父亲通常会采取 4 种应对策略。这 4 种策略并非完全孤立的：对一个问题，父亲可能会摆出不同的事实来回应，或是随着时间的推进更换方式。同正常的悼念程序一样，父亲朝单亲家庭的状态调整是流动的、不断进化的，而且女儿在不同的阶段需求也是不同的。父女关系应当在转折点一出现时就完全结束，但是母亲的缺席改变了父亲与女儿关系的过渡方式。那几个月或那些年里发生的事情将深刻影响着女儿的安全感和自尊，以及她能否在成年后获得令人满意的人际关系。

我很好，你也很好类型的父亲

25 岁的特里西娅刚刚开始悼念在其 3 岁时去世的母亲。直到最近，她才知道自己可以这样悼念母亲。因为据她所知，自己的父亲还有 4 个哥哥和姐姐都没有悼念过母亲。

特里西娅的母亲去世后，父亲的反应很迅速，就是3个步骤——沉默、回避和再婚。他还鼓励孩子们也当这事从未发生过，好像餐桌上的座位原本就是那么空着的。为了纪念本·卡特莱特（由洛恩·格林扮演），我把这称为“博纳姿症候群”（Bonanza syndrome），此人是电视系列剧《博纳姿》(*Bonanza*）里的家长，有来自3个妻子所生的3个儿子。3个妻子都年纪轻轻就去世了，一个在临盆时去世了，一个死于印第安人之手，一个死于坠马——她们没有一个人在被提起时带有什么特别的意义。一个令人有印象的例外是其中一场戏，当二儿子雨果与一个垂死的女子相爱的时候，本把二儿子叫到一旁，严肃地与他分享了自己的感受：“儿子，我埋葬了3位妻子，我给你的建议是你必须像个男人一样面对这事。”

特里西娅的童年和青春期都是在不赞成悼念的氛围中度过的，只有自己暗自忍受失去母亲的折磨。“就是在几年前，我都没觉得我是真的失去母亲了，”她说，“在我的脑海中，我宁愿这样想：‘对一个3岁的小女孩来说，没有母亲真是太可怕了。就是那边的那个小孩，但肯定不是我。’我根本不能联想到我自己，那是别人的痛苦。与此同时，在9岁或是10岁之前，我都没有提起过自己的母亲，因为我的情感严重阻塞了。我想这是情感诉求长期受到压抑的结果。”

如特里西娅童年的经历一样，“我很好，你也很好类型的父亲”无情地向前推进感情，以此作为防御情感痛苦和避免孩子们悲伤的手段，他常常会很快再婚将自己处于全新的关系当中。52%的鳏夫在妻子去世后18个月内再次步入婚姻，不过据估计半数以上的这些速成婚姻最终以分居或者离婚收场。

特里西娅的父亲在其母亲去世2年内就再婚了，他新的妻子与其说是替身不如说是替补——代替那5个孩子还都记得和想念的母亲。“他再婚娶了玛丽安娜，就好像告诉我们‘这是你们的新母亲’，”特里西娅回忆道，“这使得我长大时在心理上非常困惑，我知道我有生母，她是和继母完全不同的人，没有人愿意提起她，我却要称呼继母‘母亲’。好像所有人都在演戏，所有人都无所谓。最后我非常怨恨我的继母，我需要母亲却不想要继母，但因她的母亲形象，导致我总挑刺儿，所以家里后来发生什么错事我都归罪于她。”

因为孩子通常都要模仿最有权威的家庭成员在失去亲人后的反应，所以有这类父亲的孩子也努力证明自己也和父亲一样坚强，没有一点儿悲伤。母亲去世时，特里西娅及其哥哥姐姐的年龄从 3 岁到 16 岁都有，当他们将困惑与悲伤付诸行动的时候，很明显地就事与愿违了。大姐才 16 岁就怀孕生子了；同母亲关系特别亲近的大哥进入强烈的叛逆期，最后竟然离家出走就此消失。整个家庭陷入松散的状态，家庭成员互相孤立，而每年家庭团聚的圣诞节气氛都无比的紧张与尴尬。

由于没有家庭的情感支持，在整个童年期和青春期特里西娅无法同父亲或是继母在任何意义层面上沟通，她成了一名“地球流浪者”。在回美国定居之前，她去过英国、中国和日本。“我总是处于防守状态，就好像没有人会在那里，根本没有人会支持我似的，”她解释说，“而且我总觉得我比常人的需求要高。最近我意识到原因了，我感情匮乏。这对我维护人际关系有很不好的影响，尤其在同男人约会的时候。因为我要找的是位强悍的家长式的人物，如果没找到，我就咬牙切齿、怨恨不已。”

特里西娅以父亲处理悲伤方式为榜样已有 20 多年了，她总是想把失去推回过去，否认失去亲人对自己有着长时间的持续影响。但是当她男友两年前因车祸去世后，她发现自己再也无法压抑心底的悲伤。现在她已经开始悼念母亲的死亡，她说已经开始称呼继母‘玛丽安娜’而不是‘母亲’，而且当面告诉父亲自己的感受。“当我为男友的死伤心欲绝的时候，我跑回父亲家。有天晚上我带他出来，说：‘我在这儿，我之所以在这儿是因为我太伤心了。我要坐在这里，让自己伤心地哭一哭。’我还说：‘你知道，我之所以哭更多的是因为母亲的死。那件事对我影响很大，不管这个家里其他人怎么想，母亲的死令我非常伤心。’”她回忆道。那一时刻是她同父亲关系缓和的转折点。特里西娅说：“很具有讽刺意味吧，因为现在我是唯一见过他流泪的孩子，我是他唯一感觉安全、可以共同哭泣的人。”她说，她和父亲现在正在尝试打破那么多年的沉默，修补两人的关系。

无助的父亲

俄狄浦斯（Oedipus）发现自己弑父娶母后，就刺瞎了双眼、自我流放了，他的女儿安提戈涅（Antigone）成为他的眼睛和向导，他们两个一起在底比斯城流浪，饥饿难当、赤着双足。安提戈涅就是一位典型的“无助的父亲”的女儿，她虔诚、顺从而且没有母亲——她的母亲乔卡斯塔（Jocasta）在得知丈夫其实是自己的儿子后自杀了。如果她能活到成年，无疑会受到这一厢情愿的服从的影响。

所幸，如今很少会发生史诗中这样的悲剧，现在母亲去世后父亲感觉无助通常是因为其长期的悲伤、毒瘾或是没有女人的照顾就无法生活。干好工作、独自抚养孩子以及维持这个家，这些重担都能将父亲推向无能的顶点。黛蕾丝·兰多说：“我有一个男同事的妻子刚刚因车祸去世了，他的妻子同许多女人一样非常能干，所有的账单都是她付，家里所有事情都是她拿主意。这个男人对杂货店一无所知，也不知道税单在哪。他真的很依赖他的妻子。在很多案例中，如果男人去世，女人仍然知道怎么维持这个家，因为她在这方面经验丰富。虽然父亲的死亡意味家庭收入的减少，但是如果母亲对于日常事务非常熟悉，孩子们就能很快适应失去亲人之后的生活。而很多时候，孩子失去的亲人恰恰就是母亲。”

当父亲饱受长期的丧亲之痛进入无助状态，他的悲伤永无止境的时候，他则会陷入极度绝望、冷漠或是抑郁。他将不修边幅，听任家里的境况严重恶化，在情感上和身体上忽略自己的孩子。虽然家里只死去一位亲人，孩子们却感觉好像是无父无母了。

那么，这时候谁能把家人团聚起来，重新撑起这个家呢？通常就是女儿。丹尼丝和简就是这种情况，她们在去年第一次见面，是在这本书的一次非正式讨论会上认识的。她们在我家客厅一边品尝酒和奶酪，一边讨论，发现自己的父亲都属于失去亲人后调整困难的类型，而且都期望女儿成为家里的管理者。

丹尼丝今年 35 岁，她形容自己的父亲是“敏感、讨人喜欢、孩子气，但是高度逃避型的男人”，母亲死后他完全崩溃了。虽然丹尼丝当时只有 12 岁，但是她很快意识到她是家里唯一能挑起大梁、照顾两个年幼妹妹（其中一个妹妹在母亲死后不久患上了严重的神经性厌食症）的人了。“支持父亲”成为丹尼丝最初的以及最重要的同男性的关系，这深深地影响了她现在处理爱情关系的标准。

> 当父亲接到医院的通知电话，他丢下听筒，失声痛哭。我就站在那里浑身发冷，我想总得有人和医生通话啊，于是我拿起了电话。从那一刻起，我变成一个没有任何感觉的人，我的存在就是为了照顾好那些重要人物的身体。母亲早就提前训练我要成为家庭的殉道者了。从很小开始，她就通过赞美使我觉得自己为家人付出是很值得的，所以她死后，我很自然地接替了她的角色。我认为自己很特殊，因为自己很能干，才不像那些只想要得到别人的关注和爱护的可怜人。这么多年我都是这么过来的，其实内心很为自己不得不承担这样的责任而恼怒。
>
> 父亲对我承担起他妻子的责任来照顾他、像母亲一样照顾妹妹没有任何异议，所以我根本就没有青春期。没有男孩子追求我，更没有两性关系的体验。我从不化妆，没

> 穿过裙子。但是我一直有一个美好的、刻骨铭心的爱情梦想，我幻想着有位英雄把我从马背上抱下来。现在我梦想着有个比我壮、比我强大的人来保护我，因为我知道自己很强势。我父亲是个软弱的人，以致我无法想象自己会被男人恐吓或是被男人照顾。我本身就不怎么讨男人喜欢，很小的时候我就知道天父的脚是泥土做的。现在我和父亲相处融洽，但我认为他还是家里那个喜欢抱怨和哭泣的男人。现在我一听到有人又要给我介绍一个爱哭的敏感男人，就会想："天啊，我就是跟这样的人一起长大的。你还是自己留着吧。"

由于被过早地推进成年期，并且一直被寄予期望去满足除自己之外的所有人的需要，丹尼丝成长为一位超级能干、极度独立的女性，她说自己成年后最大的挑战就是要学会如何依靠别人。"我仍在努力学习如何在工作中给别人委派任务，"她说，"我同男友的关系很近，我还不太适应他对我的支持方式。如果我集中精力照顾某个人，他应当马上依赖我，但男友不是这样的，我还不太习惯。"在无助的父亲的家庭生活了 7 年以后，她仍然在寻觅能够符合她标准的亲密爱人。

专心听丹尼丝讲述自己的故事之后，38 岁的简终于有机会开口了。简的母亲酗酒，死于卵巢癌，那时她才 13 岁。从那时起她就成了父亲唯一的情感支撑，直到 4 年前父亲去世。现在，虽然简非常渴望自己是两性关系中被关爱的对象，却很害怕去信赖某个人。"懦弱的人或是类似的人总是会被我所吸引，"她说，"但是我从来没有受到过母亲似的关爱，而且我也没有孩子。我想对一些男人说：'你想找个母亲似的女人来爱你？去你的吧，我不想做任何人的母亲。'我发现好多人都想要找个母亲，但是我希望他们做我的父亲。我希望有人回到家后能来照顾我。”与寻找她们能关爱的爱人或是丈夫相反（尽管那并没有发生），过早承担家长责任的女性常常希望她们成年后的伴侣或是自己的孩子能来照顾她们。

疏远女儿的父亲

25 岁的龙妮形容自己“极端独立，比我所知道的多数妇女都要顽强”。龙妮的母亲在她 15 岁时去世了，留下她和经常同她打架的 17 岁的姐姐，还有她一点儿都不了解的父亲。所有这些造就了她现在的性格。母亲是她的主要抚养人，母亲死后，父亲继续维持已经在他同女儿之间存在的感情鸿沟。

龙妮说：“父亲是我们家的假老板，母亲让他感觉自己是家里的老大，实际上每个人都知道说了算的是母亲，所以母亲死后，父亲就没了主意。我认为他有点儿怕我们。我们是母亲一手带大的，父亲只负责挣钱养家。所以母亲死后，他就会说‘好吧，这是我的支票本，你们需要什么就填张支票吧’。”

龙妮的父亲是一位“疏远女儿的父亲”——从女儿出生起就没有插手过她的生活，而妻子死后就表现得更加退缩了。父亲对女儿的疏远可能是心理上的或是感情上的退缩，也有身体上的，比如离异或是外出。这种疏远常常是在女儿青春期时加剧，尤其是当父亲对于抚养女儿感觉自己很无能、有些恐惧的时候。与此同时，女儿此时也知道自己同父亲的性别差异，会惊慌逃避。青春期对于父亲和女儿而言都是非常微妙的，独自带着年轻女孩的父亲会说那些年真不知道是怎么过的。

在失去母亲后不久，父亲就搬出家，留下十几岁的孩子们自力更生。龙妮家就是如此，母亲死后不到两年，父亲就接受升职搬到中西部去了。姐妹俩被留在东海岸的家里和管家生活在一起，而父亲在密歇根又买了房子。起初他还每周末回来看看，后来就是一个月两次，再后来就只是假期才回来。“当时，我表示非常理解他，”龙妮说，“我想要所有人都知道我很成熟，能够自立，但是潜意识里，我对他离开我的行为很是怨恨。大概5年后，当我大学毕业不再依靠他的时候，所有的愤怒都爆发了，我8个月都不和他说话。就是那么生气。”

十几岁的龙妮和姐姐独自在家的时候，夜夜狂欢、挥霍无度。经济上的支持是父亲和她们的唯一纽带。“那就是他的爱——支票本，”龙妮解释说，“他知道用支票表示他的关心，而我和姐姐就是利用了这一点。我们俩一个星期居然能买200美元吃的，即便是那样，他也丝毫没有抱怨。”那些年的生活扭曲了龙妮对金钱和爱的理解，如今她也还是有一些困惑。每当龙妮感到悲伤或是郁闷的时候，她的第一冲动就是要去给自己买一个礼物——那是父亲在她十几岁时哄她开心的惯用伎俩。

当龙妮和姐姐不断狂欢或是大把地花钱去请管家、买化妆品和衣服的时候，她们真正的目的其实是想要唤醒父亲的反应——任何反应，只要能够阻止父亲快速地从自己生活中消失。其他女性也和我说过类似的故事：她们在厨房里吸烟、和男友幽会而父亲就在隔壁房间看电视……所有这些铤而走险的举动都是想要迫使父亲注意自己、监管自己。

被父亲疏远的女儿认为任何注意，甚至愤怒，都是父亲关心自己的证据。她要么做个乖乖女使得父亲不得不注意到自己，要么就做个坏女孩迫使父亲不敢忽视她。女儿知道，努力做个好女孩，父亲可能就是笑一笑，拍拍她的头。如果没有其他需要父亲维持家庭安定的原因，如果自己惹点儿麻烦，父亲会马上付诸行动。所以失去母亲的女儿会招惹父亲，试图引起他的反应。根据她的“22条军规”，她真正希望获得的是关心和温暖，但是通过破坏性行为却总是得不到。相反，她得到的是愤怒和冲突。在首次冲击成功之后，失望导致她认为自己很没用，随后就是怨恨和破碎的自尊。

“我发誓就是想让父亲认可我，”33 岁的杰基说，她 13 岁时母亲去世，“但是两年来我只在学校收到过他的便条，晚上我宵禁的时候他就外出过夜，我最后意识到他从来就没想过要和我交流。他是怎么想的呢？如果他忽视我，为什么又不消失呢？我被关注的需要并没有消失。最后的结果就是，我终于放弃了，转而从其他男性那里获得对我的关注。大学时期我的男女关系很混乱，而且我还因为献媚男性上司得罪了女老板，丢了第一份工作。我生活的中心议题是努力让男人们注意到我。”

1983 年的一项研究调查了 72 位在校大学生，考查父亲权威对女儿的意义（父亲权威的程度以及是否建立了恰当的规则），正如这项研究所预测的那样，研究发现，获得父亲的支持、关爱程度高的女儿将来最有可能成为具有安全感、容易满足的女人，成长过程也会很顺利。然而，在疏远女儿的父亲所经营的家庭中，规则和禁令常常是含混不清的，甚至有时根本就没有。龙妮很庆幸自己上的是有着严格制度的教区高中，家庭的混乱由此得到补偿。“如果不是白天在女校还有些权威人物，我现在肯定会惹很多麻烦，”她解释道，“她们是我自我控制的榜样。”

同许多被父亲疏远的女儿一样，龙妮有着强烈的独立感。当她们的极度胜任能力得到了发展，她们就会受到鼓励，承担周围的责任，于是她们就会在情感上更加独立。作为成年人，她在依靠别人的问题上很小心谨慎，感觉身体上被一个亲人抛弃了，而情感上却也被另一个所抛弃了。因而和她走得很近的人非常少。“远离人群、冷漠，人们有时这样形容我。”龙妮承认，她的声音带着一点儿悲伤或者是认同的表现。“只有面对完全合得来的人我才能打开心扉。我非常害怕被人抛弃。”

疏远女儿的父亲在母亲死后无法给予她们情感上的支持并不是

因为他没有能力关心她，而是没有能力表示自己的关心。父亲总说他们已经尽力了，所以女儿能理解他们并降低自己的期望，弥补一些曾经的父女之间的伤害。事实的确如此，但是这并不能抹去情感支持的缺乏，也不能魔法般地将“他们已经做到最好”变成“足够好”。疏远女儿的父亲必须学会照顾自己或是通过其他途径寻求爱护。龙妮说：“几年前我父亲去治疗了，他决定补偿我那些年的孤独，重新做个好父亲。我不得不跟他说‘太晚了，我已经长大了’。”同许多有位疏远女儿的父亲的其他女儿一样，龙妮非常善于照顾自己，她不愿让其他人（尤其是从前令她失望的人）试着关注自己。

英雄式的父亲

萨曼莎的父亲有份全职工作，他照料整个家，还要满足 5 个孩子情感和身体的需求。他就是“英雄式的父亲”。女儿们认为今天的安全感和情感力量都要归功于父亲。

32 岁的萨曼莎说他们家的成员之间的关系一直很亲密。在她 14 岁时母亲去世后，父亲继续维持甚至加深了他与 4 个女儿和 1 个儿子的关系。

> 母亲活着的时候，只要父亲下班进了家门口，就和我们在一起。我们跟他汇报当天发生的事情，他换好衣服以后，我们就一起坐下吃饭。我们一直聊天，他辅导我们做功课或是和我们一起出去打球。所以母亲去世时，他有一个很好的起点来做个好父亲，而他也非常努力地维持我们家的正常运转。他认为他答应了母亲好好照顾我们就要一生信守承诺。所以我们很幸运，我们还有一位亲人，他用双倍的精力维护我们的家庭、让我们开心。

> 整个青春期，我都感觉很安全。因为我们有父亲在，他总是让我们很有安全感，比如“一切都会好起来的！这环境不错，值得信任，你会大有作为的”。他倒不是说得这么直白，但是话里面就是这个意思，所以我一直能坦然面对生活。我想那就是我现在内心特别安定的原因。并不是说我不需要学习或是探索成长的道路，而是因为我的心理非常健康，能坦然面对每一天。

英雄式的父亲在妻子在世时通常都会承担抚养孩子以及部分家务的责任，并且在母亲去世后同孩子们保持温暖、爱护的亲密关系。母亲去世后，他能够恰当地选择悼念形式，为孩子们提供一个安全的平台去讨论自己的感受，并且公平地分配角色，承担他应当承担的责任并让孩子们合理分担其他的责任。多数形容自己的父亲是英雄式父亲的女儿家里都有好几个孩子，兄弟姐妹在父亲负担过重或是快被压垮时都能贡献自己的力量。这是英雄式父亲家庭的一个重要特征。如果女儿能让父亲和其他可依赖的家庭成员分别承担她的需求的话，她对父亲就不会再有不切实际的过高期望，父亲令她失望的概率也就大幅减少了。

英雄式的父亲并非完人，有时也会沮丧或心存疑虑，但他是相当自控的家长。虽然自己也很悲伤，但是他尽量为孩子们维持一个安全、积极向上的环境，女儿失去母亲的打击能在此逐渐平复，帮助她继续发展自信与自尊。出于以上原因，他的身体状况对女儿而言尤为重要。父亲软弱或是疏远自己的女儿常常不得不收起自己的依赖需求或是要面对失望，而有着英雄式父亲的女儿则有一位完全可以依赖的父亲。即使已经成年，她还是常常继续在情感上依赖他的支持。尽管在面对英雄式父亲的死亡时，女儿不会有折磨其他女儿的那种憎恶感和罪恶感，但是失去父亲使她真正第一次感到孤独——有着其他类型父亲的女儿说只有在母亲去世后她们才会有这种感觉。

32岁的金在我们两个小时的采访中一谈到父亲几年前患癌症去世就哭了起来。母亲去世时她刚刚两岁，之后她和哥哥姐姐还有她形容“令人敬畏的、宽容的、棒极了的”父亲生活在一起。尽管父亲再婚了3次，金说她从未感觉自己被取代或是被忽视过。

> 我和父亲非常亲密，你知道吗？一谈起父亲我就会哭。他是个非常好的人。我是说，我是家里最小的孩子，那时他就对我特别宽容。他不爱说话、很有耐心，是个好男人的典范。十几岁时我真是个疯丫头，但是我知道有些东西我不能碰，害人匪浅，比如说我会吃避孕药，有些毒品从来不碰。我是个非常敏感的孩子，我非常感谢父亲对我的宽容呵护。他很了解我，他会跟我说“千万别大着肚子回家”或是其他类似的话。他是做人的模范，是个好公民，他从不偷税漏税。他信任我，我信任他。每个人都爱他。当他去世的时候，我们都说：“我们不能没有他。”

金感谢父亲这个童年时期唯一的家长帮助自己获得感情的稳定性，那是自己今天能拥有美满幸福的婚姻的关键。

同金一样，22岁的克里斯汀赞赏她英雄式的父亲和英雄式的继父。他们帮助她悼念了5年前去世的母亲，并且给予她直到今天都能得以依赖的情感基础。即便如此，她知道自己英雄式的父亲也有局限之处。最近她得了妇科病，马上就得去看医生，需要经济上和情感上的支持。她向两位父亲求助。“当他们知道我已经去看了妇科医生，他们的反应都是：‘已经控制住了？太好了！’他们不想就我的病再多谈，他们只要确认我还很好就行了，”她说这话时声音很低，眼睑低垂，“虽然作为父亲他们很棒，但他们还是不能百分百地理解我。”

尽管有很多优点，英雄式的父亲还是不能完全取代细心的、照顾她们的母亲。在他努力做一个好父亲的同时，他在子女身上倾注了太多的时间和精力，这很冒险。当他开始约会或是在家庭以外追求自己的兴趣爱好的时候，会不可避免地引发家庭冲突。

父亲的其他女人

让我们想象母亲去世后相处融洽的父女形象：父亲和孩子共同悼念母亲的去世，整个家庭逐渐调整到新的结构。女儿仍旧很想念母亲，但是她相信父亲能满足自己的大部分需求，还是感觉很安全的。季节变换，也许变换了两次。有一天晚上门铃响了，父亲到女儿的游戏室说：“孩子们，我想给你们介绍一下马乔里（或是安吉，或是桑迪，或是苏）。”

35 岁的科琳娜至今还记得 24 年前那个晚上的每个细节。当时她 11 岁，父亲在母亲去世 8 个月后开始约会，但是她拒绝向父亲的女友问好。

> 她走了进来，我赶紧转身朝另一个方向跑了。父亲有一天把哥哥和我召集到一起问我们是否同意他约会。“他一定在开玩笑吧。约会？我父亲？”我猜可能因为我什么都没说，他就以为我同意了。那个女人走了进来，我可不想和她有任何联系。他很生气，为这个我们争吵了好多次。他们只约会了 6 个月就分手了，好像是女方提出来的。我知道自己对她很过分，可能这也正是她提出分手的原因吧。我想父亲知道我为什么要表现得那么令人生厌、调皮捣蛋，我也知道过了很长的时间他才原谅我。

面对父亲开始约会，女儿的心理需要有一次重大调整。父亲不再属于她一个人，现在是要与人分享的了。如果女儿还没有准备好接纳新的成年女性，那么父女关系就要受到很大的影响。在本书所调查的女性中，那些父亲在母亲去世后很快就再婚的女儿同父亲的关系会出现长期问题：父亲在母亲死后不到一年就再婚的女性中有76%形容她们目前同父亲的关系“很不好”，而只有9%的人说目前同父亲的关系“很好”。

26岁的奥德丽还记得母亲自杀6个月后父亲就宣布他要结婚了，那简直是当头一棒。作为家中的独生女，奥德丽已经习惯于接受双亲从不间断的关注，而在母亲死后，她暗地里甚至希望父亲能够在她身上投入双倍的时间。

“15岁时我就非常叛逆，”奥德丽说，“我不接受父亲和另一个女人在一起，而且她有两个孩子。我想：‘那个出现在父亲生活中还带着两个拖油瓶的女人以为她是谁？难道她还想成为我生活的一部分？’在我离开家上大学之前，我令她的处境很艰难。现在，我认为她就是父亲的妻子，只要她不试图做我母亲，我们还是可以和平共处的。她是那种想把一家人都团聚在一起的人，我很欣赏这一点，我同父亲的关系还是一团糟。我需要他陪我度过母亲去世的最初几个月，他却天天出去和城里离异的女人喝酒、吃饭。我还在为这个生他的气，直到现在，我也不愿意和他一起共进午餐。”

奥德丽说她对父亲的怨恨更多的是因为他对母亲自杀的事绝口不谈。作为独生女，母亲几次抑郁症发作时都是奥德丽照顾的。母亲死后，她感觉母亲背叛了自己、抛弃了自己。她需要对这些加以确认，父亲却绝口不谈。他的解决方式是去约会，尽快再婚。同许多其他失去母亲的女儿一样，奥德丽认为父亲的行为是对母亲的背叛，而且认为她自己作为唯一同她有联系的人，她感觉很骄傲。

娜奥米·洛温斯基指出灰姑娘的故事就是这一冲突的写照。在 17 世纪法国作家夏尔·佩罗的版本中，灰姑娘让父亲从城里给她带树苗回来，种在了母亲的墓前，后来树苗长成了小树，用母亲的声音同她说话。“所以女儿还是同亲生母亲保持着联系，父亲已经抛弃她同一个相当坏的女巫结了婚，”洛温斯基博士解释说，“那对小女孩来说是一个非常沉重的负担。你知道她对父亲的这种做法多么愤怒，而且有可能会把他归于坏父亲行列，因为他的再婚不仅仅是抛弃了她，还抛弃了她的母亲。”

年长些的女儿通常对成为鳏夫的父亲抱有同情，她们不像小孩子那样自私，能够理解父亲对家庭以外的情感的需要。即便如此，同另一个女人组建新家庭对她们而言起初也是很难接受的，要是这发生在她们开始悼念自己的生母之前，她们就更难接受了。

母亲两年前病逝的时候，塞茜尔和贝丝分别是 29 岁和 26 岁。在母亲葬礼后的第 5 个星期，父亲告诉她们他遇到了另一个女人。这使得她们感到无比愤怒和受挫。“我马上就不再伤心了，转而是愤怒和憎恨，”现在 28 岁的贝丝说，“我真是那样想的，感觉自己很不幸。我都着魔了。”

“她是那样的，”塞茜尔赞同道，“但是我认为她有权利这么做。我父亲对母亲的死好像漠不关心。只要晚上就他一个人，他就出去约会，然后就和这个女人在一起了。今天看来她人还不错，但是父亲猛然把她推到我们面前，我们很讨厌这样。我们说：‘我们刚刚失去了母亲。你说从她生病起你就开始悲伤，已经有两年了。但是现在是为她的逝去而悲伤的时候，你不能不给我们这个机会。’”

姐妹俩认为，在她们需要依靠这个曾经熟悉的紧密相连的家庭的时候，父亲抛弃了她们。她们也都承认自己感觉很矛盾：她们希望父亲幸福，但是又觉得母亲也值得尊重。最后，她们选择同母亲站在一起。

塞西尔解释说："那并不只是因为他出去约会了，而是因为在我们还没有准备好的时候，他就强迫我们接受他的再婚。母亲去世后3个月，他说他爱上了那个女人而且计划要和她结婚。只有3个月而已啊。"

接下来的几个月，由于姐妹俩对父亲的行为很愤怒，害怕父亲因为自己的新未婚妻而抛弃她们而陷入焦虑。回忆起这些，贝丝揉了揉眼睛，她说："我们就是这么想的，我对自己的父亲说出了我对别人都说不出口的话，比如'我下车了。我再也不想看见你了。我恨你'。他哭了，但是他一意孤行，坚持那样做。"

当父亲再次提出要再婚的时候，姐妹俩妥协了：她们请求父亲至少等母亲去世一周年以后再结婚，他同意了。他们的关系开始慢慢缓和。当姐妹俩认识到她们的父亲愿意首先考虑自己最初的家庭的时候，她们开始重新信任和尊敬父亲。那一年给她们时间以调整母亲的缺席带来的变化，并能逐渐接受父亲的家中出现另一个女人。她们知道他并非有意要抛弃自己的女儿。

塞西尔说："他的选择很重要，他把贝丝和我放在了第一位。直到今天，他也是如此。他已经和妻子开始新生活，不再和我们一起了。而继母也成为我们的好朋友，她的两个孩子人也不错。一旦我们不再认为自己受到威胁，还是能像你期望的那样接受父亲的再婚的。只是别逼我们做自己不愿意做的事情。"

贝丝笑了，她说："我甚至记不清从什么时候开始重新喜欢父亲了。现在，我希望他再婚后的生活有所不同，他真的很开心。他对待他的新妻子像对我母亲一样好，但还是有限的。我能看出不同来。"对这一点，姐妹俩都表示赞同，父母表现出了对母亲和他们原先家庭的尊重。她们认为父亲理应这样。

乱伦禁忌

> 母亲去世后一个月吧，父亲开始酗酒。房子里一切都不太正常，我感到很害怕。我记得当时就很害怕受到性侵犯。我不知道是什么原因导致我这样想，可能因为他是个醉鬼吧。我记得有一天晚上他喝得烂醉，我把卧室的门都堵上了。可能因为我 5 岁时在走廊被一个醉鬼骚扰过，所以才会有这种联想。我不知道是否还有其他事情。我在等待，就像奥普拉·温弗瑞（Oprah Winfrey）和她的嘉宾，等着回忆的到来。
>
> ——丽塔，43 岁，母亲去世时她 15 岁，是家中唯一的女儿

在双亲家庭，母亲的存在以及父亲的良知抑制了父亲对女儿的性冲动。尽管父亲与女儿有那么一点儿相互吸引是很正常的，正如维多利亚·塞昆德在《女人和他们的父亲》（*Women and Their Fathers*）一书中所述，乱伦禁忌在许多男人心中根深蒂固，他们都对女儿有过幻想，只是不提罢了。这种感觉是潜意识的，所以导致父亲面对青春期前的女儿都要稍有回避。女儿常常认为这种回避是一种拒绝，这加重了她们青春期的尴尬和被孤立感。

母亲既是性伴侣也是家庭的女性保护者，在多数家庭里，她是父亲与女儿之间象征性的屏障。当母亲去世后，父亲与女儿之间就失去了天然缓冲带。当女儿性欲萌发，如果没有继母或是女友存在，知道父亲作为成年人是单独睡的时候，她很快就能感知父亲作为一个男人的需要。虽然相信做父亲的本能使得他不会闯入卧室，但是女儿还是会为潜在的性侵犯感到害怕。尤其是女儿承担了母亲的多数角色、家长与孩子的防线放松的时候，父亲和女儿都会很困惑，从而回避或是拒绝。

“我经常听到女性说，当她们的母亲不在场的时候，她们和父亲相处会感到不安全。”加利福尼亚州密尔古的一位治疗师，科琳·罗素说。10年以来，她带领一个小组为失去母亲的女孩儿们提供支持。“即使没有任何性行为，仍有一种与性有关的气氛令人害怕并感到难以预测。女儿让父亲想起他的妻子，而且很多时候女儿成了他对妻子的愤怒的替罪羊。”

丹尼丝的母亲在她12岁的时候去世了。当丹尼丝逐渐进入青春期，她开始感到乱伦禁忌的威胁。她回忆说：“我父亲非常不负责任，我们家的规则是‘他是孩子，他自己不能帮助自己，他对任何事都很不负责任’。所以我感觉好像我有责任保护父亲远离对我和妹妹的性冲动。就我的情况而言，我是假想者，因为我当时是青春期能够感知这种冲动，而且在家里我就是母亲的角色，是我做饭，是我做家务。我想在某种程度上，我想要我父亲，我恨他不肯和我在一起。当然，我宁死也不会这么干的，但是现在不大声说出来我就太难过了，要是当时我真那么干了，我就得割腕自杀。”

有这种想法的女儿通常都有一位“性感父亲”，女儿周遭都是性暗示或是对待女儿就好像辛娜·哈默（Signe Hammer）所说的“代理女神”，是对神圣的死去的妻子的替代形象。尽管并没有发生什么，女儿却会有恐惧感并感到受伤害。

“从某种层面上说，小女孩会感觉她就是父亲在情感或身体上的妻子，”娜奥米·洛温斯基解释说，“或者父亲假想小女孩就是妻子，家庭的女性责任都落到了还没有准备好承受这一切的孩子的身上。”如果乱伦真的发生了，这将扰乱女孩对性的认识，阻碍她正常的发展过程，令她日后同男性的交往变得非常复杂。她被迫成熟，成为女人，而实际上却还是个孩子。

简·斯迈利（Jane Smiley）的普利策获奖小说《一千英亩》（*A Thousand Acres*）说的就是一个失去母亲的女儿成为乱伦的牺牲者：

贾妮·史密斯是一个艾奥瓦州普通家庭的二女儿，母亲去世时她正值青春期，长大后对性和婚姻非常矛盾。随着小说情节的推进，她开始想起十几岁时父亲上过她的床，她拼命反抗。这一切使得她的情感陷入混乱，最终促使她远离婚姻、家庭和家乡，重新探寻生命的回归。

怨恨之外与过去的责备

> 求：女性同住者……必须喜欢孩子。可以尽享宽阔的带游泳池的现代豪宅。您将和一个失去母亲的家庭同住——一个父亲和两个女儿。两个女孩希望能有个新“母亲”，尤其是 12 岁的那个，另一个孩子 16 岁。
>
> ——一位父亲在《山谷倡议报》（*The Vally Advocate*）上刊登的广告

> 我妻子最近被诊断为乳腺癌晚期。我最关心的就是我充满活力和希望、天真的 17 岁女儿怎么面对这突如其来、毁灭性的灾难呢？我怎样才能帮助她接受母亲的死亡呢？
>
> ——一位父亲的来信

如果说父亲不关心失去母亲的女儿，那绝对是不公平的，也是不真实的。他们知道爱需要更多的表达，而不仅仅是给支票就可以了，但是他们也知道美国社会中男性表达情感的底线，让他们表示出悲伤并不容易。正如黛蕾丝·兰多所说，男性更倾向于自己暗自承受痛苦，女性则要释放出来。当女儿需要安慰，而父亲需要回避的时候，双方都不会令对方满意。

“他是家长，他应当照顾我。”失去母亲的女性坚持着。这是由于父亲不能满足自己的需求而感受的像孤儿一样的悲痛。我们都受到社会思维的局限，身处家庭与社会的交叉点，知道父母的含义。对于父亲和母亲各自应当承担的责任心知肚明。当母亲去世，孩子通常会将所有的关爱的期盼转嫁到父亲身上，尽管很多父亲自己还照顾不好自己。

马克辛·哈里斯解释说，尚在人世的家长在成长的孩子的生活中假设一种夸张的声望。“仅存的家长背负着孩子的期望和幻想，”她写道，“不再无忧无虑地只是一个家长，还活着的家长必须是一个‘完美的家长’，这对于没有母亲的女儿来说就意味着父亲、母亲、保护者、养育者、冠军、安全网、楷模以及供养者等所有的角色融合为一。”

许多年以来，我对于我的父亲期望太高了。我记得和我妹妹在一次电话通话中我说了一些细枝末节的事情向她抱怨父亲。她在电话里说：“你知道问题的症结是什么吗？你想要他变成母亲，而他不可能变成一个母亲。”

她说的有道理——证据确凿、非常精确、一语中的。我知道自己失望是因为总是觉得自己想要得到的东西总是得不到。我知道父亲也是有人性限制的，却不愿意接受他的这一点。

我总是期望父亲能做得更好，我仍旧坚持我们家父母般的养育之情并没有随母亲的逝去而消失殆尽，事实上，那还是存在的。曾经我梦想父亲就是那个强壮、果断、永远给我提供感情支持的保护者，能够帮我解决一切问题，但是现在我放弃了这种想法。现在该是我放弃自己做女儿的需求的时候了，因为我已经是成年人了。

我知道当一位亲人死去，而另一位却退缩不前时，我在心里总感觉自己没有价值、无法再得到别人的爱。当我遇到另一位和我有着一样感受的女性，我们俩就像触电了一样，享受着找到知音的瞬间愉悦。我们都知道对方的秘密，分享着对方的恐惧。但是谈到自己的父亲时我们很小心，压低了声音，好像同我们生命中的第一个男人的困难关系击垮了我们的自信，以至于我们都不敢自信或大声地加以讨论。

父亲和我的关系一直不是很好。我们长得不像，没有共同的兴奋点，梦想也大相径庭。有时，好像我们就是用同一个姓，对几十年前死去的那个女人有着共同的回忆。然后我的孩子们出生了，他对我的孩子们的兴趣和爱创造出了我和他之间的共同之处。有的时候，看着孩子们和他在一起，他显露出有趣、好奇、快乐的一面，这对我来说真不好受，如果说我还算有童年，这是我在童年从没看到过的一面。不过大多数时候，我会坐在一旁，紧闭嘴唇，让他们认识彼此，不让过去掺和进来。我和他之间的问题是我的问题，不是孩子们的问题。

直到最后，我的父亲和我试着尽力建立起良好的关系。在他去世之前的几个星期，我从加利福尼亚的家飞到他在纽约郊区的家里。我和兄弟姐妹们需要知道他想要如何安排葬礼，但是我们都不想开口问他。那次轮到我去看他了，我自告奋勇担起了这个任务。

那是 12 月初，我的父亲已经卧床一星期还是两星期了，临终关怀院的义工和一个尽心尽责的全职助手轮流来照看他。在我到达之后第二天，我拿了一张椅子靠近他的床边。我拿起他的手，虽然他的体重骤降，但手仍是肉乎乎的。我把他的手握在我的两手之间。

“我们还有些时间，”我告诉他，“但是现在我真的需要问你一些事情。如果你不想说，那么我们就不说，不过如果你能试着面对，会很有帮助。”这番话是我的一个做社会工作者的朋友苏姗帮我准备的。目前为止，我觉得进行得还挺顺利。

“好吧，”他说，“你讲吧。”

“有什么你想要我帮你料理的事情吗？你想要我为你做什么安排吗？”

他感到有些好笑，摇了摇头，好像对我的问题颇为吃惊。“财产的事情都处理好了，我立了一份遗嘱，”他说，“一切都安排好了。”

“安葬的事情呢？你想要和妈妈合葬在一起吗？”

“当然。”他说。

这次谈话进展顺利。事实上，这也太顺利，太过冷淡。我已经得到了我需要的回答，但是我还想要更多，要一些实质的东西，真该死。以后我可能再也没有机会了。想到这里，我的情绪涌动起来。

“我会想念你的，”我告诉他，“我会非常想念你。”眼泪和鼻涕涌了出来，但是我手边没有纸巾。我问道：“趁现在还有时间，你有什么想要对我说的吗？有什么你想要让我知道的吗？”

他抿了抿嘴唇，眼珠向上转了转，看得出他在思考，然后他摇了摇头。没有。

我们一起安安静静地坐了一会儿。“你害怕吗？”我禁不住问他。

“不。”他说，比我想的更加理应如此。他把下巴指向照片，那是外孙和外孙女们贴在墙上的镜子上的照片。“那是唯一让我难过的部分。”他说。

两星期之后，他离开了。在即将破晓的时候他安详离世，我的姐姐陪在一旁。我一直希望我的母亲也能这样离世。在我母亲最后的那段时间中，她拒绝相信她的生命就要走到尽头，她被自己的疾病的严重性打得措手不及。在我父亲最后的日子里，他用勇气、尊严和我从未见过的内在力量面对他生命的尽头。这让我猜测他是否有其他不为人知的秘密，是否还会展现出其他能力。我意识到我还有很多没从他身上学到的东西。那天，那个回答不是我在寻找的答案，但是我想随着时间推移，那个回答最后正是我所需要的回答。

⋮第 6 章⋮

兄妹或姐弟之间，姐妹之间

兄弟姐妹的联系（以及不再联系）

我搬回纽约两个月后，妹妹移居到洛杉矶了，这原本不在计划之内。就我是否愿意结束将近 10 年的在曼哈顿飘忽不定的生活这个问题，我们已经讨论了数月。我计划搬回纽约，然后我们可以相距 20 个街区，享受姐妹同聚之乐。但是我搬过来六个星期后，米歇尔给我打电话说在洛杉矶有个工作机会，她飞去面试了，对方希望她马上过去工作。对她而言，这当然是不能错过的机遇。没过 3 个星期她就搬走了。

我当时很难过（被抛弃的标志又亮起来了），但是我并不对此感到惊讶。自打我弟弟格伦上了大学，米歇尔就搬到曼哈顿了。这是一个无言的调换，那就是父亲身边至少留下一个人（为了防止突发事件，好像只有一个人在他身边才能安心）。就像我们家的其他协定一样，我们嘴上从来不说。当米歇尔接替我的位置时，我并没有拒绝。我们都知道该怎么做。现在该我抛锚了，轮到她去远航了。

5 年之后，当格伦回到纽约，我已离开去了洛杉矶。我搬去与我的未婚夫汇合，但是知道妹妹在这附近我感到有些慰藉。她帮助我筹划了婚礼，在 3 天之内找齐了婚礼策划人、宴席筹办人和摄影师。她是我唯一的伴娘，在婚宴上她的祝酒词让宾客笑出眼泪。

最近我们俩开始互相同情和支持。我们俩成年之前都没有好好相处过。和多数相差3岁的姐妹一样：我们很少一起玩过家家；我们更多的是同龄人的身份；我们在竞争和积怨中长大；我们互相争抢来自弟弟的好感，争抢父母有限的时间。我个人感觉自母亲去世后，我和米歇尔相互间不但没有找到些许安慰，相反，我们很为自己深知的相互间的分歧而紧张。当家庭巨变，亲近给人以安全的假象，而竞争是我们早就已经建立的规则。

从小我们就被告知要保护和关心我们的弟弟，现在我们也一如既往地努力当好姐姐。但是我们没有表现出互相间的同情，我们之间总是剑拔弩张，常常有种压抑着的、错失方向的愤怒。而自母亲去世，米歇尔就成了我的攻击目标；同样，她也随时防御。我们争吵，怒目而视，互相蔑视。我们之间出现了新的竞争壁垒：看母亲去世时谁受的苦更多，谁对格伦付出最多，看父亲更喜欢谁。

我们的生活环境令人困惑，我们强制自己常态生活，压抑着内心的悲痛，父亲还不定期给我们洗脑——个人发展更重要，我们得学会自己养活自己。刚开始，这种想法对我们是有好处的。那时我才17岁，不想承担对弟妹的责任，我选择到900英里以外的纽约上大学。逃避是我最初的计划。但是潜意识里，我对米歇尔有一种保护的本能和即使竞争和疏远也不能磨灭的责任。那天晚上父亲威胁我，他要遗弃我们的家庭，我试图在电话里和他谈判，最后不得不威胁他——“如果你离开弟弟妹妹，我敢断言，我会把他们都接过来和我一起住。”那一刻我非常肯定自己会言出必行。尽管我们以前摩擦不断，米歇尔还是了解我的想法的。现在我们谈起那天晚上的事，她说她也已经打包好行李，准备来和我一起住。

我不能确定这是否是我们之间的一个转折点，也许是成熟促进我们关系的缓和，但是我知道那个晚上意味着我和米歇尔之间新的互相理解的开始。我们共同分享过去的苦难，也找到了共同阵营，失去母亲反而意味着我们互相拥有了一个好姐妹。如果母亲没有去世，我不能确定我们现在能否成为如此亲密的朋友。

为不使这故事听着太轻描淡写、过于有条理，我得承认我们其实很难互相胜任代替母亲的角色。米歇尔仍旧是妹妹，但我对她的问题常常回答不上来，这令她感觉很失落；我仍旧是姐姐，但她常常知道的比我还多，这令我很是惊讶和恼怒。即使我们一起努力去解决这些问题，过去的小过节也还会跳出来，不会说就此消失。

米歇尔启程前往洛杉矶的前一个晚上，我终于崩溃了，号啕大哭。

“别这样，”她说，“我需要你比我坚强。”

“我不能总那么坚强，”我说，“天啊，你是家里唯一让我有安全感的人了，我不想让你走。”

然后，很快地，好像就是去做个样子，她很快就回来了，她说：“好吧，还记得我 15 岁那年你离开家去上大学吗？”于是，我明白其实我们都牢记着曾经的背叛。无论我和米歇尔去多远的地方，最后我们总是回到原地。

有两个姐姐、在 5 个女儿中排行第 2、有哥哥和妹妹……无论是哪种组合，失去母亲的女性都能代表其境况。本书所采访的妇女中的 85% 都有兄弟姐妹，根据她们的故事可以判断她们都是家庭中的中心角色。

在前几章中，我提到女儿和母亲的关系应当是伴随一生的，但是那些有兄弟姐妹的人，尤其是有姐姐或妹妹的人，同胞关系会比同父母的关系维持得更长久。这种同胞关系的质量和强度是波荡起伏的，比每月的气象图还丰富，时而狂风暴雨，时而阳光灿烂。

自第二个孩子出生，同胞关系就开始建立了。当母亲去世或离开，他们的力量和能力很快就显现出来。当家庭发生变故，比如失去母亲，同胞关系很少会发生改变。相反，以我的家庭为例，同胞关系比以前更加紧密。从前关系亲密、互相支持的兄弟姐妹在母亲去世后关系会更加密切。同样，原本松散的同胞关系在母亲去世后通常会加剧关系的分裂——尤其是那种靠母亲的力量来凝聚不相同的家庭成员的情况。外来的影响比如心理咨询或是来自家庭以外人员的支持则能够阻止极端的反作用，前面提到的激烈冲突会一直存在，直到变故平息，而且通常会持续到成年期。

25 岁的玛吉还记得母亲自杀后，她和弟弟静静地坐在祖母的躺椅上，暗自伤心。她的父母早已离婚了。虽然只有 7 岁，但她从小就知道要保护弟弟。她不再惶恐不安、迷惘困惑，迅速拿定主意要和 5 岁的弟弟组成同盟。“形势很清楚，我周围的成年人都倒下了，没有人有能力或是有意愿来照顾我，”她说，“所以我马上想到要自己照顾弟弟。我觉得他就是我的家，我们要在一起，就像一个团队。”今天，这姐弟俩有“难以置信的亲密关系”，玛吉说他们住在同一个镇上，玛吉一直持续不断地培养、支持他。

玛吉保护弟弟的迅速冲动也许部分源于对自己的悲伤的一种防御，这使得她远离困惑和母亲自杀带来的愤怒。这也验证了一项研究——当母亲或是母亲角色缺失的时候，同胞之间是可以互相得到安全感的慰藉的。有证据表明 3 岁的孩子就可以安慰年幼的弟弟或妹妹的恐惧感了。

科奈恩今年 31 岁，7 岁时母亲去世了。她还记得母亲去世的那个晚上，她爬上床和两岁的妹妹待在一起。“我很害怕，一直在哭，她就紧紧地搂着我，”康妮回忆道，“从那时起，每当我想起母亲，她是我唯一觉得安全的倾诉对象。”

在对两组四个姐妹花的研究中，心理学家罗素·赫德博士发现兄弟姐妹之间的关系可以作为很早就失去父母的家庭中的保护伞。

在他所研究的两个家庭中，当父亲过世的时候，女孩们的年龄处于3～10 岁。两个家庭的母亲都沉浸在了悲伤之中，女孩们没有机会谈论她们的丧亲之痛以及丧亲对她们的冲击。她们联合起来，作为彼此的精神支持，然而作为成年人她们比那些失去双亲之后饱受抑郁之苦的女孩们抑郁的可能性小。“似乎孩子们一起面对，互相支持，甚至互为竞争者，学习如何一起解决彼此之间的冲突矛盾能够培养把他们带入健康的哀悼和避免抑郁的成年时期的技能。”赫德解释说。

46 岁的克劳迪娅在她难以预料的童年时期学到了亲密的兄弟姐妹之间的人际关系。“在我完成高中学业之前，我们搬了 8 次家，”她解释说，“房子不同了，邻居不一样了，朋友也不是同一批了，我父亲由于婚外情和风流韵事不断而很少露面，我的母亲竭尽全力了，一直到她自杀。那时我 14 岁。”她的童年中唯一不变的是她的两个姐妹，一个比她年长，一个比她年纪小，以及她的一个弟弟。在他们的母亲去世之后，他们四个成了彼此实际上的父母，年长的两个孩子抚养年幼的两个弟妹。他们到成年之后依然关系亲密。尽管现在他们生活在美国不同的地方，他们每年至少会带着孩子们参加一次家庭聚会。

如今克劳迪娅试着鼓励她的儿子和女儿通过讨论和楷模的作用建立亲密的联结。“我想要我的孩子们从心里知道他们永远是彼此的依靠，”她解释说，“我的兄弟姐妹是拯救了我生命的亲人。我最近飞到中西部去照看我妹妹的孩子们，去年四月我离开家一段时间去帮助我的姐姐，因为她的丈夫癌症三期，我忙不过来。每一次我告诉我的孩子们，在我的兄弟姐妹需要我的时候去帮助他们对我来说有多么重要。”

更为常见的是，母亲去世后同胞间的关系更疏远了。这些家庭的女儿常是这样形容她们的母亲——“家庭成员的黏合剂”或是“周围围绕着行星的太阳”。一旦这个家庭的中心人物不复存在，整个家庭体系就解体了。而这也许是真的，这些家庭可能永远都不会重新紧密连接了。

莱斯莉今年27岁，她母亲因癌症去世时她16岁。她记得小时候和两个年长的哥哥很少打交道，而今天和他们的接触也很有限。“也许在我们发觉这个问题之前我们之间就很陌生，因为一直是母亲把我们召集在一起。但是很显然，自从她去世后，我们就真的不再拥有同一个家了，”她哑着嗓子说，明显很遗憾，“我们基本上是分布在地球不同角落了。”

31岁的维多利亚说，母亲去世时她8岁，是3个孩子中最小的一个。“我们家就像巴哈马群岛，”她说，“相同的名字，但是互不往来。”

在詹妮弗·劳克（Jennifer Lauck）最畅销的回忆录《黑鸟》(*Blackbird*)中，她重现了她与她的哥哥B.J.在一起的一个场景。那是她的母亲去世当天的事情。当B.J.听到这个消息时，他跑了出去。几个小时之后，她在附近的公园里找到了他，在那一天曾经吵嘴并且互为敌人的兄妹可能会在彼此身上找到了一丝安慰。他们在公园的碰面描绘出兄弟姐妹之间关系不好会如何在未来孤立失去了母亲的孩子们。

> “你快走开。”B.J.说。
>
> “爸爸想要让你回家去。”我说。
>
> B.J.垂下头，下巴靠在胸前，他的眼睛在眉毛的暗影下显得更加深邃。我不知道他是生气还是难过还是什么。我走向B.J.，他和我脚尖相对。我不知道该怎么做才好，也不知道该说些什么，我伸出手碰了碰他的手臂。
>
> B.J.双手抱着头，他抬起头，向后仰去，俯视着我。
>
> “她不是你的妈妈。”B.J.轻声说道。

> 我垂下双臂，把手放在腿上，他的话仿佛钉子刺进了我的脖子。
>
> “她是我的妈妈。”我说。
>
> “你快走开吧。”B.J. 说。
>
> B.J. 把他的滑板放在人行道上，滑走了。我站在那里，我的双臂垂在身侧，我头痛欲裂。
>
> 我走到公园中间，站在池塘旁……风吹过我的双腿，拂过我的头，细碎的头发被吹进了我的嘴里和眼睛里。
>
> 没有了妈妈，也就没有了目标，就像是迷路了一般，就像是在世界的边缘，而你没有别的地方可去。

即使痛打过彼此的兄弟姐妹也能够在危机到来的时刻团结起来互相支持。女演员罗玛·唐尼（Roma Downey）10 岁的时候母亲在她的故土爱尔兰死于心脏衰竭，还记得她和她的哥哥从医院回家的那段路程的情景。

> 我们和我母亲最好的朋友在一起，我们不得不搭乘出租车。她和司机坐在前面，我哥哥和我坐在后排，我们分别向着相反方向的车窗外看去。我们正处在彼此敌对的年龄。我们无法老老实实地看着对方，而不做孩子气的事情。在我们眼前的悲伤中，我们彼此孤立了，我母亲的朋友和司机交谈……她哭了，司机说：“你还好吗？”她说：“我刚刚失去了我最好的朋友”而后司机问：“谁呀？”他说：“哦，我知道她。她非常风趣。”然后她说：“是啊，后排座位上坐的就是她的两个孩子。”然后他说：“孩子们，我真的很遗憾听到这个消息，我为你们感到难过。”说完这句话，时间停住了。我记得那时的感觉（不是看到的，而是

感觉）——在那辆车后排的座椅上，我十分确信，我哥哥的小手伸过来了，我们握住了彼此的手。

同胞间的分离通常根源于母亲家庭兄弟姐妹的动态变化，母亲的家庭构成决定了她潜意识里对自己家庭成员之间关系的引导。例如，一位嫉妒自己姐姐的母亲就会宠爱小女儿，从而引起两个女儿的争端；她可能会更宠爱各方面特征和自己相似的那一个——身高、体重、个性、出生顺序等。由于操纵性的母亲是引起同胞争端的根源，她的离去则有可能给予孩子们第一次平等地互相评价的机会，有可能弥补童年的裂痕。但是这种美好的结局很难实现，因为多年积累的恩怨太深了。对有些家庭而言，这种机会来得太迟了。母亲已经逝去，但她仍旧是有影响力的，这在孩子们愤怒的通话和争吵中还是有所体现。

母亲去世后，同胞间会将自己的愤怒或困惑指向对方，尤其是在年长的孩子被新的责任重担压肩或是年幼的孩子感觉被忽视、抛弃的时候。31 岁的乔伊在母亲患癌期间就冲自己的姐姐发火，她说："那时我每天都去医院，我真的力不从心，要照顾父亲，三个星期每天都开车从家到医院来回好多趟。而我姐姐那段时间只来过医院两次，而且有一次还是和一个根本不认识我母亲的人一起来的。我很愤怒。那就是我应付丧母之痛的招数——和姐姐发火。"

乔伊一直是个孝顺女儿，她待在家里，安分守己。而她的姐姐染上了毒品，还未婚生育两个孩子。尽管如此，乔伊一直认为母亲喜欢姐姐多一些。母亲住院期间，乔伊决心要做一个好女儿，要努力赢得自己一直期望的赞赏。母亲去世后，她安慰自己是她而不是她的姐姐让母亲最后的日子有所慰藉。

同胞间常常炫耀自己的优点，比拼互相承受的苦痛，总是要比较谁做出的牺牲更大。我比谁失去的都多！我所受的伤害比你深！

说到底我才是最好的女儿！

黛蕾丝·兰多称这种钩心斗角为“哀恸者间的竞争”。这些兄弟姐妹看上去就像竞争对手，相对于成功，他们其实更在意获得关注和认可。“这是一个人在特殊时期尽量使自己感觉特殊的一种方式，这个时候她感觉很空虚，”兰多博士解释说，“当她感觉某种东西的失去就要将自己压垮，就会努力寻找自己的救命稻草。当成年家庭同胞想要尽量少地参与家里的事情时，不同的竞争纠纷就会出现。那时你就会听到他们说‘我不想照顾父亲，你来照顾他’，或是‘上次圣诞节是我在父亲那里过的，这次该你了’。”

维多利亚说，母亲去世时 26 岁的姐姐梅格回到家里来照顾大家庭，现在 20 多年过去了，姐姐还在坚持说自己是这个家的殉道者。梅格多年的家庭牺牲论严重地破坏了姐妹间的关系，直到现在她们都很难成为朋友。一提起母亲死后梅格的态度，维多利亚就咬牙切齿。

“我毁了她的人生，”维多利亚说，“她总是和我说：‘我不得不待在家里照顾你，你知道吗？你毁了我的生活。’”她对母亲死后要承担的新责任感觉很愤怒、充满怨恨，她就把自己的挫折强加在 8 岁的维多利亚身上。这导致维多利亚的成长一直伴随一种罪恶感。她之前很崇拜姐姐，现在自己却成了她的累赘。她仍旧感觉自己需要去补偿由她产生的不便，所以她长时间地听着电话里梅格的抱怨。“我的心理咨询师说：‘你要明白，如果你不想听，完全没有必要听你姐姐的抱怨啊！’我告诉她，‘你不明白，我不得不照顾姐姐，因为我毁了她的生活’，”维多利亚回忆道，“然后心理咨询师说：‘就到此为止吧。’”现在梅格还是希望自己的妹妹能照顾她，但维多利亚正试图从她身边独立出来。

维多利亚和梅格的故事说明：如果姐妹中一方没有被要求抚养另一方长大，她们之间有可能避免现在的相互憎恶感。她们的故事也引申出一个更宽泛的问题：如果同胞中有一方成为替代家长，她们的关系会是怎样的呢？

迷你母亲及其速成孩子

母亲一旦去世，家中最年长或是最有家长样子的孩子则会被赋予殷切的期望。儿子通常要承担引领家庭、承担经济和家庭结构的问题，女儿则要承担照看年幼的弟弟妹妹、父亲和年老的祖父母的责任。

尽管承担母亲的角色通常迫使女儿承担与其年龄不符的责任，但有几项研究还说照看年幼的弟妹能帮助女儿获得自信，会使其对未来面对的压力有极大的适应力，还能很快平复失去的痛苦。心理学家玛丽·安思沃斯（Mary Ainsworth）和她的同事采访了30位年轻的母亲，她们都经历过童年失去亲人的痛苦。他们发现，成功地从失去母亲的痛苦中走出来的人都有两个特征：她们有着强烈的家庭凝聚力，家庭成员相互安慰、互相倾诉、共同承担丧亲之痛；在那段悲伤的日子里，对于其他家庭成员，她们也都有机会承担自己的责任。

27岁的罗宾说，照顾年幼的弟弟妹妹对她的责任心和胜任能力有所促进，但是对于当时只有16岁的她而言，这种责任也的确令她不堪重负。母亲去世后的两年时间里，罗宾就成了13岁的妹妹和8岁的弟弟的全职替代母亲，一直到父亲再婚。

> 我感觉我有责任照顾弟弟，但是我不知道该如何去做。他是个令人头疼的孩子，总是引起权力的争端。他想让我带他去玩具商店，要是我说不行，他就大发脾气。每次向他妥协，我都有一种罪恶感。后来我父亲要再婚了，我记

> 得当时就想着："谢天谢地！这个女人就要搬进来了。"她和弟弟很亲近，弟弟也很喜欢她，这真是帮了我大忙了。那时，我终于能够摆脱他："好了，他现在是我弟弟了，我用不着再承担那么多责任了。"后来我横穿美国去上大学了，也不会觉得多么愧疚。因为我走后大约一个月，继母就搬进来了。
>
> 当然，父亲再婚后也出现数不清的问题和争端，尤其是继母和妹妹之间。我上大学时，妹妹老给我打电话哭诉。我室友就说："又是你的妹妹，她又哭了。"那时我是她最大的精神支柱，现在也是，她第一通电话肯定是打给我的。她对我的依赖很深。

照顾年幼的弟弟妹妹使罗宾在家中的地位如同母亲，这也间接地帮助了失去母亲后的她。现在，她很了解该如何关爱自己。弟弟妹妹寻求帮助时，她仍是无私地给予帮助，很多建议她也会用于自己身上。

32 岁的凯瑟琳也是通过"成为"自己的母亲而走过伤痛的。作为 4 个孩子中的老二，凯瑟琳是家中唯一的女孩。从小她就学习照顾 3 个兄弟，她把这一角色牢记心间。18 岁那年她争得了 13 岁弟弟的监护权，然后一直独自抚养其成人。

凯瑟琳高高的个子，温和、体贴，看上去比实际年龄成熟。母亲因癌去世时，她 16 岁，父亲第二年也因酗酒去世。有一天晚上，最小的弟弟保罗来学校找她，他在寄养家庭很孤独，过得特别不好。于是凯瑟琳决定让弟弟来她上学的城镇共同生活。一到法定年龄，她就去家庭法院争取到了弟弟的监护权。"很多人对我说：'你这么年轻，怎么能照顾得了十几岁的弟弟呢？'但是我意识到帮助弟弟某种意义上也是帮助我自己，"她回忆说，"除了宿舍，我无家可归，我游离在家庭之外。因而让保罗和我一起住实际上也是给自己创造了一个家。”凯瑟琳和保罗在学院遇到一位有同情心的主任，他将他们安置在已婚学生宿舍。他们一直住在一起，直到4年后保罗去念大学，后来又一起搬到西海岸和哥哥住在一起。但是两年前凯瑟琳离婚后，两个兄弟都搬回了她房子所在的新英格兰镇。“我不知道他们回来是不是因为我在这儿，或者是否这说明了我在他们心目中的地位，”她说，“我觉得从某种程度上说，我就是他们的家。”她和保罗又是室友了，哥哥就住在那条路的尽头，而另一个弟弟也时常从加利福尼亚过来串门。

在2010年，262 000多个成年兄弟姐妹在其他成年人不在的情况下抚养年纪较小的弟妹。兄弟姐妹是照看不到18岁的孩子们的第三大亲属群体，仅次于（外）祖父母和叔父、舅父、姑父、姨父、伯母、姑母、姨、婶。福克斯电视台的剧集《五口之家》（*Party of Five*）使兄姐抚养弟妹广受公众注目，这部剧集从1994年播到2000年，讲的是在车祸中失去父母的5个兄弟姐妹们的故事。还有戴夫·艾格斯（Dave Eggers）的畅销书《一个惊人天才的伤心之作》(*A Heartbreaking Work of Staggering Genius*)，讲的是在双亲过世后他抚养弟弟的故事。兄弟姐妹也可能在家庭危机后作为亲戚担负照顾者的角色，比如出现成瘾、心理疾病、监禁、驱逐出境或者被双亲忽略的情况。他们成功地担负起这一角色大部分取决于他们已经学会的或者能用多久学会所需的为人父母的技巧，不仅有实际操作方面还有心理方面，以及大家庭能够提供的参与程度。来自朋友、邻居和宗教组织的支持似乎也有积极作用。

2013年一个由内华达大学拉斯维加斯分校对77个抚养总数为154个弟妹的哥哥姐姐们做的研究发现，其中46%的抚养人不到30岁，45%的抚养人是单身，41%为弟妹提供财务方面的全面支持。几乎80%的抚养人是其弟妹的法定监护人或者计划成为法定监护人，34% 的抚养人自愿接受弟妹以免弟妹被其他家庭收养。89% 的抚养人是姐姐，许多抚养人为弟妹充当起父母的角色，即便是他们的母亲也在家或者健在。

当姐姐突然之间全职或者兼职照顾弟妹，她在家里的地位就改变了。她不再只是姐姐，却又不完全是妈妈。承担过照顾家庭同胞责任的失去母亲的女性常常说自己很困惑，她们无法判断自己该是母亲还是姐妹，而且她们觉得每种角色都很不恰当。我是谁呢？她们疑惑。是母亲还是姐妹？都不是？都是？罗宾说："我一去念大学，妹妹就觉得她该成为弟弟的母亲，但是她从不觉得自己也很称职。她该如何去做呢？不久前妹妹和弟弟说起这个，我想弟弟的回答一定令她欣喜若狂。他说'梅琳达，你是我姐姐，我从未期望你做我的母亲'。"

尽管母亲离开或是去世后，姐妹能填补一些情感上的空白，但是我发现姐妹很少能成为非常称职的替代母亲。所有声称母亲去世后找到替代母亲的女性中，仅有 13% 提到自己的姐妹——其他人基本上都说是"老师"或"朋友"。最常见的情况是，姐姐能在行动上关爱其他同胞，但是在情感上，她也还是个孩子，很不成熟，很难满足成长中的孩子们的情感需求。

"当姐姐真的不得不扮演兄弟姐妹的母亲角色的时候，会有很多的问题，"伊夫琳·巴索夫说，"她不会做得很好，但是她很努力。由于总是失败，她心中会滋生一种罪恶感。经常是她一旦无法控制孩子们，就只好体罚他们，而这更加深了她的罪恶感。这和《温迪与迷失的男孩》(*Wendy and the Lost Boys*) 中描述的可不一样。"

兄弟姐妹通常是同龄人，在家庭等级中属于同一层级。他们长大以后的互相关心，并不是像家长子女之间的那种单方的、积累了强烈感情的关系。因为母子之间的关系是权力不平等的，而姐姐承担起母亲的责任则意味着在同胞关系中获取更多的权力，这同时就等于对整个同胞体系的否决，兄弟姐妹的生活轨迹不是交错的而是平行的，他们的生活轨迹是完全背离的。若干年后，承担母亲责任的姐姐会发现她已经很难重新融入同胞关系。

35 岁的丹尼丝自母亲去世后就成为两个年幼妹妹的迷你母亲，当时她 12 岁。她解释说自己对两个妹妹的感觉有着强烈的母亲的色彩，她说："直到今天，我和妹妹也无法成为姐妹关系，我和她们是母女的关系，我给她们的未来铺路，我非常爱她们。但是她们从不愿意和我分享她们的小秘密，而我也从未和她们分享过我的秘密。"丹尼丝的母亲去世后，她就承担起母亲的责任，妹妹们就把她看作自己的保护人和监护人，而不是她们的同盟者。到了成年时期，姐妹间六七岁的差距已经没有什么意义了，但是这三姐妹的关系仍然按照 23 年前的角色分工来发展。

12 岁时，丹尼丝认为承担起母亲的责任是一种需要而不是一个选择。妹妹们需要照顾，而她认为自己是最好的人选。丹尼丝加入她们的抚养人行列也许和她当时的年龄并不相称，尽管那时她做得很不到位，但是这使得她们知道家里有人可以依靠了。这帮助她们重新树立了安全感，而这种安全感恰恰是今天的丹尼丝所缺乏的。

年幼的弟弟妹妹失去母亲后常常可以从关系较好的哥哥姐姐那里得到安慰。1983 年有一项研究，对象是 7 个青少年，他们都是在 7 岁到 10 岁半之间失去了一位家长。研究发现，4 个对此处理较好的孩子都有着亲密的年长同胞。32 岁的金说自己 2 岁时母亲去世了，是自己的大哥（现年 42 岁）帮助她找到自尊和价值感。"我常和人说要是没有我大哥，我就是一摊烂泥，"她笑着说道，"当我还是个小不点时，大哥就带着我四处转。后来他 16 岁时在乐队演奏，常常在野外演出，他还是带着我。想想吧，谁愿意带着个拖油瓶的 6 岁妹妹啊，可我大哥乐意这样。我总觉得自己有个避风港。"

然而，当兄弟姐妹将其中的一位视为失去的家长的接替者，或者不如说是替代者时，是有很大的风险的。年长的姐姐或哥哥会成为年幼弟妹失去母亲的愤怒的发泄对象，而这些情感问题如果不能和解，将进一步演变为愤恨和深深的仇视。当年长者离开去寻求家庭之外自己的生活的时候，年幼的弟弟妹妹会感觉很愤怒，进而产生仇恨。一位年长的同胞则可能会因年幼的弟弟妹妹滋生过分的权力假象，从而拒绝同其分离。或是年幼的妹妹也许会将原本期望从母亲处获得的支持转嫁到自己的同胞身上，而那一位却坚决拒绝承担这一角色。

“我高中时总是找姐姐倾诉，她比我大 5 岁，”32 岁的罗伯塔回忆说，她母亲是在她 15 岁去世的，“但是姐姐跟我说：‘不要，我不打算听你唠叨你的问题。’她很明确地告诉我，无论我有多么痛苦，她都不打算帮我承担。我很震惊，我被深深地羞辱了。我目瞪口呆，真是没想到她如此自私。我原本以为她会有很多答案。直到今天她还是和我说：‘不要，打住，我没有任何答案的。’这实质上不是很差的回答，但是第一次听到这话就是很伤人。”罗伯塔也承认，然而就是因为姐姐的拒绝她才留住了一个姐姐。虽然今天两人不是很亲密，但是罗伯塔说她很清楚她们的同胞关系都有哪些限定。

当姐姐试图成为妹妹的母亲替代者时，这两个人也许就会受到生长发展的挣扎的困扰——包括青少年期的分离和逆反，这在母女关系中很常见，但是面对这些变化，姐姐自己都没有准备好。而如果妹妹已经开始将姐姐看成母亲，却发现解决不了什么问题，她就会深受成长问题的困扰。

玛丽·乔 43 岁，母亲去世时她只有 8 岁，是 3 个女儿中最小的，她完全是由姐姐帕蒂一手带大的。那时帕蒂 13 岁，她承担全家的烹饪和清洁工作，成为玛丽·乔的全职看护人。“比如来月经这种事情，还有其他类似的事情我都去找帕蒂。有姐姐帮忙对我而言是好事，但对帕蒂来说就不妙了，她一直生活得很压抑，总是想着

‘我是家里最年长的女性了，现在我要承担起责任’，这些想法交织在一起的确让人很不开心。”

帕蒂认为自己同母亲一样，6年前，帕蒂到了和母亲一样的年纪，竟然查出身患癌症，帕蒂试图自杀。玛丽·乔去医院看她，还恳求她的帮助。几个月后，帕蒂又一次过量服药，在那天就去世了。

现在，玛丽·乔正在接受治疗，逐渐治愈失去亲人的伤痛，就她和姐姐之间对好母亲和坏母亲的争论也厘清了思绪。“当我还是个小孩子时，帕蒂真的很努力，希望让我生活得更好。她自己的生活却是一团糟，于是一些问题就以负面和专制的方式出现了，”她解释说，“我们之间就是这种有爱有恨的亲密方式。我努力回忆她对我的好，希望能中和我们的情感，但是我也知道好多负面的样本都来源于她，来源于她对我情感生活的控制，因为我总觉得她对我很强势。”

在理想的状态中，失去母亲的女儿和年长的兄姐大多对父亲很依赖，附带着（不是全部）还会从一位或更多同胞处获取安全感。家中排行处于中间的孩子会承担额外的、少量的责任，但当面对压力，他们需要退却的时候，仍旧有家庭成员可以依靠，这种境况是最理想的。他们会觉得有一点竞争性，但还是有能使自己感觉很安全的家庭基础。32岁的萨曼莎是5个孩子中的老二，母亲去世时她只有5岁。她有可以依赖的父亲，依赖于她的小妹妹，还有一个随时可以请教的姐姐，姐姐很关心她的身体成长、她的交友以及异性的交往。她们家的三姐妹在母亲去世之前关系就很亲密，今天她们在相邻的小镇居住，每周都要聊上几次。

姐姐和我通常在周末早起，做完家里的早餐就躺床上聊两三个小时，纯属闲聊。有些问题我们也在深夜聊天。所以我总是和姐姐请教各种问题。有些问题也会和朋友倾诉，但总是要先和姐姐说一说，如果我们都不知道答案，我们就会猜测答案，或是四处去打听。我大姐熟知人体知识，她就是我们的资源库。她现在已经结婚了，有 3 个孩子，怀孕和生产过程都是非常标准的范例。如果以后我结婚生孩子，她就是我的标杆。

萨曼莎说有一天她会成为一个母亲，但是现在还不急。因为她照顾妹妹将近 20 年，现在想在扮演这个角色之前休息一下。许多失去母亲、曾经照顾过年幼的弟弟妹妹的女性都有同样的想法。“我已经带大 3 个孩子了，”她们说，“现在我想给自己一些时间。”

当然，和成年人有计划地生孩子并为生养做好准备不同，姐姐抚养弟弟妹妹的经历是截然不同的。不管怎么说，抚养过弟弟妹妹的女性在有了自己的孩子之后都发现先前的经验能帮助她们更好地适应母亲身份的需要。36 岁的布丽奇特自 12 岁起照顾两个年幼的弟弟，一直到自己考上大学。她说面对儿子，自己很自然地就进入了母亲的角色。她从不担心自己会成为不合格的母亲。“养育小孩一点儿也不难，”她解释说，“但是我弟弟们特别小的时候我没带过他们。所以有些方面我很清楚，有些方面我是一无所知的。”

布丽奇特与父亲和继母没有联系，而她的祖父母也已去世，但是她的弟弟们在生活中能给予她的儿子那种祖父母曾给予她的无条件却有一定距离的爱。“我弟弟们不知道如何和婴儿相处，所以刚开始他们的反应是：‘哦，他好乖、好可爱，我们好喜欢他啊！’现在亚历克斯 4 岁了，会给他们打电话，和他们说学校里谁横行霸道，问他们他该怎么办。弟弟不得不仔细考虑如何回答。看到他们这样的交流我很激动。那时我有种感觉，虽然母亲已经去世，不得不由我把弟弟们带大，但我们三个还是一家人。”

出生顺序

我们通常没有仔细考虑过出生顺序对我们的影响，但是我们在兄弟姐妹中的位置却对我们的世界观和内在的角色定位有着一系列的影响。根据心理学家玛格丽特·M.霍普斯（Margaret M. Hoopes）博士和詹姆斯·M.哈珀（James M. Harper）博士的有关研究，一位家长的死亡会改变孩子们出生时定位的同胞角色。家中排行处于中间的孩子本来是可以依靠其他兄姐的，但是如果同胞中的年长者不能承担看护的责任或是叛离了家庭，这个孩子就不得不承担起这个责任。

当父亲再婚、异母兄弟或姐妹进入这个群体，同胞角色就更加错综复杂。比如，在重新组建家庭中出现两个年龄最大的孩子，他们就会为谁是这个新的同胞群体的首领而争得头破血流。当异母兄弟姐妹的顺序与原来的家庭重叠时，混乱和冲突则更不可避免，直到建立起新的顺序。

下面是失去母亲的家庭女儿的个性特征，是同其出生顺序对应的，来源于个人采访、调查问卷数据[⊖]、已发表的心理研究文章。

最年长的孩子

- 一旦承担起调控整个家庭的责任，她们会很快成熟起来，但是年幼时就开始权力的运用会使得成年的她过于强势。
- 她们会自觉地为其他弟弟妹妹提供服务，将来会成为一个非常感性、富有同情心的女性。
- 她们常常会很快脱离家庭逃离责任，然后又为此而愧疚，或者抛开自己的小算盘，在家里待更长的时间，牺牲自己的利益。

⊖ 本书所调查的154名女性中，28%是长女，25%的家中排行处于中间，31%是小女儿，15%是独生女，还有1%是双胞胎。

- 她们感觉自己的童年就那么中断了，自己没有可倾诉的对象，但是会为年幼的弟弟妹妹排忧解难，做他们的成长顾问。
- 和弟弟妹妹相比，长女在情感上和去世的母亲很密切。1989 年，阿莫斯特大学调查了不同性别、同胞顺序各异的学生，第一个出生的女儿被验证是情感上同母亲最密切的人，而对自我的认识则是最弱的。
- 长女也是最不怕父亲离去的。她们当中表示“非常”担心父亲死去的只有 1/10，而小女儿有这种想法的则有 1/4。这也许是因为长女常常很早就自立了，从母亲去世后就很少依赖家长了。

家中排行处于中间的孩子

- 有姐姐和妹妹的女孩通常为自己的角色而困惑，她们不知道哪种角色更为安全。在失去一位家长后，她会和小妹妹一样，都向年长的同胞寻求关爱。如果年长的哥哥或姐姐不能承担起对家庭的看护责任，她就不得不调整自己的角色，照看年幼的弟弟妹妹，但又为此而愤怒，因为这“不是她的责任”。
- 她们会感觉被轻视或是排斥，会比其他同胞早些离开家庭，个性独特。
- 她们是最不想寻找母亲替代者的——被调查的家中排行处于中间的孩子中有 44% 说她们从没找过母亲替代者。

最小的孩子

- 她们通常是被当作家中的“婴儿”对待，人们掩盖母亲病痛或死亡的事实来保护她们。她们给家中的其他人带来了困窘和不满。长大后她也许会不再信任没有告诉她事实的人，或是企图自己收集信息弄清楚事实。

- 她们会发现其他会高估或是低估她所承受的失去母亲的痛苦。类似“可怜的小珍妮是最痛苦的了”这种想法帮助她们转嫁了自己的痛苦，而“珍妮对母亲的回忆最少，她是最不痛苦的”这种想法可以使她们逃避面对一个孩子失去母亲的痛苦。
- 她们可能会为自己拥有完整家庭的时间最少而愤怒，遇到假期或是家庭聚会将尤为难过。
- 当年长的哥哥姐姐一个接一个地迈入青春期或是青年时期，去承担其他责任、实现梦想或是突然从家庭消失，她们会觉得自己成长的榜样忽然缺席了。
- 她们最有可能成为“父亲的小丫头”，而且当父亲生病或是去世会最为伤心。本书所调查的那些说自己“非常”担心父亲死亡的女性中的大部分（超过 50%）是家里最小的孩子。
- 她们会认为自己受丧母之事影响最深。本书所调查的最小的孩子中有 48% 说，失去母亲是她们一生中“唯一最具有决定意义的事情”，而相比之下，只有 27% 的长女、22% 的家中排行处于中间的孩子、23% 的独生女这样认为。另外，有一半的成年女性说她们认为过早失去母亲这件事对于人生没有任何积极意义——她们都是家里最小的孩子。

独生女

- 她们通常获得母亲更多的关注，得到的越多，失去的越多。
- 她们更会察言观色。这种能力也帮她们很快找到母亲替代者。
- 她们只能通过父母关系学习异性恋，而母亲去世则没有了学习的样本。如果没有继母或是双亲婚姻不幸福，她会认为成年女性与男性的结合是非常不确定的。
- 她们接受继母会非常困难，因为父亲一直是她自己的。

- 同其他孩子相比她们很自以为是。失去母亲后她们最先想到自己——“这种事为什么会发生在我身上?”这使得她们非常害怕失去父亲。
- 她们会有“完美主义”的倾向，以为这样父亲就不会和母亲那样抛弃自己了。
- 她们通过观察其他家长来学习如何和家长相处，而不是通过哥哥或姐姐，因此在母亲死后或是离开之后，她们会有种角色的错位，从而扮演母亲的角色。

大家庭中的女儿（家里有 5 个以上的孩子）

- 母亲去世前，她们通常由年长的哥哥姐姐来照看。因为孩子太多，母亲的关注力势必被分散。如果这个孩子情感已经部分转移到母亲替代者身上，那么她就能很快适应母亲去世后家庭秩序的变化。
- 她们可能会看到在兄弟姐妹中诞生一个天生的领导者 / 老师，成为弟妹的代理母亲。虽然并非一定，但是往往会是这样——家中年龄最大的或者第二大的女儿成为这个角色。
- 她们可能会依靠某个同胞小团体的支持。例如，一个有着 7 个孩子的家庭常常会根据年龄自然分为两个阵营。母亲去世后，家庭不再完整，同胞关系成为他们的子体系。由于小团体中年长的孩子很难接受比自己小一点的那个弟弟妹妹，通常老三和老大或老五的关系比较亲近。
- 她们会和其他兄弟姐妹激烈竞争，因为需要获得父母更多的关注，需要比单亲家庭更多的爱护。失去母亲后，孩子们得到的支持远远不够。
- 如果她是最小的孩子，母亲去世后，也许会被送到某个年长的同胞处或是其他亲戚那儿抚养。这使得她感觉自己很不受重视，和家庭隔离开了，或是觉得自己是家庭的累赘，为此愧疚不安。

- 在情感上能从群体获得安全感，因为家庭成员多（这增加了找到同盟者的概率），而且结构各异（这里既有同辈也有家长式的人物）。另外，大家庭通常面对类似经济困难这样的危机，这使得家庭成员总是感觉很不安全。当一位家长去世，这个不安全的体系（无论规模大小）想要统一起来很困难。
- 由于父母的教育观和看护技巧是随时间变动的，她们和最大的或是最小的孩子的成长过程是不同的。尽管是同一个养育者，养第一个孩子和养第九个孩子肯定不一样。同理，大女儿也许已经结婚生子，而最小的也许小学还没毕业呢。因此母亲去世对于这两姐妹而言损失不同，悲痛的方式和需求也各不相同。

你的现实还是我的现实

我母亲和我关系很亲密。她去世时，我已基本度过了青春叛逆期。我本以为我们的关系会进展到一个新高度，能像朋友那样沟通。

——一位 36 岁的女性，母亲在其 19 岁时去世

我认为我对母亲是个安慰，但她对我的意义我还不好确定。我们有很多共同点，比如都喜欢古典音乐，都信教。我不记得和她讨论过我认为其他女孩觉得很重要、必须告诉母亲的事情，我们之间是那种表面上的、就事论事的关系。我想这使得她感觉我很踏实、很可靠，令她生活得很轻松，而我也为这样的角色而开心。

——一位 33 岁的女性，母亲在其 16 岁时去世

> 我不认为我和母亲的关系很亲密。当然，她也关心我，比如带我去打耳洞，父亲出差时给我买了一只小猫。我不知道我们有距离是自身的问题，还是由于我的年龄。当时我正是令人生厌的十几岁年纪，觉得母亲做任何事都只会让我尴尬。我不和母亲谈心，多数是和我姐姐谈心。
>
> ——一位 31 岁的女性，母亲在其 14 岁时去世

3 个女儿在谈论各自的母亲？不是的。她们是劳伦斯三姐妹（凯特琳、布伦达和凯莉）在形容她们 17 年前去世的母亲。

正如上例，同胞间对母亲的认识以及对失去母亲的感受通常都是片面的、缺乏共识的。母亲的去世不会对孩子产生完全一致的影响，原因如下：不同的发展阶段；出生次序；接触疾病、死亡或失去的次序；母亲去世后个体所面对的不同环境；个人同父母间的关系。即便孩子们是一起被带大的，由于年龄相仿，对于失去母亲的经历她们在某些方面会相似，但在其他方面会大相径庭。有时候，这就像是报刊上报道的孪生姐妹被不同父母带大的故事。

在一些案例中，事实远不仅如此。有些姐妹是在青春期或是成年期早期遭遇母亲去世的，她们是在母亲的影响下长大的，通常是双亲家庭，而她们的弟弟妹妹却有可能是在只有父亲或是继母的情况下长大的。45 岁的伊娃说，在她最近一次回家探亲之前，她一直以为 38 岁的弟弟的个性是家庭外力所致的。“安德鲁是个有条理、很保守的孩子，”她说，“我知道我也有这种潜质，在另一个弟弟身上也有，尽管我们两个都很随遇而安。安德鲁是年纪最小的，却是我们之中最成功的。他工作努力，也很会玩，非常务实。上次我看见他和我继母在一起，我突然意识到不是政治局势使安德鲁变得如此保守，而是因为我们的母亲不同。继母是一个相当务实的人，她是大萧条时期的典型产物，不像我母亲那样随遇而安。”伊娃准确地

发现了她和安德鲁之间的不同，同时卸下了心理包袱。因为她总是拿自己和安德鲁比，还为自己选择和他不同的生活方式而愧疚。

即使兄弟姐妹是在同样的父母养育下长大，她们对失去母亲的理解也是截然不同的。凯特琳、布伦达和凯莉就是个例子，母亲患癌时她们都还在家里。但是随后的两年，凯特琳开始念大学，布伦达去了离家 800 英里的寄宿学校，留下凯莉独自陪伴母亲。那年母亲正在接受频繁的化疗，只有凯莉一个人目睹了母亲的痛苦。她清楚地记得陪母亲去超市，但是母亲由于化疗而恶心，在面包货架前就要吐了，后来在停车场也是呕吐不止。由于凯莉是三姐妹中唯一经历这些可怕而无助的时刻的人，毫无疑问，现在她是对乳腺癌和疾病最忌讳的人。

凯特琳、布伦达和凯莉说，她们想互相的回忆恰好能填补对方的记忆空白，但是其他家庭，尤其是原本疏远的兄弟姐妹，不同的回忆和迥异的感知会加深裂痕。因为女儿通常认为，早年丧母是她一生中有着深刻影响的重要大事。因此其后发生的事情，她都会用这件事来解释。她认为自己的个性特征是建立在对母亲的回忆和母亲早逝这件事上的。她会认为挑战她对过去的感知的那个兄弟姐妹对自己是一个威胁。当可验证的事实无法吻合，这位热衷于维护自己记忆力的姐妹一定会拼命为自己辩解。

“我弟弟、妹妹和我对两年前双亲的去世有着不同的看法，”黛蕾丝·兰多说，“当然，人们感知事物的方式是各不相同的。回首那段日子，我们三个并没有太大的分歧。我妹妹的回忆和我大相径庭，她会说：‘你不记得吗？鲍勃叔叔和瑞亚姨妈每个周末都来的。’我弟弟和我都知道，他们根本没有每个周末都来。他们总是一个月来一个周末，最多两个。对此我是有确凿证据的，但是我妹妹坚称他们每周都来。你可能会想我们也许不是在同一个地点，但事实是我们那时是在一起的。”

当同胞之间的回忆如此不一致时，重要的就不是谁对谁错了，而是谁记得哪些。兰多博士确信，妹妹之所以记得叔叔和姨妈的探望，是因为她对此有种安全感。那时 3 个孤儿很脆弱，感觉被孤零零地抛弃在世上。放弃这段记忆意味着不得不承认幼时父母双亡的痛苦经历。

53 岁的卡罗琳说，由于长姐的自大以及自己应对悲痛的困难，她一直抵制妹妹与其截然相反的童年记忆。卡罗琳 11 岁的时候母亲去世，她是家中的二女儿，她形容自己“是家里的记忆密封罐，甚至记得葬礼那天邻居家都拿来了什么菜”。因此，当她和妹妹一起合作一本关于她们童年的书时，每次回忆不吻合，她都说是妹妹记错了。但是卡罗琳已将这本书视为自己必经的痛苦过程，随着情况有所好转，她发现自己比较愿意接受妹妹的观点了，并能将妹妹的回忆与自己的合二为一。

> 这使得我能够逐渐接受自己并非无所不知。现在我意识到我知道“自己经历的事情”，但并不知道别人的经历。即使对我最亲近的妹妹也是如此，因为她的人生经历和我截然不同。童年我们一直生活在一起，但是她和母亲相处的时间和我不同。我常和兄弟们出去玩，忙着做各种事情，去探险。琳达则和母亲待在家里，学习烹饪，说着挪威语。现在我知道了，无论今天的我们多么相像，她有着和我截然不同的回忆和不同的哀恸需求，因为对于她和我，失去母亲的意义是不同的。

随着卡罗琳意识到妹妹的独立人格，她和妹妹再回忆起过去的伤痛时，不再有争论和分歧了。在我们见面的两周前的一天，卡罗琳姐妹结伴去爬山以吊唁母亲和 3 年前去世的第一位继母。

奥林匹克半岛处于美国西北角的最远端，暴风山脊是那里最高的地方，那里的景色真是太壮观了。琳达和我在山顶的云雾里开车，看到这壮观景色，我们不约而同地热泪盈眶、放声大笑。真是太令人激动了！那时，我们都释放出自己的情感。我们计划爬上山巅以吊唁母亲们。我们做到了。我们唱着她们葬礼上的歌曲，大声喊着她们的名字。在我们的世界里，到处都是男人的印记，我们很少为自己的母亲感到骄傲。不论她们是生母还是养母，琳达和我都为自己的母亲感到自豪。

第7章

寻找爱

亲密关系

当然，无论是谁用温柔的声音对我说话，
我都将追随他，
就像水追随着月亮，
默默地流向世界各地。

——沃尔特·惠特曼（Walt Whitman），
《发声的技巧》（*Vocalism*）

去年我的朋友海迪寄给我了一张明信片，上面工工整整地写着惠特曼的这首诗。八年级开始我就认识海迪了，这么多年来，她看我以同样的模式进行并重复着恋情。她陪我走过了成年后的首次失恋，接着第二次、第三次。换句话说，她一直非常清楚我的缺点。所以在我告诉她新恋情的第二天，她就从波士顿寄给我这封明信片。她在明信片的背面委婉地告诫我，不要轻易相信用甜言蜜语来哄骗人的男人。她在背面写道："亲爱的，小心自己的心。"

这不仅仅是警告我的话。海迪了解我，到现在为止，她已经多次目睹我快速而盲目地付出感情。

我不是在这里细数和重温那些逝去的失败恋情，相信我，说完这些事不久之后，它还是会重演。我有过几个很好的恋人，也有持续很长时间的恋情。它缓慢地开始，平稳地发展，但是当两人有分歧或不能为对方而改变时，它就结束了。在这中间，还有很多没有真正开始就结束了的短暂爱情。我是这样看待它们的：一次是意外，两次是巧合，三次是习惯。每个人都有自己的恋爱模式，而这就是我的模式。

我们或在宴会上，或打垒球时，或是火车上认识的。第二天他给我打电话，接着送我礼物，给我做饭，晚上约我见面。我沉醉于这种男士的殷勤，我被宠爱着，最后我陷入爱河。他想要了解我生活的各方面，他向他的朋友介绍我。“你是我梦想中的一切，”他说，“我会使你的人生完整。”他开始设计我们的未来。这就是第一周发生的事情。

两周以后我第一次感到不安。恋爱需要进展得这么快吗？我问过我的女性朋友，然后我会忽略她显而易见的回答。我这样告诉自己：如果他是那样想的，那就是真的，就是对的。我们在一起过夜了，第二天他请病假来陪我。我们在大街的转角立下我们疯狂的誓言，在午夜和黎明时做爱。即使在我躺在他身下的时候，我也清醒地知道自己把做爱当成了爱，但是过一段时间以后，我就把它们混为一谈了。每当在黎明灰暗的光线下，耳边传来甜蜜的情话时，我说服自己：当两个人经过了亲密的、可能制造出下一代的动作后，只要他深爱我，我就会变成了一个全新的自我。

我们这样持续了一个月或更长的时间。突然，意想不到的事发生了，出现了另外一个女人，或我们之间有了障碍和成见。难道我们连朋友也做不了吗？我不知道该怎么办，每次都是这样。我又一次失恋了，又是哭了一周，又一次发誓要远离男人，又在心理医生的指导下，坐在沙发上回想感情出现危机的征兆。

我已经深刻地体会到了快节奏的爱情带给我的伤害。现在，我已经听了很多人的建议，也看了很多书，看了很多脱口秀节目。我明白了：如果一个男人想很快地征服一个女人，他心里一定另有所图，真正的亲密关系是需要时间慢慢培养的。当你在特别渴望爱情的时候，内心的欲望就会战胜理智。就像克拉丽莎·平克拉·埃斯蒂斯说的，当没有母亲的女性认为自己找到了真爱时，她会不断地忽视自己的直觉。当有人立即对我很亲密时，我会想要抓住这种感觉，不去想原因，把所有看过的听过的建议放到一边，害怕不再有这样的爱情。

这不是对待感情最好的方法。一方面，这样使人身心疲惫；另一方面，在你还没有真正了解他时，就已经生下孩子了。我不是排除一见钟情的可能性，只是认为一时的激情只不过是满足自己的虚荣心罢了。当没有母亲的女性快速地完全依恋她的爱人时，吸引她的不是彼此的爱慕，而是想从他那里得到自己需要的东西。

从某种程度上来说，没有母亲的女性和别的女性一样，都希望通过建立某种关系追寻自身的完整。我问安德烈娅·坎贝尔，是否这样的寻找不会使人误入歧途。她笑了，说："如果说这种追寻是错误的，那么整个人类都被误导了。即使我们的父母还活着，他们也不可能完全满足我们的需要，最棒最完美的母亲也不行。所以，我们一定会以某种方式受伤，然后寻找一个能疗伤的人。"她说，对于没有母亲的女性来说，她会有更加深刻的不完整感。

在理想的状态下，女孩情感的建立始于她的家庭。然后，随着她的成长，由于认识的伙伴、朋友和自身经历的增多，她的感情变得多样化。没有母亲的女孩，特别是没有了能维系她生存的父母时，情感发展会比别人慢一拍。她先要建立或重建一种安全的情感基础。约翰·波尔比分析了 1987 年对 11 岁以前失去母亲的女孩做的调查数据，他观察发现，一个女孩没有安全的情感基础时，"她会疯狂地想要找到一个关心她的男朋友，再加上她对自己消极的评价，使她很有可能接受一个完全不适合她的伴侣。嫁给他以后，之前的痛苦经历，很容易导致她对丈夫有过度的要求或对他不好”。

尽管波尔比的分析显示了失去母亲的女性的困境，但那也不是唯一的结果。情感专家大体上把人分为三类：像成年人一样与他人建立牢固感情的人，焦虑矛盾的、对感情进退两难的人，避免和他人亲密接触的人。有牢固感情的人通常把她的情感需要按来源分类，其中包括来源于自己的情感。她们能自如地付出与接受关爱。焦虑矛盾的人通常会找能满足自己需要的人，她们认为付出是自我牺牲和冲动行为，并尝试通过性来获取安全感和爱情。躲避别人的人只想依靠自己，她们不能或不愿意付出和接受关心，而是喜欢在情感上跟人保持距离，或是在情感方面处理得乱七八糟。

情感模式始于婴儿时期，其根源是母亲对婴儿的信号的回应程度。比如，在婴儿发出难过的哭声时温柔并迅速地照料婴儿的母亲，比那些动作机械或者没有情感联结的母亲，还有延迟或部分回应或者完全不回应的母亲，更易养育出牢固情感的孩子。现在大多数心理学家达成共识，这种婴儿与母亲之间培养出来的关系会作为将来孩子成人后关系质量的蓝图。

即使婴儿是由慈爱的母亲抚养长大，并且培养了与母亲之间的牢固纽带，但是特殊的人生事件能够打破他的安全感。这其中包括：孩子或者父母之一患上慢性的严重疾病；孩子被收养；父母之一患上心理疾病；父母去世、分居或者结婚后家庭解体；孩子遭受身体虐待或者性虐待。1999 年，对 86 个孩子从出生到 18 岁的一项研究发现，那些在儿童时期经历了一次或者多次挫折事件的孩子们，即使他们在婴儿时期得到了细致的照顾，仍比其他年轻的成年人更易于缺乏情感安全感，并且对于以前的关系忧心忡忡。与他人情感牢固的 18 岁孩子在儿童时期极少或者完全没有经历过挫折事件——这一发现表明，父母的心理疾病、父母去世以及家庭压力会对其产生有害影响。

研究将失去母亲的女儿与其他成年人进行了比较，结果更富有启发性。在没有经历丧亲之痛的人口中，大约55%的人是感情牢固的人，25%是情感躲避的人，20%是焦虑矛盾的人。心理学家贝特·格里克菲尔德对83个童年时或青春期失去父母的人做了类似的调查。她发现，46%的人属于情感牢固的人，17%是情感躲避的人，37%是焦虑矛盾的人。她说，调查中高百分比的焦虑矛盾人群说明：早年失去父母会使孩子面对抛弃和挫折时更脆弱，成年以后，这些人会既害怕又渴望男女关系。

佛蒙特州约翰逊州立大学的一项研究有类似的发现。30名失去母亲的已婚女性与控制组相比，失去母亲的女性比其他女性在与丈夫的关系中明显地更为焦虑和更倾向于回避，尽管她们之中2/3的人在描述她们与过世的母亲的关系时用积极正面的词汇。总体而言，这些发现表示那些失去母亲的女性可能害怕失去配偶，可能根据她们对另一次不可避免的失去的感知在情感上做好了准备，使自己与配偶疏远。与此同时，她们对这种失去的可能性感到十分焦虑。

焦虑矛盾的女孩

卡萝尔今年36岁，她描述过去6年的感情经历为极速爱情。所有的恋情都是快速开始，但是每一次都是两三个月。实际上，她约会过的所有男生都在无意间成为她找寻安全感过程中的参与者。在她17岁母亲过世的时候，她就失去了自己的安全感。

卡萝尔说，她从来没有和母亲特别的亲近，因为斯堪的纳维亚人性情淡泊，不赞同情感的外露，但是她仍从紧密联系的家庭中得到了安全感。然而，母亲死后这种联系开始瓦解。两年之后，与卡萝尔关系亲近的祖父母都过世了。这个家庭由原来6个人、所有节日和假期都一起过的大家庭，变成了3个人的小家——父亲、住在别省的姐姐和她自己。从那时起，卡萝尔带着难以忍受的期盼，开始了她的爱情之旅，其中包括在她 20 岁时开始的长达 7 年的婚姻。

> 我的恋爱通常因对方的吸引力和自己的期盼开始，好像“拥有这种爱情，我以后便不再孤单”。我一直在寻找一种家庭的感觉。从我约会的第一天就开始好奇，是否能和他长久地交往，而不是短暂地相识。对于每次约会的人，我都有很强烈的期待。
>
> 在某个层面上讲，我不愿意相信别人，因为怕他离开我。我从内心认为，如果我喜爱谁，谁就会离开或死去。所以我通常会选择跟我不太亲密又因为专注于自己的事情而对我不怎么关心的男人，我会向他们索取他们给不了的东西，当他们达不到我的要求时，我就生气，然后离开他们。
>
> 这样重复太多次了，我迫不及待地去考察他们，谁能真正对我付出，而谁不能。我尝试过慢慢了解一个人，看他是否适合我，但是过不了多久，我又想该拿走我能抓住的东西。比如，“爱情在这里，我必须把握它”，而不是问：“这个人适合我吗？”

卡萝尔希望被人照顾的愿望，已经超过了几年前对冷漠的母亲的渴望。她不断尝试想要拉近与男性的情感距离，但是这样仍不满意，就像女孩努力想要吸引冷漠的母亲从而得到关怀。母亲过世后，她在冷漠的父亲身边长大，这会让女孩习惯以同样的方式对待别人。在加利福尼亚南部的一所大学对 118 名 17～24 岁的学生做调查，结果显示：那些称父母为“冷漠的、情绪不稳定的管理人”的学生，更担心被抛弃和没人爱。他们在情感上努力使自己有魅力，过分依靠自己。与那些在童年时期得到父母爱护的学生相比，他们缺乏自尊心，在社交方面也缺少信心。成年以后，与父母关系疏远的女孩常常在男女关系上好嫉妒，害怕被抛弃。她们对寻找及维持亲密的关系持有成见。

卡萝尔成年后在感情关系上的多次受挫，也表明母亲的过世影响了她的情感模式的形成。她不像躲避情感的人一味地自我保护，而愿意在一条道路上不断尝试，希望每次都能改写纪录，有一个美满的结局。“这一次他会满足我的一切需要。这一次他不会离开。”尽管非常害怕被抛弃，焦虑矛盾的人常常不愿承认分离。就像心理学家玛莎·沃尔芬斯特（Martha Wolfenstein）1969年在其《失败、盛怒和反复》（*Loss, Rage, and Repetition*）中指出的，失去母亲的女性常常否认或不理会关系出现问题的先兆，坚信这一次自己足够特别和有价值，会阻止爱人的离去。抓住一段逝去的感情不放，或是恳求最后一分钟的回心转意，这不是成人解决问题的方式，而是像孩子哭着恳求父母留下一样，是不成熟的表现。因为女孩的行为方式不曾改变，所以事情的结果也不会改变。往往最后发生的事情就是女孩试图避免的，于是她陷入了重复失败的怪圈。

“如果最初的失败没有那么痛苦，如果没有一个好的解决方法，那么一个人就会具有强迫性重复的倾向，”伊夫琳·巴瑟夫说，“有效地治疗痛苦，缅怀母亲，并从中找到宁静，这样做会阻止重复下去。”换句话说，当女孩放下失去母亲的痛苦，她就不再担心爱人会离开自己。

当女性想要找一个像母亲般照顾自己的人时，她是从一个孩子的视角来看待这段感情的。她在瞬间又回归到了儿时，当她想要什么东西时，她就要得到。如果没有达成目的，就会跺脚哭起来或是生闷气。她想要的东西常常是坚定的感情和他人的赞美。

童年时被忽视和漠视的女孩，会渴望别人注意她。一个女孩在情感上得不到父母或父母角色人的回应，就会感到不真实，并怀疑自己的存在。作为成年人，她需要爱人对她表达爱慕之情，以保证自己是有价值的、有意义的。但是当她的自尊心和自我价值完全依赖于别人时，即使爱情上最细小的偏差或纠纷，她也会承受不住。南·伯恩鲍姆说："她会更快地生更大的气，会更灰心，像是受到了侮辱。所以，她更难像成年人一样去恢复和维持他们的关系。因为失去父母使她得不到别人的欣赏，她会感觉自己不重要或不够优秀。她把那种脆弱带到了成人的感情中，成为难以改正的坏习惯。"她把别人的目光当作对自己不完美的暗示，只有不断受到关怀她才会感到安全。"确实如此，"一位现年 23 岁，5 岁时母亲就自杀了的女性说，"如果突然某一分钟他不再全身心地关心我了，因为他要去工作。我会认为'啊，他不爱我了，他不会再回来了'。"这个女孩认为爱情就像两瓣的雏菊：只有他爱我和他不爱我。

对爱情焦虑的女孩常常会很快地和对方黏在一起，以小孩的方式对待成人的感情。往往当这段感情结束时，她很难忘却。对与把分手看作再次失去母亲的女性来说，与爱人分开是一件痛彻心扉的事情。即使是短暂的分离，也会被当作对她个人深深的否定。由于童年时期的经历，她就像孩子一样相信自己有左右别人的力量，因而把所有的失败和伤痛看成自己的错。

即使是 33 岁拥有 10 年稳定婚姻的阿曼达，至今还时常害怕自己不够好，不能和别人保持长久的关系。母亲抛弃她时她才 3 岁，父亲再婚时她 6 岁。她的继母患有轻微抑郁症，对她漠不关心。高中时，阿曼达常常和不同的男孩做爱来寻找慰藉和关心，直到 17 岁她第一次坠入爱河。"当那个男生和我分手时，我的世界轰然倒塌，"她说，"没人相信我哭得有多伤心、有多久，我竟然都停不下来。我强烈地感觉到，'这个人不喜欢我'这种想法使我非常痛苦，很长时间我都无法重拾自信心。我的丈夫是个喜剧演员，他经常和漂亮的搭档一起工作。这让我心里感到极度的不舒服，情况比我认识的任何人都严重。”

阿曼达尝试着忘记失去母亲的痛苦，想要战胜儿时的恐惧及其对成年后的影响。她承认自己的焦虑和丈夫有关，她需要丈夫对自己绝对忠诚。对阿曼达来说，想要走出童年时的阴影还有很多重要的步骤。她现在正学着理解，不断处于悲伤的状态会影响一个女孩情感的发展。作为一个成年人，她在受到威胁后，却与小时候母亲离开的反应是一样的。比如，如果一个女孩没有发泄怒气和悲伤的出口，她也许会在20年后，当自己的丈夫在周六的晚上和男性朋友一起过夜时自己在家生闷气。当丈夫问她怎么了的时候她会说“没事”。因为上次当她爱的人走出家门时，她当时只能允许自己这么想。

躲避他人的女孩

当25岁的朱丽叶同24岁的艾琳第一次见面时，她们还是陌生人。但是和一群同样失去母亲的女人分享了自己悲伤的故事之后，她们发现自己都很了解对方。朱丽叶和艾琳在失去母亲后都学会了生存的技能，但同时也远离了浪漫的爱情。

朱丽叶在一个父母嗜酒的家庭中长大，母亲过世时她17岁。作为一个处于青春期的孩子，她坚持依靠自己，坚信自己能照顾自己，她成了一个不屈不挠、有自我保护意识的成年人。“我经常说‘我很好，我没事，我什么都不需要’，”她说，“我必须依靠自己生活下去。现在我发现自己已经不相信任何人了。我从没有对男人投入感情，但我有过几次一夜情。就像我说的，‘我很好，我被照顾得很好，我不需要你，请你离我远点，因为我自己能行’。但是我也会感到可悲，因为低落和孤单时我想成为一个有需要时就请求别人帮助的女人。我完全不懂得和别人亲密。我总感觉自己是无所不能的，但现在不那样想了。”

5 年前艾琳的母亲去世，她对朱丽叶说：“很高兴听到你说的那些话，因为我也有同样的难题。母亲是我的一切，所以我害怕别人。我不想再经历这样的事了，我不想再依赖任何人了，因为我想如果自己不再依靠别人、不再爱任何人，我就不会再经历失去的痛。如果我和别人保持距离就不会再受伤。”

相信与抛弃者的亲密关系会导致被抛弃的女性不敢与人保持亲密。当你极度渴望有人爱你却更害怕爱情到来时的后果，想象一下麻痹症的后果。一般的女孩常常通过与他人交往诠释自己，但是躲避他人的女孩是依靠自己来实现的。照顾自己已经成了她的生存法则，特别是当她不再能依赖父母，或情感上得不到回应时。

当女孩害怕失去以至于认为失去是在所难免时，她避免与他人产生感情，即使是她内心所渴望的亲密关系。这样的女孩不是逃避爱情选择一个冷漠的爱人，就是每当有可能长期交往时她就仓皇逃跑。她不愿承诺或回应什么，害怕那样做会产生并再次失去这种亲密感。她习惯于在投入感情前就突然结束关系。她认为这样做能够练习自己的控制能力（一种母亲过世时还不具备的能力）。作为多次的逃兵，她小心翼翼地在别人离开自己前先离开。她不但在逃避亲密感，也在寻找不用被突然抛弃的正当理由，就好像在告诉她的母亲：“你看见了吗？我也能离开你。”

精神病学家本杰明·加伯回想起他的一位叫弗吉尼亚的患者。弗吉尼亚由于害怕失去和对感情的不信任，她失去了发现爱和被认可的机会。她 14 岁时母亲去世，几年后她开始约会，但每次她的傲慢和三心二意都破坏了感情。“每次她和男孩约会时都会告诉我‘这不会长久’，”加伯博士说，“她总感觉自己很谨慎，她总是感到不自在。她很担忧，她自己也意识到了。当然，她也会做一些事导致感情受挫。她与别人保持距离自动传递给男孩一种‘她一点儿也不在乎，她交往过那么多男友’的印象。弗吉尼亚是一个有魅力、开朗的女孩，但是她不会维持一段感情。”

弗吉尼亚的行为是为了掩盖被抛弃的恐惧，并且在与加伯博士的谈话中也透露着焦虑。作为一个精神病专家，加伯博士希望自己的患者可以把自己的感情看作安全的堡垒，而不是不断去冒险；希望他们最终能在感情上建立起自信心和自尊心，而不是等待着它结束。“我们建立了融洽的关系，治疗也很成功，”加伯博士说，“她能继续上大学了，在学校也表现很好，每次她放假回家都会约我见面。在她临走之前我就告诉她，我这里永远欢迎她，但她会时常打电话过来确定我愿意见她。她简直不能相信我会让她回来。”加伯博士认为，弗吉尼亚把她去上学看作对他的抛弃，她感到自己伤害了他，就像她母亲的离去伤害她一样，所以她很愧疚。她不敢依赖他的帮助了，开始害怕他会报复她，让她在情感上受伤害。又过了一段时间，弗吉尼亚再也不打电话来了。

那种躲避他人的女孩只有在确保自己处于安全的堡垒时，才会接受他人的爱情。41岁的艾薇说，她就是因为这个原因一直逃避婚姻，并且在30多岁时才生孩子。在她8岁时，母亲因肾衰竭去世。尽管那时24岁的姐姐成了母亲的替代者，但她感觉自己变成了家里的负担，她决定尽快独立。虽然她在大学期间谈过几次恋爱，但因为儿时的决心，她从不依赖别人，也不让别人依赖她。“我感觉有义务照顾自己，”她说，“在我长大以后，在情感上支持自己和养活自己就是我的首要任务。只有达到目标时，我才会允许自己展开一段稳定的恋情。就好像我要确保我的生活稳定了、有基础了，才会尝试再次依靠别人。”只有在她确定与爱人的分离不会再次打破情感上的平静时，她才愿意冒险。

有安全感的女孩

失去母亲的女孩能够并且确实拥有稳定忠贞的感情。在贝特·格里克菲尔德的调查中，46% 在童年失去父母的孩子有牢固的恋情，本书采访过的绝大多数女性也有稳定的感情。在 154 名失去母亲的女性中做调查，49% 的人已婚，32% 的人是单身（包括同居的人），16% 的人目前分离或离异。㊀

失意和恐惧是女性生命中的大事，究竟什么能够帮助她建立起温馨、美满的感情呢？贝特·格里克菲尔德发现，一个持续支持她并在情感上帮助她的照顾者决定着其日后的感情观。当女孩有可以依赖的父母时，她长大后也能依靠别人。其他研究表明，在学校有良好的经历，如良好的社交关系、体育上的成绩或学术上的成就，都会帮助女孩提高自我矫正能力，而不是单单找一个能满足自己需求的结婚伴侣。

选择一个感情上稳定的爱人也能增加女孩在感情上的安全感。当她相信自己能依靠伴侣时，就会减少害怕被抛弃的焦虑感。科琳娜·佩普·考恩（Carolyn Pape Cowan）哲学博士是心理学家和加利福尼亚大学伯克利分校的任课教师，她与别人合著《当伴侣成为父母》(*When Partners Become Parents*)。她在对 96 对夫妇做的为期 10 年的调查中发现，家里经常出现家庭冲突（如酗酒、辱骂）的女孩，嫁给家里较少发生冲突的男性以后，更容易维持稳定的感情，在抚养孩子方面也比嫁给家里混乱不安的男性顺利。

“这与一个来自好环境、少冲突家庭的男性有关。这样的家庭会使他在婚姻上，在将来面临当父母的困扰时有更多的参考，”考恩

㊀ 因为该调查问的是开放式问题：“您目前的婚姻状态如何？”目前已婚妇女的数量也许包括第二次婚姻或第三次婚姻的妇女，而目前单身妇女的数量也许包括一些离异妇女。另外接受调查的女性还有 3% 的人是寡妇。

博士说，“即使女性的一方在培养孩子的问题上没有好的榜样，她的伴侣也能分担她的重担。在这种关系中，她会感到有人关心爱护她，因为没有童年时令她心悸的家庭冲突，这会使她与丈夫建立一种联系。换句话说，她与丈夫的关系，会弥补或缓冲小时候家庭对她造成的负面影响。当我们看见她和她的孩子在一起时，对孩子来说，她看来就像是从正常家庭背景长大的女人一样温暖可亲。”

25岁的玛吉说，在她与伴侣经过了5年的平稳的感情之后，她终于学会怎样重新信任别人，也有了安全感。自从她母亲18年前自杀，与冷漠的父亲和继母一起生活了11年以后，她早已失去了安全感。

> 我现在的恋人是在幸福的核心家庭长大的。他的父母仍然很相爱，兄弟姐妹关系也很好。当然，他们自己也有烦心的家务事，就像别的家庭一样，但总体来说他们是很满意现状的。所以他的价值观和我的不一样。现实对他来说就是：我爱他，他也爱我，我们想在一起。他的观念是：我永远都是我；我永远都爱他；我永远都不会抛弃他。然而我却不这样想，但是我正在改变，准备打开我的心扉，学会表达我的需求。
>
> 现在我觉得自己能和别人相互依赖，不仅仅只有独立和非独立这两种选择，依靠别人也没有那么糟糕；也许我能信任别人，在不危害自己的前提下显示出自己的脆弱。我渐渐把自己定义为，希望和需要别人走近你的生活的那种人。我已经向自己证明了，没有他们我也能生存，没有关心和爱护我也能活下去，但是那样生活是很痛苦的。

就像玛吉一样，当一个女人和她可以信任的恋人经过了一段安稳的、长期的感情后，她发现这种联合会减轻她怕失去的恐惧感。

美国国家精神健康协会的医学博士加里·雅各布森（Gary Jacobson）和哲学博士罗伯特·G. 赖德（Robert G.Ryder）发现，正常的婚姻也会缓解这些忧虑。对他们研究的 120 对夫妻中，90 对夫妻结婚前父母就过世了，30 对没有这种经历。他们猜测，那些在童年或青少年时失去父母的人在结婚的前几年问题最多。然而研究表明，他们中超过 1/3 的人认为是“特别亲密”的夫妻都经历了婚前失去父母，这超出了预计的两倍。这些夫妻的关系非常亲密，双方可以畅所欲言，对自己的配偶很满意，也很满意重组后的家庭。

43 岁的玛丽·乔说，第一次婚姻的失败使她明白了很多东西，在第二次婚姻中她得到了安全感。当她的第一任丈夫离开时，她感到被抛弃了，必须接受专业的指导。在治疗师的热心帮助下，她开始走出母亲过世留给她的阴影。在她度过这个时期以后，当她重新审视自己的恋爱观时发现，原来她一直在寻找生命中缺失的母爱。然后她开始学习怎样找到一个能满足她的需要但不是全部需要的伴侣。到今天，她说自己的第二次婚姻比第一次的更健康和稳定。“我的丈夫是我有力的依靠，他很爱我，”她说，“幸运的是，他不像我总是很悲观。他会告诉我：‘玛丽·乔，你担忧的事情是不会发生的。’当我需要发泄时，他会让我尽情大哭。有几次当我想起生命中失去的人时，我会毫无缘由地想要大哭，他会抱着我或只是坐在我身边。我想，是因为有了他的支持、自己的恢复力、好朋友和一个好的治疗师的帮助，我才从危险的处境中走出来。”玛丽·乔说，当她学会依靠不同的人和每段感情（包括自己的婚姻）时，她感觉到了前所未有的安全感。

同性之爱

失去母亲的女性在选择同性伴侣时，与选择异性伴侣一样想找到感情的依托，想找到一个给自己安定生活和关怀的人。然而，她们能够在同性之间直接找到想要的母爱。29 岁的凯伦在 15 岁时离开家，她说，她特别想找一个能照顾她的女朋友，那是她一直渴望从酗酒的母亲那里得到的东西，但是 9 年前母亲去世了。“母亲死后，我一直想从我的爱人那里得到肯定，”她说，“找女性当恋人会使事情变得更复杂。我的意思是，我不想找父亲和母亲，我只要找母亲。我更倾向于年长的女性，那会使我有无尽的想象。我问自己‘为什么会这样’和‘有什么可怀疑的’。我的前女友比我大 10 岁，从某种意义上说是她收养了我。我母亲过世时她和我一起去看母亲，很显然我的爱人不是母亲，却像母亲一样照顾我。”现在，凯伦和现任女友同居 3 年了。我们的采访过程中，她向我们展示了她们公寓里舒适的家具，这些家具都属于她的爱人。这无论从现实还是心理上都体现了爱人带给她的家的感觉，这种感觉正是她在童年得不到的。

在艾德丽安·里奇的《强迫的异性爱和女同性恋的存在》(*Compulsory Heterosexuality and Lesbian Existence*）中，她表示，同性爱比社会所接受的异性爱更自然。婴儿（无论男女）的最初欲望对象都是母亲。一个男孩受到教育接受异性作为自己的伴侣，他会经历一段完整的恋爱。然而，女孩被迫转变自己的情感对象而接受男性。里奇认为，如果女性是最早对婴儿进行情感和生理照顾的人，那么提出以下问题就符合逻辑了：对男性和女性在爱情和温柔方面的调查，最初是否是针对女性的研究？为什么女性会在事实上转变研究的方向？失去母亲的女性在同性伴侣中寻找母爱时发现，同性的臂弯是最容易找到母爱的地方。

27 岁的萨布丽娜在与男性交往了 10 年之后，首次开始与女性交往。她说，自己总是被女性吸引，但是她阻止自己与女性交往，因为她特别想和 13 年前自杀的母亲建立联系。“当我和女性一起时，总会转移我的注意力，”她说，“有时我想说：‘对不起，我只是觉得你像我的母亲，希望你别介意。’但是在过去的7个月里，我和一位女同性恋一起工作，并且我们逐渐对对方有感觉。我还没有和她发生关系，但是她很照顾我。她的母亲在她小时候就离开她了，我们就像两个被抛弃的人相互依靠。”

在本书采访的人之中，有大约一半的人在母亲去世前就是同性恋。她们中的很多人说，母亲的死使她们没有了顾及，不用担心造成家庭冲突。一位和伴侣快乐生活了8年的女同性恋说，她很确定，她母亲要是知道了她的性取向后一定会歇斯底里。如果她的母亲没有死，她也许会逃避现实和男人交往。其他的双性恋和女同性恋说，她们在男性无法照顾和安慰她们后，选择女性作为情感和性伴侣。或者，因为害怕独自面对父亲时也有这种冲动，所以她们避免自己选择男性。当然还有一些人是因为母亲的离去，导致自己会被女性吸引，使现在的自己变成双性恋或同性恋。

爱的替代品

失去母亲的女性会说起人生的空白：她们会说起失去的碎片；她们会说起家里曾经有的空虚感，像是脾胃与肋骨间永恒的缺口。

这种空虚感使没有母亲的人成为情感极度丰富的人。她们习惯了得不到自己需要或想要的东西，所以她们会尽量多、尽快、尽可能地摄取，就好像额外为明天而储备。“没有母亲照顾的孩子常常想要抓住一切，因为害怕当自己需要时已经没有了。”克拉丽莎·平克拉·埃斯蒂斯说。一段接一段的恋情、暴饮暴食、过度消费、酗酒、吸毒、在商场偷东西、做事情超过预期目的等，这些都是女性想要填补空白、照顾自己、隐藏悲伤和孤独、得到她失去或从未拥有的家庭管教的做法。

其他的做法也会涌现出来，尤其是当青春期女孩有自主意识时，她可以选择更多的方式安慰自己。但是没有母亲角色的人或没有照顾她的人来帮她辨别，她就缺乏照顾自己的能力，并且情感上的不成熟使她不能正确处理问题。她摸索着自己教育自己，为了减少自己的痛苦，她选择了性、食物、酒精、毒品、偷窃或其他冲动的行为来替代他人的关爱。

没有由里向外地治愈自己，失去母亲的女孩选择了麻痹自己去由外向里地治愈。她把酒精和毒品当作治疗的药物，过分享受食物和物质，通过取得成就和成功改变自己的生活环境。同样的理由使她在人群中打转，寻找一个陌生人把她从一生的孤单和伤痛中释放出来。她冲到百货商店和购物中心消费来获得满足。这样做使她隐藏自己内心真正的感受。

“情感上的绝望使人患强迫症。”吉宁·罗思（Geneen Roth）在《把食物当作爱：探索饮食与亲密关系》（*When Food Is Love: Exploring the Relationship Between Eating and Intimacy*）中写道：“我们相信热衷于物质享受、交朋友或参与活动能使我们摆脱绝望。”这种行为的产生是因为我们说服自己这些能在某种程度上帮助我们。一个女性故意花50英镑把自己变得平凡无奇，因此可以避免与别人关系亲密；一个女孩为了获得陌生人的称赞和尊敬，努力让自己的学习成绩比其他人都好，因为她不能得到家里的表扬或父母不承认她的成功。青少年使用毒品和酒精来麻痹自己的感觉。

32岁的芙朗辛，自从19年前母亲因为心脏病去世以后，她用食物来安慰自己。在她家10个孩子中，只有她遗传了母亲暴饮暴食的习惯，所以食物就成了母爱的替代品。

“我会吃进所有能把烦恼抛开的东西，我需要一直控制自己，但是一切对我来说都是口头上的。如果我不节制，自己很轻易就会嗜酒如命。我在母亲住院后就学会了抽烟，直到最近才戒了。改正那些陋习太难了。母亲过世后的几年里我发现一个问题，就是我真的抵抗不住奶制品的诱惑。当我饿的时候，我首先想到的就是它。我在一本书上看到，母乳代表着母亲的照顾，奶制品无疑就是好的替代品。”

经过在减肥机构几次失败的尝试以后，芙朗辛现在正配合理疗师从根本上寻找她冲动的原因：母亲离去和家庭的破碎带来的空虚感和孤独感。她现在不是想着迅速地戒烟和减肥，而是认真思考自己需要什么，从而以不伤害自己的方式努力。

芙朗辛说：“我现在仍然喝酒，有时还吃奶糖，不然我受不了。但是比起以前，现在的频率已经降低很多了。我的身体比以前健康了，也有了很多关心我的好朋友。我也更善待自己，学着自己爱自己。我经常写日记，也唱唱歌。我还做手工，积极参加活动。如果有什么事情惹我生气了，我就写下来或发泄一下。这和以前大不相同，因为以前我从没发泄过。作为一个女孩，我学着感到委屈后大哭一场。”

“直到两年前我一直做得很好，后来我想当母亲却怎么都不行。这使我再一次感到失落，我又开始大吃。过去的一年半，我在情绪上极力控制自己。不同的是，我现在把这看作暂时的困难，我相信自己能挺过去。在这以前，这种压力会使我跌回谷底。”

在大多数家庭中，母亲的早逝加重了女孩的冲动行为，即使有很少情况是导致这种行为的原因。这种失去常常会恶化已经存在的问题，或迫使处于萌芽阶段的坏习惯发展成熟。在芙朗辛的母亲去世之前就已经埋下了坏习惯的种子。芙朗辛在儿时就暴饮暴食，母亲的心脏病和家庭的琐事使她有更多的理由在饮食上发泄自己。

就像阿琳·英格兰德说的，无力改正不良嗜好的女性经常把母亲的过世当作借口。“如果你把 B 当作 A 的必然结果，那么因为母亲去世导致你是酒鬼，就不可避免了，”她说，“推理得出，母亲的死是永久的，所以你将永远是个酒鬼。和明白是自己养成的坏习惯的人相比，能够理解母亲的死只是起了推动作用的女孩受到的伤害更少。我们都必须明白，作为成年人我们能对自己的心理健康负责。”

那些是卡萝尔几年前为了治疗自己的暴食症和偷窃的冲动时学会的。卡萝尔的这些冲动可以追溯到幼年时和母亲关系疏远以及在母亲去世后那段悲伤的时期。“17岁以前我都是由着自己的喜好来，然后突然感觉有人抽走了我脚下的毯子，”她说，“为了补偿，我转变成了母亲的生活方式——高效的、超然的、独立的。她很少表现出自己的情绪，所以我不知道该怎么做。就是从那时起我越来越暴饮暴食。”

冲动替代了理智的行为，暴饮暴食和偷窃成了卡萝尔逃避悲痛的方式。“我尝试着通过吃减轻痛苦，然后恢复理智后再给自己灌肠，或像是疯了一样地做运动想要摆脱它，就像是例行公事一样。在那之后我会感觉到放松，就像‘现在没事了，我已经把它发泄出来了’。我时常会去商场偷点东西，我知道这样做很让人气愤。我感觉自己是在报复别人，即使没有特别想要报复谁，但这样做使我得到了我不曾得到的东西。直到几年前我才不再偷东西。我不偷商店的东西了，但是会从上班的地方往家拿东西，或是行动鬼鬼祟祟地想要引起别人的注意，好像这样做我就能忘记家里的事情。在工作中我得不到自己想要的，所以我以偷东西来代替。”

当卡萝尔在单位偷东西被抓住以后，她被开除了。后来她加入“债务人无名氏”，这是一个包括了欠别人钱和情感上对不起自己的人的群体。现在，她努力转移自己在不良嗜好上的精力，减轻自己的失落感，希望自己可以尽快和别人建立起充实的关系。

这样的冲动行为很讽刺：当她把这些事情当作爱的替代品时，她的自我专注既妨碍自己，又保护她去寻找她所渴望的人与人之间的温暖。为了不再这样下去，她要正视形成不良嗜好的原因：气愤、内疚和悲伤。这也是治疗焦虑型和逃避型人群的有效方法。只有我们承认和面对母亲的离去，才能停止在伴侣身上寻找母亲的身影，停止担心伴侣的再次离开。只有我们有勇气面对这些恐惧，最终才能学会欣赏和尊重自己，学会爱和被爱。

我在1995年的春天遇到了我的丈夫。当时他在给纽约成立的羽翼未丰的"失去母亲的女儿"团队租办公场地。过了一年我们才开始约会，又过了一年才结婚。他追的我，那是一个新奇又出人意料的转折。那是第一次我害怕进入一段关系之中。从一开始我就知道这一次会持续下去。我不想把这段关系搞砸。

在早期失去父母的人之中有两种常见的对待关系的策略。马克辛·哈里斯解释说：一种策略是刻意使关系热烈且短暂，另一种则总是作为先提出结束一段关系的那一个。两种策略都是为了最小化亲密关系中的焦虑——在失去母亲的女儿的心中，这往往与担心潜在失去的可能性相关。我会一直认为我选择的男人情绪矛盾、闪烁其词。只有在遇到可能成为我的丈夫的人的时候，我才意识到真正不可靠的那个人，大多数时候是我。

每天，我醒来看到这个我没有理由质疑其忠诚的男人，都让我感到惊喜万分。是的，我确实天天如此。无论太平无事地过去多少年。我总是做好最坏的打算。可以预料，每过几个月我就需要他亲口保证他不会毫无征兆地离开我。那个保证，让我能够信任他。他会一直在，不计劳苦，和我一起养育孩子，和我相伴到老。坦白说，这些谈话让我感到疲惫，但是如果他觉得这些谈话很累，他不会显露出来。

这个和我一起躺在特大双人床上的男人带着开朗的心情开始每一天，总是在挂断电话之前对我说"我爱你"，每天晚上蜷缩着身体抱着我。他不记恨人，他坚持开放的沟通。日复一日，年复一年，他没有离开我。无论时间过去多久，对我来说这永远是全新且非同寻常的事情。

第 8 章

当一个女人需要另一个女人

性别问题

有时会发生这样的事：上午 10 点有一个商务会议，我在想要穿什么。壁橱里一边是一堆破洞牛仔裤和一排工装衬衫，另一边是单色毛衣和深色羊毛西装。我穿上了裙子和毛衣，但是无论颜色怎么搭配，从镜子里看都显得太单调了。我看起来就像是两截融化在一起的蜡笔，没有闪光点，也没有活力。我记得母亲有一个袋子，里面装有大头针、围巾和珠子。我把这些东西都倒在我的床上，但是不知该怎么用，也不记得母亲是怎么使用它们的。看着这些零零碎碎，我却不知道该如何适宜地组合它们。

有时也会发生这样的事：我应邀去一位年长的女士家里赴晚宴，在去的路上想起母亲曾告诉我不要空手去别人家，于是我买了一束鲜花。几天之后，参加晚宴的另外一个客人说起了她寄给女主人的感谢卡，并说女主人还提到没收到我的感谢卡。“感谢卡？”我问道。“对，感谢卡。”她重复道。开始我很疑惑，但紧接着感到羞愧难当。我想立即给女主人打电话解释，想说真的很抱歉，我并不知道这些礼节。虽然这听起来是个可怜的借口，对于如此小的过失我的反应也太过夸张了，但是我想告诉她，我的母亲死时我才 17 岁，我真的不懂这些。

另外，更常见的情况是这样的：轮到我组织晚宴聚餐时，一切都不对劲了。尽管我尽了最大的努力收拾房子，结果还是一团糟。当第一批客人到来时，我还没把食物准备好，就匆忙将所有东西都推进烤箱。我也没办法隐瞒这一令人尴尬的事实：我不会做饭。我已经把聚会推迟了好几个月，因为我知道会发生什么状况，但是我不能再继续接受邀请而不回礼了。现在我只能敞开我家的大门，迎接另一批熟人和同事看我在夜色中挣扎。晚宴的某一刻，一个孩子溜进了厨房，撞见我正偷偷地端着半杯酒和一块蛋糕。她告诉我，她喜欢我的裙子，也许是喜欢我的耳环——这并不重要，她只是想跟我聊聊，我也是。我怀疑在我尴尬的时候，她感觉到我俩有种相似的共鸣，她在寻找未来的自己。我在她眼里看到某种东西，甚至是一种钦佩。她在钦佩我？她想从我这里找答案？我看着这个盯着我的 11 岁孩子，感觉到一种短暂的同理心和责任感，同时又觉得自己像骗子般荒谬。因为事实上，即使经过这么多年，我仍然不知道做一个女人意味着什么。

我不想把母亲归为思想陈腐的家庭妇女，亦不想回忆起母亲就想到晾衣服的人、女主人或是像一本详尽的菜谱。当然，她代表着更多东西：随着时间的流逝和我的成长，她显得更加复杂。在当代的文化背景下，评判女性的成功是以她对伴侣、孩子、家庭的投入程度来决定的（我的母亲就致力于这些事情），而我也和大多数女性一样，很早就知道外表的吸引力和优雅的社交是女人必须具备的技能。母亲每次邮寄麦考氏调查表时，她都会在职业那一栏自豪地填上家庭主妇。这是她对自己的定义，也是我在前 17 年的大多数时间里对她的定义。

那时我还太小，或者没在意她是怎样度过她的一天的，我想的只是怎样逃离她，怎样和她没有交集。现在，每当我想到还没有向母亲学习该学的东西时，我感到自己是不完整的，是残缺的，是错误的。

我的女性朋友说这些都是胡说八道的，她们告诉我："你只不过是有自己的风格罢了。"但是，我说的不是表象，而是内在。我曾经尝试着把我与别人的不同归咎于漫长的青春期、10 年的到处奔波，甚至是细微的逆反心理。理论上讲，这些我都经历了，但是当我与一些同样失去母亲的女性坐到一起时才发现，这些都不是真正的原因，而她们也有同样的感觉。

一天晚上，在长达一个小时的时间里，38 岁的简在我的卧室讲述了从她 13 岁起如何因为失去母亲而使得"女人"这个词变成她的负担。她的话使 5 位失去母亲的女士产生了共鸣，使她们得到了慰藉。"生活中有很多细微差别和精妙之处都已离我而去，"她说，"由于我在青春期时由一个男人抚养长大，而大多数时间他都在干农活，这让我觉得自己应该穿工装裤，站在膝盖深的牛粪中才对。如果有种文胸能让我穿上后看起来像个男人，我一定去买。我有时总觉得自己不像女人，这是我最大的困扰。我是女人吗？如果我是，那什么是女人？"

多年前，法国作家波伏娃在她的书《第二性》（*The Second Sex*）的简介中，曾问了相同的问题，而她的回答贯穿了接下来的 700 页，在这个问题上是没有捷径的。当一位失去母亲的女儿预估她所错失的东西时，她会认为自己缺失关于女人的定义，这就产生了一个严重的问题。我的母亲能做 15～20 种菜肴，如果我会做 5 种那就算是幸运了；在我的记忆里，母亲很会买衣服，而我甚至不知道长礼服里面该穿哪种内衣。我知道烹饪、穿衣和个人卫生不完全等同于女性的全部，并且许多有母亲的女士也不知道，或特别注意到露跟女鞋和拖鞋式女鞋的区别，但是当你失去了最主要的女性榜样后，就很容易出现理解上的错误。当没有人教我们如何在男人的世界表现得女性化，没有人帮你决定该接受或拒绝别人时，我们会把老套的性别观念和神话作为参考。现年 35 岁在 12 岁失去母亲的丹尼丝说："当我第一次走进理疗室，我意识到自己不但不知道怎样做一个女人，还开始相信正是那些我曾经认为是乱七八糟的事情界定了你是一个女人。我曾经以为知道怎样做蛋糕和穿吊带袜的人就是女人。"

没有母亲的女儿经常搞不清楚"女性行为"和"女性身份"，就像是小孩会错误地把"去做"当成"做成"。尽管一个概念能反映出另一个，但两者是不同的：行为是从有意识的观察和模仿中得来的，身份的形成在于与女性榜样的内化联合。当女儿看见母亲冲完凉，用毛巾裹住头发后，有一天她会模仿同样的动作。她也开始想象并期待着自己身体发育成熟。同样，当女儿看见母亲给她的小弟弟或妹妹喂奶时，她也学会了怎么给婴儿喂奶，并且意识到有一天她将哺育新的生命。

一个失去母亲或母性角色的女孩，几乎没有现成的、具体的可以向成年女性借鉴的东西。既没有人直接指导她什么是典型性别行为，也没有人跟她是一个性别。她需要自己拼组女性身份，从其他女性身上寻找正确的性别道路，通过比较与对比来修正自己。比如，去参加宴会想我带的礼物合适吗？我的发型和青少年杂志上的一样吗？

所有的女孩在一定程度上都如此，但是失去母亲的女儿承受着深深的自卑和耻辱，因为她已经失去了对自己帮助最大的人。她需要做到的事情超过了同龄人可忍受的范围。在通向成年女性的正常渠道被关闭以后，她在寻找成为女孩的线索，并通过观察和模仿来塑造女性身份。

"女性气质的形成是很复杂的，"南 · 伯恩鲍姆解释道，"通常女孩子在早年与母亲一起的时候，内心就树立了某种身份意识——她不能把它当作不存在的，但是那种身份意识是没有机会成熟的。有时，青少年需要依靠童年的记忆起导向作用。例如，对于这件事母亲会怎么说？她会给什么建议？然而记忆毕竟没有现实强大，也没有现实的女性关系生动。”

43 岁的玛丽·乔在 8 岁时失去母亲，她向我讲述了我听过的最艰辛的故事。尽管她有姐姐照顾日常生活，在进入青春期后，她仍然希望一个有经验的女人指导她成熟，用她自己的话说是“该怎样做”。

> 我的父亲会时不时地给我些指导，但我不想他这么做。我会打发他出去，告诉他：“我都知道，不用你来告诉我。”但是我又急切地想做一个正常的女性。我常从镇子里的图书馆拿回家几本讲礼仪规范和娱乐的杂志，《17 岁》就是这样的杂志，杂志里有一些短文，讲述在特定场合的举止规范。因为我没有任何可以模仿的对象，每当我看过书后，就会感慨：“哦，人们应该这样做吗？”千真万确，我会从图书馆拿几本回家，并记忆书上的内容，直到我完全理解。然后，我再把它们还回去。我不想让别人看见我拿这类书，因为如果人们知道我在为这种事烦恼，我猜他们会一把抓住我，然后表示出对我的可怜吧。我只想知道些东西，我不需要可怜。

在玛丽·乔还是个孩子的时候，就把人和女人的概念等同起来了。她知道自己的性别，但是不知道跟自己有什么关联。她知道父亲也不明白，但是姐姐的经历确实是她热切想要知道的。玛丽·乔相信，只要她达到了要求的行为，就会战胜原本的残缺感。在她翻阅书本想要学习社会礼仪规范时，她努力想要理解娜奥米·洛温斯基的“深度女性特质”。“深度女性特质”是细微的、无意识的女性特征和力量。我们错误地认为它表现为领结的系法和写感谢卡，但它是从更抽象的性别核心发展而来的。

所有的女孩（失去母亲的女孩也不例外）都希望母亲告诉她们怎样从女孩过渡到女人。37岁的乔斯林说："在我小的时候，常常在想是不是别人的母亲会在晚上你睡着以后，走进你的房间，在耳边低声说什么。有时候，有些东西即使你记不起来，它们还是会无意识地进入你的脑海里。如果没有母亲在我身边，我永远也不会知道那些我该知道的东西。"在乔斯林童年的大多数时间里，母亲都因为精神问题被关在精神病院。

乔斯林的比喻恰当地解释了正是那无声的、不固定的变化，像亲密的二重奏一样，联系着母亲和女儿。艾德丽安·里奇曾经把这种变化描述为"超出语言表达之外的女性生存知识，即那些潜意识的、颠覆性的、语言表达之外的知识：两个相似躯体之间的知识，其中一个躯体在另一个的体内生长了9个月"。就像玛丽·乔所说的，你不能从书里了解到它的本质。

我们前边的章节曾经说过，女孩的某些女性化特点和她对男性的态度是由她和父亲的关系决定的，但那些并不是失去母亲的女性所缺失的部分。社会学家米丽娅姆·约翰逊（Miriam Johnson）在回顾关于父亲和女儿女性气质的关系的研究时，把女孩的女性气质分为"异性爱"和"母性"两部分，这也使得区别更加明确。她说，父亲影响女儿女性气质中异性爱的部分，这其中包括浪漫和亲密、异性的选择。从目前来看，婚姻是被理解为男性的主导权和男性特权的体现。母亲影响母性的那部分，这包括女性身份、生殖能力、母女关系，以及在亲子关系中的女性权力的体现。失去母亲的女儿也许在满是男性的公司里会感觉很舒服，很多人也确实如此。那能教会她怎样做女人吗？

在女性特征形成的过程中，如果母性元素缺失，那么女孩的成长会缺少内化的女性权力意识。这不仅是"女人"一词在政治和社会实体方面的体现，也是作为一个女性自我的体现。在由男性主宰的社会中，女性权力已经逐步被削弱，对于失去母亲的女性就更难掌握了。当她没有成年女性气质作为参考模型，或是没有榜样告诉她错误的女性意识，那么她在理解并接受自己性别角色时就会陷入困境。因此，如果她理解的性别就是绝对的二选一，那么她是属于哪一种呢？丹尼丝说："我总觉得自己是介于男人和女人之间的生物，就像是突变体、中性生物。"在双重对立刺激的文化里，"女人"一词不可避免地被定义为"非男人"。一位失去母亲的女儿一直在寻找合适的词来描述自己，最后她灰心地问：我是谁？

"我是个幸运儿。"许多失去母亲的女性说。因为早年的不幸使她们变得坚强，教会她们如何适应环境。深刻的丧母之痛给予了她们信念和希望，使她们奋勇向前。就像她们说的，她们已经获得了那些大自然本该赋予男人的力量和不屈不挠的精神。

有些伤害是不必要的，比如自我决断意识。但终究是这些，使得南希·德鲁（Nancy Drew）纵横在生意场上多年。每三个失去母亲的人里就有一个把早年的痛苦称作"独立"和"自主"，并且她们把这些作为通向成功的通行证。虽然在成为独立女性的同时不必失去母亲，但是两者之间有着深厚的联系。当一个失去母亲的女儿发现，监护自己的人无法从最初的悲痛中走出，或没有能力抚养自己后，她就像独立的女性一样，学会自己做决定和依靠自己。因为这样才能安然度过童年和青春期。她还要学会喂饱自己的肚子。"当你失去母亲以后，就不能再眷恋母亲的帮助了，"洛温斯基博士说，"你得一头扎进水里，然后学会游泳。"

然而，孩子在太小的时候强行学会自立，这会对自信心造成严重的影响。通常接受的东西太多或太快的女孩，会在她成年后有受挫感、易生气。如果一个十几岁的女孩要承担所有责任，还要照顾她自己、她的父亲甚至她的弟弟妹妹，她通常会形成固执的性格和错误的自我权力意识。强烈的独立专断意识会演变成自我保护意识和排他意识，这使她和同龄人有隔阂，也与其他女性疏远。因为曾被依赖的女性抛弃，成年的她会小心翼翼地对待女性关系。28岁的莱斯莉说："每当我想起女性间的友谊，第一反应就是要谨慎。我有为数不多的几个亲密的女性朋友，我想多多少少是因为我不信任女人。我经历了母亲的死亡，那就像是她背叛了我，而这些本来是可以避免的。这中间夹杂了太多的沉默和欺骗，我想，比起不信任，我更害怕女人，她们有种强大的力量。"然而，当四五个失去母亲的女人坐在一间屋子里时，一种同志情谊油然而生。终于，她们说话了。她们都是同一处境的人，就像是一个战场上的老兵。失去母亲的人都一样，她们能感受到别人每个动作所产生的影响，每个眼神里最细微的影射，话语中无声透露的情绪：你和我是一类人。就像是失去母亲的女儿支持小组里的一个人说的那样，"那就像是一个我们之间心照不宣的秘密握手"。

对于其他女人，尤其是把自立当作一种威胁的人来说，失去母亲的女人都太"激进"了，她们看起来很有威胁性。上女校时我曾听到过这样的话："她就像个男人。"

在我刚开始上班一个月后，有一天，同事请我喝酒，她说我是个难以接近的并且有威胁性的人，因为我"看起来就是那样的人"。她说："你给人的印象太自负了。"这是我第一次听见如此的评价。尽管我把"独立"和"自力更生"列为早年丧母产生的积极影响，但是我记得那晚我盯着啤酒在想："她说的是真的吗？如果这真的是一杯水，那我会怀疑自己的想法。"

所以我在这里：我看起来是个女人，行为像男人，内心深处却像一个孩子。我需要别人不断地告诉我：我有足够的能力、足够的吸引力，现在我已经很好了。

失去母亲的女人是行走的矛盾体。在她散发个人力量的同时，失去母亲的事实也不断消磨着她的自尊心，腐蚀她的自信心，降低她的安全感。不自信是她环顾周围一圈的女人后总结出自己不适合这里的根本原因。她认为：别人都有母亲，而我只是一个人。虽然她有父亲、姐妹、好友或配偶，但在一群女性之中，她总是感到孤单。过度的独立和自信是她的保护伞，奋勇向前是公众面前战无不胜的表现，威胁性是面对强大孤独感的自我保护。

她认为，太依赖别人意味着将承受更多痛苦。她会说："不，谢谢，我自己能行。"但她真正想说的是："我需要你的帮助，但是我怕过多地依赖你，你就会离开。"当她最依赖的人离开她后，毫无疑问她只能依靠自己了。对于失去母亲的女性来说，依靠独立并不像听起来那样矛盾。

衣用漂白剂、餐位餐具和怎样戴珠串项链，这些我不是不会，如果我尝试去学也可以学会。我会提醒弟弟给罗莎莉姨妈写感谢卡，或建议妹妹把煎锅泡在凉水里，以便洗掉锅底糊掉的鸡蛋，但是我不想自己去找这种常识。对我来说，主动地学习这些知识意味着从内心接受失去母亲的事实。为什么我会这么想？我经常梦到母亲，但她总是不说话，站得远远的，就像一个幽灵。她不知道中间几年发生的事情。在我的潜意识里，有一个矛盾的想法，即我的母亲死了，可是又没有真的死，我仍然是一个等待着母亲指示的女儿。我不能代替母亲，即使是我自己也不行。

我坚持家务上混乱不堪，因为这些事情只有母亲才能解决，而这是我纪念她的方式。这也许就是我总也找不到一个非凡的替代者来代替母亲的原因吧。尽管我很期待生活上有一位更加成熟、有经验的女士给我以指导，但是当我遇见这种人时，总是不确定她是否合适，或怀疑她究竟能给我什么。我前男友的母亲曾经抱怨说我不尊敬她，我问自己这是否属实。我知道自己绝非故意冒犯，但是情感上的距离感和坚持独立的习惯已经使我不自觉地表现如此。我一点都不知道该怎样在长辈面前表现。以前我是知道的，但是距离的时间已经太久了。60 年的时间会学到什么？我们各自有多大的自主权才算合适？我平等地对待年长的女性，似乎是对她丰富阅历的不尊重，我卑躬屈膝又觉得对不起自己。除非有别人给我做示范，从开始就建立起一种尊卑关系，不然我会犹豫不决，表现笨拙和扭捏。我一个人是不知道该怎么办的。

允许一个女人像母亲般真正地关心爱护我，这是一个既吸引我又令我恐惧的提议。我既想在生病、孤单害怕时有一个女人用她柔软的有力的双臂抱着我，同时也害怕她侵入我的世界。我在想，是不是这么多年的独立生活，盼望一个像母亲的人能自动出现，已经使我过于独立和自我保护，不能接受别人了。一切是不是已经太迟了。

乔斯林花了 21 年去寻找一个可以模仿的女性，她告诉我一切都不晚。她的母亲被关到精神病院时她才 5 岁，医院的一系列治疗持续了 12 年。当她的母亲还在家里的时候就整日酗酒，这进一步激化了家庭冲突。乔斯林童年时没有一个稳定的、可以模仿和学习的母亲形象，她从来没有觉得做一个女性是安全的、有价值的。后来在她 20 多岁时，在常去的教堂里遇见了一个女人。

> 凯比我大 13 岁，离过婚，有两个孩子，我们成了好朋友。我想，她在寻找一个使她生命有意义的人，而我基本上在找一个母亲。我认为那时候她还不知道自己对我意味着什么。我们只是朋友，而且我们都是异性恋，但是我常常会观察她。我记得有一次跟着她进了洗手间看她化妆。她看见我这样紧张极了，说："你能出去吗？你为什么这样看着我？"那时我也不懂自己为什么要看她，但是现在我知道了，那就像是小女孩观察她的母亲一样，而我从来没有机会那样看我的母亲。认识凯几年以后，我觉得自己像是

在一间堆满积木的屋子里。然后她走进来告诉我："现在，把蓝色的那块放到黄色的上面，然后把红色的放它旁边。"这是第一次有人这样对我说话。朋友会问我："你怎么了？你好特别。"我确实需要别人这样对我，现在我的愿望实现了。我和凯已经做了10年的朋友，即使我现在住在别的城市，仍然觉得我们的友谊很牢固。如果需要女性的建议，我知道可以去问她。

乔斯林说："我们都是异性恋。"她声明这句话以便澄清。毕竟，除了同性恋这个理由，还有什么能解释一个女人会如此深切渴望另一个女人，像是对待失去母亲的孩子一样陪伴着她呢？每当我提起这个话题，很多我采访过的人都会表示理解。她们承认，性别上的混乱也曾使她们怀疑自己的性取向。她们曾疑问：如果感觉自己更像一个男人，而非女人，如果想要寻找一个能走进自己生命里的女人，就意味着我是同性恋吗？

"我跟男人或男孩在一起时，感觉很自在，"36岁的简说，"但是每次有女性拥抱我时，我就会很激动，心里就会想：'哦，天啊，一个女人抚摸我了。'我渴望女性的抚摸，所以我曾一度认为自己是同性恋。有时候我希望自己能租一个母亲，和她依偎在沙发上。当有一群母亲一样的女人围绕着我时，我就感觉自己被催眠了，这种感觉就像是在神游。我只想要回到儿时，被抱在怀里直到永远。"

简把她对女性的幻想与年长的女性保护者联系起来，这与情感和生理上的舒适感有关，与她的性取向无关。32岁的阿曼达在大学期间就有同样的体会，那时她曾经约会过一个女性，想要检验自己对同性情感的冲动是否会导致对性的渴望；最后她发现，自己更喜欢在情感和社交上有女性的陪伴，在性取向上还仅限于男性。现在她既有丈夫，也有一群女性朋友的陪伴。她说："我特别珍惜我的女性朋友，和她们在一起时更有趣。我曾经会到处寻找可以做女性朋友的人，而男性朋友却到处都是。我最近认识了一群会用黏土做首饰的女性。我和年长的女性会处的比较好，为此我还结交了一群比我大的女性好友。”从这些朋友身上，阿曼达得到了女性的力量和情感支持，她说这些是从男性身上得不到的。当她需要一个成熟、有经验、可以依赖的女性时，她会去找祖母——这个在她心里仍然代表着家的女性曾抚养她至成人。

毫无疑问，一个母亲的替代者会指引女孩经历童年期、青春期和青少年阶段。要帮助一个在不利家庭或社会环境下长大的孩子成为一个情感丰富有能力的成年人，最重要的是保证有至少一个关心她的成年人在身边。一个女性良师益友能在情感上帮助一个失去母亲的女孩树立自尊心和自信心，使她成为正常的女性和独立的个体。菲莉丝·克劳斯说：“一个孩子从指导者身上学会了一种她在乎的感觉，那种感觉对她很重要，是这个世上她在乎的东西。她树立起自我价值观。当她听到别人说自己有能力，她就能有所作为。这些帮助她独立，帮她树立自信心，而不是依赖别人、感到焦虑不安和沮丧。”一个女孩树立了坚定的信念——认为自己有价值，讨人喜欢受欢迎，她就能健康地成长；同样，她需要安全感以形成让人感觉舒适的性别特征。“女孩自然而然地会模仿她的母亲，让那些隐形而客观存在的、性别上的自我意识在成长过程中给她安全感，”克劳斯说，“所以我在寻找，一个在生活上可以帮助失去母亲的孩子的方法。结果发现，通常身边的女性亲友或朋友的母亲，在女性成长方面会对她有帮助。”

在她们失去母亲后，从哪里能得到同性的安慰和支持呢？有 97 位女士说，她们找到了一个或多个母亲的替代者。在这 97 位女士中，33% 的人找到的是自己的女性亲友，30% 的人找到的是祖母，13% 的人找到的是姐妹，13% 的人找到的是老师，12% 的人找到的是朋友，10% 的人找到的是同事，剩下的按递减的顺序分别为邻居、朋友的母亲、婆婆、继母、丈夫、情人和表姐。[⊖] 37% 的人说，她们找不到任何可以帮助自己的人，最后只能依靠自己解决。其他人通过各种各样的方式渡过难关，将宗教、图书、电视、电影和对母亲的记忆点滴融合在一起。

从逻辑上看，女孩选取母亲替代者的首选是自己的亲友。心理学家沃尔特·托曼（Walter Toman）说，最好的替代者就是和那个失去的人最相像的人。这就解释了为什么女性亲友和祖母是最常选择的母亲代替者。

> 然而，通常一个非常相像的替代者是很难找到的。假如有这么一位各方面都和失去的人“比如你的父母”很像或者完全一样的女性，那么她一定会被接纳。然后女孩会从心里接受这个替代者，并会很快从悲痛中恢复过来。然而，在多数情况下，需要等很长的一段时间来悼念逝者。和逝去的人相处的时间越长，就越难找到一个合适的替代者，所以这段时间也就越漫长。

出于第 6 章总结出的原因，继母很难迅速成为现实中可被接受的替代者。她来这个家庭太早了，女孩还没有悼念和摆脱丧母之痛，或是她还处于过于依赖父亲或抵制一切父母角色的人的阶段。在 83 个重组的家庭中（包括那些失去母亲的受访者），有一半以上的家庭在两年之内迎来了新的女主人。由于生气和背叛的感觉，女孩不可能接受继母，让她成为可行的女性榜样。

当女孩长大以后，把成年女性当成威胁时，她会无意识地散发出对继母一样的敌意，这会影响到她与其他女性的交往。比如，

⊖　有些人找的母亲替代者不止一位。

她的一位女同事得到了她期待的职位，这会使她感到被替代和被拒绝，让她想起曾经父亲选择了继母而没有选择她的经历。然后，她就会像曾经对待继母一样，把怒气发泄到这位女同事身上。

这种对于继母的怨恨通常有着很深的渊源，如母亲的过世。当女孩把亲生母亲抛弃她的怨恨转移到继母身上时，她把继母塑造成一个坏母亲，即把魔鬼继母当原型。她把所有好母亲的形象追加到逝去的母亲身上，就像罗丝·埃米莉·罗滕伯格在她的《孤儿原型》中写道：

> 因为孤儿现实中没有母亲，所以她们常常把母亲想成很完美、很理想、无所不能的人。这就使得现实中的母亲变成为了相反的、黑暗邪恶的形象。因为继母是没有那么完美的，对于继母来说孩子也不是她亲生的。在这种“母亲—孩子”的双重格局下，母亲和孩子都处于一种“次于最好的”心理状态。

“你不是我真正的母亲！”对于女孩这样充满怒气和怨恨的指控，继母会沉默，继而会同样愤恨地回答道：“你也不是我真正的孩子。”会有多少女人在讲故事时，支持邪恶的继母形象呢？支持的人会比反驳的人多。这反映了继母和孩子之间的隔阂，是从生母死去或是离开她的孩子时就形成了的。把生母理想化、对继母不现实的期望、同父异母的弟弟妹妹的到来等，都会造成失去母亲的孩子和新女主人之间的不和谐。

阿曼达和她的继母生活了 12 年，她曾一度希望继母可以成为母亲的替代者。她 3 岁时父母离异，父亲得到了她的监护权。在接下来的 4 年中，阿曼达和她的父亲、祖母生活在一起。她每晚都要祷告，希望有一个新母亲。终于，她的愿望实现了，却不是她所期盼的继母。

我迫切地想要一个母亲。当父亲说他要娶埃伦时我真的很高兴。我觉得她是世上最漂亮的女人：她参演了20世纪60年代中期《吉洁特》，她是前选美冠军，她的衣服都很漂亮……总之，她的一切都很完美。但在接下来的一年里，我了解到她是个古怪的女人，我称她为“冰雪女王”。10个月后，她生下了妹妹凯莉，然后从那时起她就一直很抑郁，直到我18岁以后离开这个家。因为我的继母总是坐在沙发上看电视，不然就去逛街、做美甲，或看禾林出版社的言情小说，总是由我照看小凯莉。又过了几年之后，我感觉自己被完全抛弃了，我绝望了。没有人承认现实，没有人过问我的感受。我回顾自己的成长过程，形单影只，而我也只能顾影自怜了。

我承认，很多听过的邪恶继母的故事是片面的，即使大多数事实是正面的，即使孩子没有受到过分的虐待，很多没有母亲的女性仍然受到继母冷漠的待遇，例如，比较偏爱亲生女儿；使唤非亲生女儿像仆人一样干这干那；限制父亲对女儿立下遗嘱，并在父亲去世后独吞财产。继母会因为嫉妒丈夫与前妻的孩子的亲密关系，或不愿意接受丈夫前妻的孩子，或仅仅是不知道该怎么当一位母亲，而变得犹豫不定，放弃尝试，转而对非亲生的孩子产生敌意。上一任母亲的死亡使得加入这个家的继母处于水深火热中。比起因离婚离开的母亲，逝去的、深得人心的母亲会使继母更加没有安全感：她可以和活的人竞争，却不能和一个死去的人抗争。继母可能把自己的挫败和怒气转移到非亲生女儿身上，因为她直接代表着这个家里去世的女主人。

对于不太依赖核心家庭的已经独立的孩子来说，有一个不好相处的继母就像是一件让人烦恼的事情；对于一个仍然住在家里的孩子来说，有一个不好的继母会造成持久的、深刻的影响。英国精神病专家约翰·伯奇内尔（John Birtchnell）在对160名精神病女患者（她们都在11岁前失去了母亲）研究后发现，82%的患者因为和继母关系不好，后来都生活得很沮丧。这表明，在母亲死去或离开后，她们得不到足够的母性关爱导致了后半生的抑郁消沉，而不是因为本身缺少母亲。

曾有超过12名女性告诉我，她们的自信和自尊心的缺乏以及无所不在的孤独感并不是因为失去母亲，而是因为她们不能取悦严厉苛刻的继母。当一位34岁的女士说起自己的痛楚，回想起自己的童年时，她会说："我的一些忧虑和需求是因为我失去了保护我的人，即一个孩子不能失去的人，但是还有一些是我那精神错乱的继母造成的。我的痛苦既有丧母之痛，也有继母带给我的伤害。"

另外，科琳娜说她十分怀念3年前去世的继母。这个被科琳娜称为"第二母亲"的人进门时，她的生母刚去世6个月，她也仅仅11岁。"母亲琼很兴奋地接管了这个家。她要照顾一个青少年和3个即将进入青少年的孩子。几年后她有了自己的孩子——我的妹妹，"科琳娜说，"我的第二个母亲很了解我们，让我们独立成长。她没有过多地介入我们的私人空间，但是我们知道，我们需要她时，她随时都在那里。我们都深爱着她，很幸运能有她照顾我们。失去她使我很痛苦，甚至比失去亲生母亲还要难过。"

53岁的科琳娜有一个好的继母陪伴她度过青春期、步入成年期。然而经历初潮、生孩子、进入更年期等这些女人必须经历的历程时，她渴望得到亲生母亲的支持和鼓励。像其他没有亲生母亲的女性一样，科琳娜发现，即使继母照顾她在生理、心理和营养上的需要，她还是缺少一种最后的连接。这也是被收养的孩子所缺失的——渴望与亲生母亲的再次连接。"有一种秘密联系，只有亲生母亲可以做到；有一种知识，只有她能传授，"伊夫琳·巴索夫解释说，“即使没有母亲的孩子知道关于月经、避孕和生孩子的知识，她仍会觉得母亲本可以告诉她一些别人做不到的事情。那是母女之间的延续感。”即使你找到了一个你需要的女人，你仍然会觉得不满足。

你究竟在寻找什么？有什么是其他女人所不能给的？在我的采访中，我多次听到那些失去母亲的女性说她们最想拥有的东西是：母亲做的菜，母亲做的总比自己做得好吃的柠檬蛋白派，或是逛街时有母亲陪伴，她们说不能忍受自己去买衣服。

食物、衣服和安全感，这些是最基本的生存需要，也是一个母亲为孩子提供的基本东西，当孩子长大后她就逐渐不管这些了。拿食物来说，随着时间的变化，会由母乳或奶粉变成一般的婴儿食品；接着是家常菜、加热的剩菜、青春期时拿钱和朋友去吃的快餐。最起码会有人关心女儿是否一天吃了 3 顿饭。当女孩说她想念母亲的饭菜时，她不仅仅是想吃一块馅饼，她是在想念母亲的哺育、食物以及不断地、任意地关心。

当失去母亲的女孩开始经历青春期生理和情感上的巨大变化时，这种深切的缺失感最为强烈。即使处于青春期的女孩反驳母亲是照顾她的人，说自己也能照顾自己，但她不能否认，母亲会给她提供女性方面的知识，解答关于女性生理特征的疑问。当女孩经历一些女性过渡仪式，初潮、初夜以及生子，进入更年期，她会想到母亲也曾经历过这些。当她从内心感到孤立无援时，希望得到一个人的帮助，这个人要了解复杂的女性特征。

32 岁的罗伯塔说，当她的母亲 17 年前离开她的时候，没有告诉过她任何女性方面的知识，不然她会提前问母亲一些关于月经和更年期的问题。当她 16 岁需要一些生理上的建议时，发现没有人可以问：她害怕去问父亲，她和姐姐又有情感上的代沟。她独自恐惧地坐着，很快就变得焦虑不安。“我被一些问题困扰着，如平胸、用不了卫生棉，”她说，“我很害怕我不是女性。我曾经认为‘我的胸小，阴道也塞不下卫生棉。我哪里像个女人啊’，那不像是‘做饭使你看起来像个女人’这种肤浅的事情，而是身体上的事情，它直接决定你的性别。我被自己的情况吓坏了。因为没有母亲可以问，这就像是个难以解决的问题。这种奇异的想法一直持续了 5 年。”

就像罗伯塔的感觉一样，父亲那里并不是处于青春期的女孩最好的避难所——特别是她突然意识到性别上的不同。虽然父亲会通过评论和举例讲授他在性别上的看法，但他并不是女孩的最优选择。威得恩大学对 24 个完整家庭的处于青春期的女孩做了调查，结果显示：有一半的女孩在性知识方面会咨询母亲，而没有人问父亲。这是对各类家庭做的调查。即使父女之间会讨论性和性行为，这些讨论多半是不掺杂感情、不能传递任何信息的。

家里没有母亲，女孩初潮也只不过是一个孤独和令人失望的日子。娜奥米·洛温斯基把月经、生育和哺育一并当成女性的奥秘，是联系母亲和女儿的必要女性经历。从 2000 多年前一直到公元 396 年，希腊人每年都在埃莱夫西斯举行庄严的宗教仪式，来庆祝这种母女间的联系。埃莱夫西斯秘密仪式来源于女神德墨忒耳（Demeter）和她女儿珀耳塞福涅（Persephone）的故事：母女俩被冥王普鲁托（Pluto）分开，珀耳塞福涅被普鲁托带到冥界做他的新娘。悲痛的德墨忒耳极度沮丧，阻止人类谷物的生长来报复他，直到普鲁托答应每年的 9 月让她们母女团聚。因为这个神话故事，人们十分尊敬这个仪式，参加者要提前净身，以纪念珀耳塞福涅回到母亲那。它象征着团聚，庆祝生母的轮回、死亡和重生。“在我们今天的文化里，女人很难感觉到神话中的连接，”洛温斯基博士说，“没有母亲，初潮只是一次清洁活动，甚至可以被忽略不计。如果有母亲在，至少她会给予女孩一些女性的力量，帮助女孩理解它的重要性，教会女孩怎么清理它，以女性的方式庆祝它。”

洛温斯基博士还说："很多母女在这些事情上会分享一些秘密，也许不能用语言表达清楚，但那是她们可以分享的东西，如女人究竟是怎样的。我们知道自己每月都流血，我们还有别的经历可以分享，那些事是不可能在男人面前谈的。我们还有做事情的诀窍，即使那只是关于做饭或穿衣。如果这些都没人跟女孩分享，背负着这些未答复的未知的秘密又没人解答，她会感到害怕。在我们的文化中，有很多的知识是大家共知的、无意识的。在某些方面，母亲会想到她还有一个会来月经、能生孩子的女儿。即使母亲没有用语言表达出来，女孩仍会感觉有人关心重视这件事。如果没人注意它，女孩会感觉在情感上被忽视。"

当我初潮时，我和母亲没有大肆地庆祝。当我告诉她后，她先是扇了我一巴掌，然后给我个拥抱，就像她的母亲对她做的一样。后来她跟我解释说那是欧洲东部的传统，意味着摆脱了孩子身份，迎接女人身份的到来。我很感激那时有她在身边。即使她在那天没有流血，但是月经是联结我们的女性纽带。巴掌和拥抱也使我和母亲家族那些曾经会来月经流血的女性建立了某种联系。

49 岁的海伦把初潮看作努力尝试的结果，使她与别的女人有了联系。母亲过世那年她 10 岁，还有一个哥哥但没有姐妹。3 年后初潮时她正一个人在家。"我很害怕也很兴奋，但是很孤单，"她回忆说，"我出门看见隔壁的邻居，我非常需要拦住她，告诉她我流血了。虽然我跟她不太熟，并且以我们的关系那样做显得太亲密了，但至少我告诉了别的女人这件里程碑性的事情。我当时感觉孤独、失败还有成功的喜悦，总之是又苦又甜的感觉。"

海伦猜自己的母亲会因为这件事跟她一起庆祝。同样，我猜想我的母亲会帮我缓解婚姻和生孩子带来的恐惧感。当然，我们都把母亲理想化了，也浪漫化了。比起猜测母亲可能会给我们需要的支持，不如回忆一下关于母亲向你解释女性的生育或怎样使用卫生巾。

这种母亲死后的力量使我们仍然有当女儿的感觉。在一些小的方面，它给予了我们所渴望的母女关系。

实际上，许多母亲只能给予女儿很少的女性支持，我们可以用这些“也许”来安慰自己。当一个成年女性对自己的性别不满时，她会影响到她的女儿，引起女儿的自卑情绪，使她处于同样想要逃离的从属地位。对于把女儿鲜红的经血看成自己衰老标志的母亲来说，来月经就不再是值得欢庆的事情了；自己婚姻失败的母亲，会因为辛酸和害怕被抛弃，而不愿庆祝女儿的婚礼。

我的母亲是怎样的呢？我的母亲会穿的和我一样时髦，她从不嫉妒我的年轻，从不生气。她会告诉我关于女性的知识，在结婚、生孩子、年龄变老等各方面支持我。她会在每个关键时刻参与进来，坚定我的女性意识。在我心中，无论是过去还是现在我都非常需要她。每当我这样想的时候，就很容易责怪她的离去。这会让我觉得自己在行为举止和女性身份上做得不够好，好像被欺骗、被剥夺了权利一样。

龙妮的母亲8年前去世了，今年25岁的她说：“失去母亲使我觉得自己是个残疾人，感觉自己永远也没有那些母亲健在的女人优秀。就像别人知道一些我永远也不明白的东西，或我永远对自己没有信心。”虽然我理解她的这些感觉（因为我也有这种感受），但是龙妮，一个漂亮、成功、看起来这么自信的女孩，感觉一切尽在她的掌握之中。如果我在街上或某个地方见到这样的女孩，我会很欣赏她，会觉得她具备一些我所缺乏的品质。

我们擅长掩盖自己的不足，也会尽量修正自己。传统的女性指导已经对我们不适用，我们正重新寻找女性的特质。我们中的很多人已经了解到这项任务的价值和艰巨性了。

第三部分 成长

她们铭记着母亲所赐予的、所付出的以及所做的一切。我们对于彼此意味着什么？她对我循循善诱，我在她的乳汁滋润下成长。她为我制作东西，教我说话，哺育我，为我穿衣，守着我的摇篮，还给我洗澡……我们铭记着她就是一个港湾。她告诉过我们她曾怎样接近死亡，她的疲倦，她的肌肤怎样疼痛，她是多么痛苦啊；她曾告诉过我们她母亲的名字，她母亲怎么给她制作东西，她母亲曾告诉过她的话，以及她母亲怎么样推开她、讨厌她；她曾告诉我们她在婚礼上的穿着，以及她曾梦想着要前往的地方；她告诉我们她咿呀学语时所会说的话语，她如何与自己的妹妹争吵和为了一个玩具而打架，她认为其他的那些孩子都比自己可爱。我们讨厌对方，而且我们也害怕会变成她那样。我们对于彼此来说意味着什么，我们又学到了什么。

——苏珊·格里芬（Susan Griffin），

《女人与自然》（*Woman and Nature*）

⋮第 9 章⋮

她是谁，我是谁

成长为独立的个体

飓风之后，我到南佛罗里达去拜访母亲的挚友。因为我需要了解一些东西，虽然大多数都是一些琐碎的小事和插曲般的细节，比方说母亲在晚宴上都会讨论的话题，以及当孩子们都不在家的时候她会被什么事情逗乐，但是我也还有其他一些重要的疑问，比如母亲为什么会选择父亲以及为什么她好像对妇女运动不太关注。在母亲的身后有一个女人，而且是我不曾认识的。桑迪在那些年间一直都在母亲的身边，我一直期望她会给我一些线索。

在博卡拉顿 9 月的一个中午，餐桌中间放着我的录音机，我与桑迪相对而坐。厨房就是一个适合与母亲童年的伙伴一起谈话的场所。正如我的母亲、她的母亲以及来自波兰的她的祖母一样，我就在这样的家中长大的。厨房在家中是一个社交中心：当母亲们对照着别人母亲的菜单做食物的时候，女孩子们会在这里倚着灶台；当炉上的晚餐慢慢地好了，左邻右舍的女人们会聚在厨房里拉家常。在外婆用蓝色塑料布搭的棚式厨房里的炉子旁，我知道了家族的那些传奇故事；在母亲生活的 20 世纪 70 年代，那时候的厨房都有牛油果的加工用具，墙上装饰着我手掌般大小的黄色花朵的墙纸，餐桌上方悬挂的家族史被晚餐后的缕缕香烟所萦绕。金黄色的油炸土豆饼的香味弥漫在厨房里，还有在齐肘深的铁罐里慢慢炖熟的牛肉，这些对我来说就是一个故事的开始。

我住在一栋有九个房间的房子里，有很多地方可以娱乐。我有一间客厅、一间影视房和一处可以看到海景的户外平台。不过，每次我举办派对，每个人都会围绕着餐桌讲故事，直到深夜。人们聚在一起讲故事，而不是讨论沙发或椅子。或许这就是母亲往盘子垫上喷饭的趣事只会发生在桑迪家的厨房里的原因吧！我像一个饥渴的人一样贪婪地听着多年来那些关于她们的点滴故事。

我们大多数人都知道母亲是怎样辞世的，但对她们在世时的故事，我们又知道多少呢？通过对154位已失去母亲的女性调查，30%的人说知道很多关于母亲生前的故事；44%的人回答“知道一些”；26%的人几乎都不太清楚那些故事。⊖

外婆、姨妈、姐姐、父辈和那些朋友就像是传输信息的导管一样，给已失去母亲的女儿讲述着那些关于母亲的、适合她年龄的故事。然而，母亲是非常清楚地了解女儿最有潜力的闪光点的人。与母亲大多数时间都生活在一起的女儿们，她们知道许多关于母亲的故事。对于那些在20多岁时失去母亲的女性，她们中半数以上的人都知道许多的关于母亲的故事；相比较而言，不到12岁就失去母亲的孩子们，只有2%的人知道大部分关于母亲的故事。同样，对于那些12岁以上失去母亲的孩子们，也只有13%了解关于母亲的那些故事。同时，对于那些还不到12岁或者是12岁的孩子们来说，53%的孩子们几乎不知道母亲的故事。那些和母亲相处得很融洽的青春期的女孩子们，年龄在12～19岁。据调查，她们中的半数知道

⊖ 没有一个女性选择“毫不知情”，即使那些很少跟母亲待在一起的女儿都会去收集一些关于母亲的事情或者是那些母亲所经历的事情，而且女儿都会觉得自己知道母亲在生活方面的一些事情。

一些关于母亲的生平故事。这也许是因为年龄还小的女儿们几乎不会去询问关于母亲的往事，或者是因为母亲们往往会慢慢地把她们的故事分享给女儿们，她们会认为这样对于现阶段女儿的成长才是恰当的。

当母亲去世的时候，带走的还有她的那些故事，而后女儿们只能按自己随想的那样去重构着母亲的故事。43 岁的丽塔其母去世时她只有 15 岁，她通过邮件开展了调查。因为几乎不知道母亲的任何故事，她对此感到很失落，所以丽塔写了 36 页的调查问卷“那些我一直都很想知道的故事”，然后把它们发给了父母亲还健在的亲戚朋友。她一口气就写了 108 个调查问题，把那些压抑了很久的疑问一股脑都打在了自己的计算机上：“露易丝觉得自己的身体怎样啊？”“为什么她要和前任丈夫离婚呢？”“她怀孕的时候都是怎样的呢？”在册子开头的介绍部分，她写道：“请告诉我你所看到的事实，不要有所顾虑。这次问卷调查的目的就是在那些事实和回忆被遗忘之前把它们都收集起来。非常感谢大家的帮助。”

“我真的几乎就觉得自己是一个孤儿，努力地寻找着抛弃了自己的母亲。”丽塔回忆着。她发了十几份问卷调查，等待着自己期待的答案：母亲的童年、她的第一次婚姻和 20 世纪 50 年代在共和党的活动。但是，问卷调查的反馈让她很失望。虽然其中的一些回答包含着她的回忆，但大多数的要么是不记得了，要么就是没有她所期望知道的那些细节。“对于其中的一些问题，我已经差不多有了些许的答案，”丽塔说，“但是对于我来说全部的答案才是重要的。许多人都回信问我：‘为什么你要知道这些呢？为什么你想要知道这些？’他们认为我有迷恋于往事的毛病，包括我的弟弟，有一段时间他对我的那些问题感到困惑。我觉得他现在更加理解我的需要，因为他和他的妻子刚领养了一个小男孩，而且他们一直都在帮助这个小男孩收集家族史，但是确切地说，这个小男孩处于弟弟那时的位置。”

丽塔的评论反映了普遍的问题：为什么女儿想要挖掘母亲的过去？为什么丽塔和我以及其他失去母亲的女儿们有一种急切的需求要揭开那段历史，挥舞着我们的问卷，就像是海滩上的拾荒者拿着如同金属探测器似的录音机，期待着可以发现那些埋在沙子下面的有价值的天然金属。

丽塔说：“有一部分原因是出于我的好奇心，我喜欢了解人们的一些细节。但是我也知道把母亲作为同龄人来慢慢了解在这方面我是不成功的——作为平等的人，不仅仅是作为母亲。我想了解母亲是怎样的人。我想我能模糊地感觉到母亲是怎样的人，但是更多的时候我想知道我是怎样的人，想要收集关于母亲的故事，想要了解母亲一直以来是怎样的人。”

讲故事在女儿的成长过程中有着关键的作用。这是一种她自己理解过去并建立起自己未来的稳定身份的途径。对于那些没有母亲的孩子们来说，在她们试图把自身的生活经历组织起来以形成一个有意义的整体的时候，就会觉得总有一个缺失的部分。“这些孩子觉得有些东西丢失了，而历史便是其中的一部分，”本杰明·加伯解释道，“丢失的并不是全部，但是至少如果她们可以在认知上自己组织一些这样的故事，那么她们会有一种生活经历的连续感，会觉得生活更加完整。”

为了达到这样的目的，女儿不但需要收集关于母亲生活经历的细节，还要收集那些有关于自己的真相。女性为了认清自己而创造的关于个人的神话基于自己早期的记忆和那些她所听到的故事，而母亲就是典型的家族史记录者。当母亲去世或者离家的时候，家族史的很多细节就会随之丢失。我的父亲和我的母亲一样都在等待着我的每个“第一次”，但只有母亲才是那个记录我的孩童时代的人，知道那些我与伙伴们一起时的事情，后来她把这些细节都告诉了我。

作为长女，我是家里唯一能记得弟弟妹妹们第一次说的话的人，但是如今健在的人都不记得我第一次说的话是什么。我无从知道从我记事时候起有多少记忆是真实的，有多少是错误的幻想，有多少一直以来可能就是一个梦。如果没有现存的历史资料，没有人记得我的第一句话、我的第一次微笑、我的第一次蹒跚学步，那我怎么能确定我的过去呢？

一个女儿不知道自己的经历以及与母亲的关系，在家族中的女性连接纽带上，她就如同被剪掉了一样，这种女性的后代连接链被娜奥米·洛温斯基称为“母亲链”。在听过自己的母亲以及祖母的讲述的女性在身体、心理以及历史方面的变化之后，女性会形成与历代女性智慧相连接的自己的心理纽带——流血、生育、哺育、变老和辞世。洛温斯基博士说：

> 当一个女人开始认识到自己的生活故事就是母亲链的一个故事的时候，她已经在很多的方面拥有了女性的优越性。第一，当她面对现在对女性开放的多种选择的时候，在她进行艰难的选择的时候，她的母亲链就会使她安全有效地基于女性的本性出发来做决定。第二，她会纠正那些世俗的关于自己身体、血液的秘密以及其力量的观点。第三，当她寻找自己的女性根源时，她就会发现那些前辈们在不同的历史阶段都在与相似的困难斗争着，这就让她知道了有一个生命周期模型可以缓和她现在的境况。这会提醒她一切都是随着时间而变的：婴儿会长大成为上学的孩子；每一代人对于什么有益于孩子成长的观点是不一样的；没有一个孩子是在完美无缺的环境里长大的。第四，她会发现自己与典型的母亲以及古老见解的智慧的关联，那就是认为身体和灵魂是合二为一的，而且所有的生活相互关

联。第五，她会纠正自己的女性观点，从中知道男性是如何相似的，又是如何区别于彼此的。

母亲链的故事让失去母亲的女儿找到了自己的社会性别，她们在家庭和女性的历史中找到了适合自己的位置。她们以女性前辈的经历为鉴，鼓励自己，而要完成这些关联事件，她们需要知道自己母亲的故事。许多当代的女性会说："寻找关于母亲的事情？算了吧！她不了解我。我对她有点抓狂。她太恐怖了。我最不愿意变成的那个人就是我的母亲。"洛温斯基讲："有一些女性在母亲的调查中受到了一些阻碍。那些已经失去母亲的女性明白她需要在一些方面找到关于母亲的故事，但是她不能听到母亲亲口告诉她那些故事，这样子就让她感到真的很艰难。她不得不去其他的亲戚那里寻求帮助，而且她还得自己整理对于这种情况的悲伤心情。假设你失去了自己的母亲，而且你开始寻找自己的母亲链，那么你首先面对的就是那汹涌而至的悲伤和失落。你不得不准备处理好这些情绪。"

女儿记住的母亲的那些故事只是母亲们想让她去学习的故事。对于 17 岁的我来说，需要学的并不多。当母亲告诉我她童年的故事的时候，我只记住了对我有用的那部分——在她 7 岁的时候她差点就淹死了，所以我最好要学会游泳，而且立马就把剩下的故事给忽略掉了。她依次地给我讲述着那些故事，而这些故事就碰巧是我人生中可以说是里程碑的事件了。我可以告诉你那些故事：她的初潮、第一次约会、甜蜜的 16 岁、婚礼、第一次怀孕、育儿哲学等，所有的这一切对于我来说几乎都是神奇的事情。

同丽塔一样，我是把母亲作为母亲来了解的，从未把她作为一个女人或者朋友了解过。我是这样对母亲的记忆划分阶段的：从我有认知能力开始，我大约 3 岁的时候母亲 28 岁，母亲去世的时候

42 岁。14 年是所有我敢肯定的时长，这是经过一个孩子或是经青年理解后过滤下来的意识。17 岁的我还不够成熟，没有把母亲作为一个独立的女性来看待，不知道她也有自己的梦想，也会失望。她想劝我要有成年人的那种自信，这对我来说几乎就是早熟。当我还是一个青少年的时候，我不喜欢听她关于婚姻以及性生活的观点，甚至于现在我都不确定我会想听所有关于这些事情的细节，我会在不情愿地听或是把它们都挡在门外之间做选择。

25 岁之后，我想要把母亲作为青年和妻子来认识，一种欲望驱使着我去宾夕法尼亚和佛罗里达，然后在我曾经长大的地方，向熟悉母亲的左邻右舍询问并收集关于母亲的故事。桑迪告诉我的是女学生联谊会的学妹、年轻新娘形象的母亲；另一位朋友告诉我母亲初夜的那个晚上的事情，当我在 14 岁的时候问起母亲这件事情的时候，她说："当然是在我结婚的那晚。"她也只是跳过了一段让人不好意思的部分。

25 岁对于我的考察活动来说不是一个任意妄为的阶段——那一年恰巧我的人生中有两个重要的开始：第一，我开始悼念母亲；第二，当我第一次看到我的那些女性朋友把母亲作为自己的同龄人接近的时候，我感到自己难以控制的嫉妒。她们那种父母与孩子旧式的权威关系在适当的情况下是有名无实的，而且我的朋友们开始讨论自己母亲的优缺点，选择哪些优点是她们自己也想要拥有的，同时还选择自己应该怎样远离那些她们在母亲家里所看到的事。

不管母亲是公司副董事长还是一位主妇，是单亲母亲还是一名妻子，母亲是女儿内化为女性特征的主要的女性形象，而且是她在今后一生中用来做比较的女性典型，也是女儿衡量自己人生道路的标志。母亲是 45 岁，女儿是 20 岁，这样女儿实际上会把自己同两个版本的母亲做比较：根据母亲的故事她所构想出的 20 岁的母亲，以及她所看到的 45 岁的母亲。当女儿到了 45 岁的时候，她那时就会把自己同那个记忆中 45 岁的母亲做比较，而且也会把自己同那个自己所看到的已经 70 岁的母亲做比较。

早逝的母亲就是一位人生中断的女性，而且女儿对母亲的印象也会停留在那个时候。当我尝试着对比我和母亲之间的相同与不同的地方的时候，我一直没有充足的故事来这样做。一方面，我一直都把自己比作那个自己不太了解的马西娅；另一方面，我一直把自己比作那个不会变老的女性。当我到了 17 岁的时候，她是 42 岁。当我 29 岁时，她还是 42 岁。我的母亲在以后仅有的年岁里比我更年长、更加有经验，但是我会迷惑着那又怎么样呢？

29 岁的凯伦是一位心理指导师，她也很关注“母亲的失去”这个问题。虽然她现在未达到母亲的年龄，但她在其他的方面都已经超越了母亲。

在凯伦的童年时代，强势的母亲经常会显示自己的权威。在母亲 9 年前去世之后，凯伦还是会意识到自己是一个强大母亲的弱小女儿。当凯伦完成自己的大学课程的时候，她开始重新认识到自己是有才华的、有价值的，而且现在她会问自己这样的问题：一个试图说服自己的母亲在自己的人生中有什么作用，担当着什么角色？

> 知道自己将来会比她在知识上更渊博，这一点让我难以接受。超越了母亲曾超越过的某些方面，这一点破坏了我的母亲的神秘形象。她以后不会一直都比我的岁数大，不会一直都比我聪明，或者不会比我优秀。有一天她不会是那个强势的权威，有一天她会变成一位幕后的小妇人。现在我认为她已经是那种样子了，而且她的日子过得很艰苦。

> 就好像你是一位运动员，一直在竞争，希望做到最好。如果你还没有到达最高点，你就会一直有竞争对手。一旦你已经是世界上最好的那一个，你就不再有能与自己做比较的对象。我一直都把自己与母亲做比较以此来衡量自己的进步。一旦在母亲想要取得成就的领域，我超越了她的时候（她非常想要完成自己的大学课程，但是因为孩子的缘故，她并没有完成），一旦我已经完成了这件事而且超越了母亲，那么我就失去了保护者的形象。一旦你已经超越了那些你脑海中的典型形象，你会怎样做呢？然后你会试着变成什么样呢？
>
> 总之，对我来说，这种情况就像是世界上没有了上帝。如果没有那么一个人在是非的道路上引领你，用进天堂或是下地狱这样的话来表扬或是惩戒你，那么你的成长道路就是不一样的。你不得不审查自己的道德行为，否则宇宙就混乱了。世界上并没有一个会审查你的行为的成功的仲裁者对你说："哦，对，你是对的。"

凯伦是正确的：如果没有健在的母亲作为比较对象，女儿会自己建立自己的身份地位认识。理论上，她能自由地做自己的决定并且从自己的错误中吸取教训；实践上，她害怕这样做会带来孤独，并期望着可以找到一位指引者。她尽其所能地搜集关于自己母亲的生平故事，这种情况一般会出现在女性20岁的时候。这个阶段在她的脑海中有一种要回到母亲身边的强烈的驱动力需求。从一个女人到另一个女人的重聚，女儿的这种需求没有消失，因为她的母亲已经不在人世了。通过收集母亲的信息来重构母亲——不仅是作为母亲的她而且还有作为女人的她，女儿尽力地完善着母亲的形象，想象着那时候她们的关系很可能是怎样的，让自己有那种非常接近于重聚的感觉。她也会寻找自己与母亲之间的相似性，努力地让自己在母亲链中找到合适的位置。

玛吉直到25岁才开始收集关于母亲的信息，她只记得母亲是一位严肃的、忧郁的人，在18年前自杀了。不管怎样，她没有想把自己与母亲相提并论。在她刚刚20来岁的时候，玛吉觉得自己应该是与家族中的某位女性相联系的，于是，她便第一次请外婆给她讲一些母亲年轻时候的故事。

> 我一直都认为母亲是那种害羞的、孤僻的、内向安静的人，但是我之后从外婆那里得知她根本就不是那样的人。她是一个开朗外向、非常乐善好施的人，她是真正的聚会核心人物。她的忧郁甚至更加有戏剧性，而且正是这个原因使她改变了很多。母亲实际上是一个外向的人，比起我认为她是那种内向的人，我更加倾向于认为自己是一个外向的人。我的母亲精通音乐、口齿伶俐，而且在学校的时候也很优秀。还有其他的一些事情我跟母亲是相同的，而且我也会觉得："嗯，是的，我也是像她这样的。"我并不是像拇指姑娘那样就从一朵花中生长出来，我确实与某个人在生理上有一定的联系，这并不仅仅是因为我长得像她，更因为我也同样拥有那些与母亲相关的积极向上的品质。

玛吉不会因为与忧郁以及死亡联系在一起而恐惧这种与母亲的关联，与此相反，她重新建立了自己与还在了解中的母亲的纽带，这段旅程她才刚刚完成了一半。重新认识母亲有两个过程，首先她要再现母亲作为一个女人的形象，然后想象随着她变老直到现在可能是什么样子的，后者是比较难的。为了知道母亲和我现在是如何联系在一起的，为了可以把自己和两个母亲做对比——我认识的41

岁的母亲，以及将会是 67 岁的母亲，我不得不把她在我的脑海中快进。我不得不在理论上想着 20 世纪八九十年代早期的文化潮流对她产生了怎样重大的影响，想象着如果不是因为癌症结束了她的生命，她会变成什么样，还推想着如果她还没有去世，她可能会去哪些地方。

我觉得我知道我的母亲想要我怎样行动。我过去常常想象着我们之间从未有过的临终之时的床边对话，她会握着我的手并对我讲她的最后的愿望。“我希望你会长大成人并会快乐，”她会这样说，“你要去读大学，还要找一个好老公，最好是一个犹太医生，他会给你在长岛而不是大颈镇或五镇买房子。你去更远一点的地方吧，可以是马萨皮夸。你会答应替我做到这些吗？”

你觉得我是在开玩笑，但是我没有。我的母亲是在纽约的犹太人聚集的郊区长大的，20 世纪五六十年代那个地方的人们把女儿送到大学的目的是为了帮她们找到精明能干的丈夫，而且人们根据一个女人的戒指的克拉数来判断这个女人是否成功。我想母亲如果活得更久可以看到我们在其他领域取得的成功，或者至少当她看到国家的经济已经使双职工夫妻成为必然的时候，她应该会为女儿构想一个更加有意义的梦想，但是我仅仅记得她为我准备好的那些未来勾画——一条白色的长裙、长长的通道还有那个如此难找的好男人。这就是她关于成功女性的梦想，她想让我过着幸福的生活。她对我的第一个男朋友感到非常诧异，他的头发一直留到下巴那里，是一个改过自新的不太成熟的少年犯。当然，我选择他的部分原因是我清楚母亲会强烈地反对这件事，那时我正处于青春期叛逆阶段。将近 10 年以后，我还是处在那样一个境况中，因为当母亲去世的时候，我就是处于那个时期。

当母亲去世的时候女儿人格中的有些方面会停滞，所以当她已经进入成年阶段的时候，还会保留着之前成长阶段的一些特点。于是这个孩子就会成为一个还在依赖着过世的母亲的女人。这个青年会继续拒绝、反抗着那个成年女人。

在母亲去世后的第一个 9 年里，我就是这样做的，而且要想保持如母亲还在世时的母女关系是那样艰难。母亲的命令要求并没有随着她的辞世而消失；在我脑袋中，她依然还在试图给予我意见和建议，那些我不想听的以及我依然还是会拒绝接受的建议。在 18 岁的时候，怀着不会在离长岛 100 英里内的地方生活的想法，我离开了纽约，而且我躲避着那些犹太医生，如同他们是病毒一般。我下定决心不按母亲给我筹划的那样生活，我要通过自己的创造和设计来宣告自己的独立。

我一直都很排斥那种未来，但随之而生的是那种来自心底的吸引力，如果我并没有感到这种吸引力，我就很有可能不会继续这样强烈的叛逆。这是我人生小小的插曲，而我也从未对任何人讨论过这件事：我自己对母亲为我筹划的未来叛逆远离，对此我深感内疚；母亲确信那种未来将会给我带来的安全感，而对此我会暗暗地渴望。所以在我不断地有意反抗着母亲意愿的同时，也一直都在采取措施调解着我们彼此。当我 23 岁的时候，我把自己的未来押在了男朋友的身上。他不是犹太人，也不来自纽约，但是他即将要开办自己的法律学校，这对我来说好像是不错的折中方法。当我和他就快要结婚的时候，我相信我弟弟会因为我即将为人妻而自豪。

订婚失败几年后我才明白，我一直都没有试着去过那种母亲为我设想的生活。不，我也是一直都努力过着她从未有过的生活。她从未在除纽约之外的地方生活过，她在我出生之前教了几年音乐，但是这并未成为她的职业，而且她从未与那样的医生结过婚（牙医、律师或是首席执行官），也没有买过大房子，而这些也都是母亲曾经为自己许的愿望。

我还尚未遇到这样的女儿，她们自己的母亲还健在，会为了满足母亲与自己有共鸣的需求而心甘情愿地牺牲自己。失去母亲的女儿们却都一直这样做着，出于愧疚，出于责任，出于悲伤，出于爱。我们尽力尊重母亲的未实现的愿望，就好像是不管怎样我们会让她们享受到那段她们从未拥有过的生活。我们说服自己通过无私地放弃自己的梦想，我们就会成为母亲期望的完美女儿。这就好像我们相信如果能变成母亲期望的女儿，或是过母亲一直期望我们过的那种生活——能够实际意义上变成她们，我们就能让母亲一直都在自己的身边，防止她们再次离开我们。

过一个人的生活就已经是一个难题了，所以尝试同时实现两个人的梦想就可能完全陷入迷惑。盖尔现年 32 岁，在过去的 14 年间她一直都在这种身份纠结中挣扎。在她的童年时期和青少年时期，她都与母亲紧紧地相连，但是自从母亲在她 18 岁的时候被癌症夺走了生命，盖尔就在想要成为自己的母亲那样的冲动与一直都做母亲的女儿那样的想法之间摇摆不定——这两种情况都排除了她会争取做自己。

> 如果我的母亲还健在，我也许会明白这个道理：我能有自己的生活，但是当母亲去世以后，就好像我不能有自己的生活了。我将不会做那些母亲不允许我去做的事情，而且既然母亲已经不能再对我说这件事情可以做，那么我继续做事的唯一准则就是以前她允许让我去做的事情或者她以前做过的事情。对我来说，离开大学是一件很不错的事情，因为我的母亲也退学了。我与一个对我来说根本不算相配的男生交往，但是我相信母亲会很喜欢他。
>
> 我想我一直都在试着重复她的生活，然后把这段生活过完。我开始在身体和情绪上不好好管理自己，这也是她所做的。这也是她如何让自己病入膏肓的，因为她不会觉

得自己有多么重要而去告诉别人她自己的感受或者感到自己哪里不舒服。我不得不在下周去做一次检查来看看自己是否有癌症前期的症状或癌症症状，虽然我更愿意说是癌症前期的症状。这也让我觉得自己是在过着母亲的生活，因为她得的癌症是可遗传的。如果因为这样我就不照顾母亲的话就太有讽刺意味了。

当盖尔的母亲去世的时候，她正开始经历着与母亲在心理上漫长而艰难的分离过程。与其他的青少年女孩一样，她也经历着让人迷惑的过程：不得不努力与感觉融为一体的母亲分离，而且设法要在那些年间开始自己的身份认同。母亲的去世在这个过程的关键时刻有一定的阻力作用，她让女儿只与她保持着一半的羁绊，一半对她的托付。盖尔同其他许多失去母亲的女性一样，仍然处在重复母亲过去的恐惧（因此她会让自己与“癌症”这个词保持距离）和那种恢复与母亲联系的强烈需求（这会激起她要完成母亲的生活的念头）之中。盖尔仍然在心理上受制于母亲这样的“警察”，她还一直对18岁的盖尔调适着惩戒与奖励的标准，盖尔就这样进入自己30岁的那段时期，几乎无力抵抗已经去世很久的母亲的影响。

盖尔就是一个身处在母亲恐惧症与母亲恒等式挣扎之中的例子。艾德丽安·里奇的《女人所生》指出，母亲恐惧症是女儿对自己成为母亲的一种恐惧。女儿看到了母亲的那些缺点而且感到自己无法摆脱遗传的影响力。她会因为母亲犯错而去惩戒母亲，与此同时，她也会祈祷着自己不会犯同样的错误。（T恤衫上痛苦的女人哭喊着：“天啊！我正变成自己的母亲那样啊！”）对失去母亲的女儿来说，母亲恐惧症可能是她们强烈的心理忧郁的根源。这通常还包括她会成为以下形象的母亲的恐惧：没有能力管理自己身体和思想的母亲，会过早地抛弃了自己孩子的母亲，过着简短生活的母亲，还有因为没有时间而没能实现自己诸多愿望的母亲。

相比较而言，让自己远离这些恐惧是比较容易的，但是如果不是它们的孪生姐妹会以同样的诡计来引诱我们，我们就会永远压制着这种母亲恐惧症。母亲恒等式——女儿会不可避免地与自己母亲的一些特征是相同的，当我们的身体、言谈举止提醒着我们对她的回忆，这使得我们难以完全把自己与某人割断联系。每次我发现自己都在说着“母亲留心”的话语。这是母亲一直都用的词语。我甚至不是很喜欢这些词语，但是有时候这些词就是会冒出来。我和他有着 17 年的共同生活经历以及她的 50% 的基因，我想这种情况就是有时候一定会发生的。这让我有时候会想知道究竟有多少我还没有意识到的母亲特点，而我却已经把它们内化为自己的一部分。尽管我一直都在有意地区别于母亲，但是现在我已经有了多少与母亲相像的地方呢？

“我想要知道我是否会在这场挣扎之中成为像母亲还是女孩时那样的人。”金・彻宁（Kim Chernin）在自己关于母亲与女儿身份关系认识的回忆录《在母亲的屋子里》（*In My Mother's House*）中写道。我的生活可能会与母亲的生活永不相交，对我来说这样的想法听起来就是不可能的。与此同时，这种想法也似乎是有道理的。我的母亲和我私底下都有过这样完全相同的想法，难道不是吗？

我曾经听过这样一个民间故事。

一位新娘正在准备自己新家的第一顿饭——烤肉。这时她的丈夫看着她，在往锅里放肉之前，她夹着一大块厚厚的肉片要把它的一端切下来。

“你为什么要这么做啊？”他问道。

她觉得很困惑，回答道：“我不知道，但我的母亲就是一直这么做的，也许这样会让味道更好吧。我以后得问问她。”

第二天，她去拜访了母亲。“妈妈，”她说，“昨晚我做烤肉的时候在往锅里放肉之前先切下一段。我这么做是因为你一直都是这么做的，你能告诉我为什么吗？”

“我不知道啊，”她的母亲说道，看起来也很困惑，“那是因为我的母亲也一直都那么做的。可能这样做会让肉更入味吧。我以后得问问她。”

第二天，母亲去了外婆的家拜访。母亲说：“当我的女儿做烤肉的时候，她会在把肉放入锅之前先切下一段。她这么做是因为我一直都这么做的，而我这么做是因为你一直都这么做。你能告诉我为什么吗？”

外婆笑了：“我这么做是因为我的母亲一直都这么做。”所以有一天外婆就问她的母亲为什么这么做。她解释道当我还是个孩子的时候，我们很穷，只有一个平底锅，而且对于一块烤肉来说锅很小，所以她不得不切下一段，才能把肉正好放进锅里。

三代女性都把母亲的行为作为指导准则，这是一个很强烈的下意识的典型。你不想与母亲毕业于同样的一所大学，或者是同她一样有三个孩子，或者每个周二的晚餐都会做烤肉，或者做一样的饭菜。母亲会在你的意识中隐约占着一大块空间，一直都煽动着你去做与母亲相似的决定。

当母亲与女儿的行为对于彼此来说就像是镜子一样，反射着自己相似的那个行为，那么母亲会让自己的女儿身上投射自己比较年轻时的形象。在一定程度上，女儿把这种形象内化了，并把它增选为自己身份的一部分。如同多恩所了解的那样，这并不是一个有意识的过程。她 25 岁的时候，她意识到自己现在的生活与母亲 25 岁时的生活非常接近，对此她感到很惊讶。酗酒的母亲在多恩 22 岁的时候自杀，母亲大多数留给她的形象都是多恩所不想变成的那样。多恩在自己 10 多岁和 20 多岁的时期一直都与母亲保持着距离，17 岁的时候从家中搬了出来，完成了大学学业并且开始自己的职业生涯——这些都是她的母亲没有经历过的。当多恩发现自己与母亲一直都是相连的，她便受到启发并开始寻找关于母亲的故事和她们之间的其他相似性。

> 我的母亲在25岁的时候从德国来到了纽约，并在这里找到了一份工作，然后在一个洗衣间里遇到了我的父亲，第二年他们就结婚了。于是，我来到了纽约，开始了新的生活，期待着能够遇到自己的白马王子。这就好像是有两层覆盖物——这里的母亲还有那里的女儿，如果你把一个覆盖物放到另一个的上面，你就会发现母亲所走过的基本上就是女儿一直都在走的并与她相同的路。现在不管会有怎样塑造我生活的事情在我的身边发生，就像是30年前发生在母亲身上的一样。这真的很让人觉得惊喜。
>
> 如果我可以随着时间倒流回去，我愿意在她还年轻的时候遇到她，逗留在她的周围想要知道她都在想什么。当我在去纽约的飞机上的时候，我遇到了一位来自德国的女人。她有像母亲一样的面颊骨、眼睛还有头发。她的口音、行为举止都让我想象着母亲在她20多岁的样子。我第一次想要知道在她还没有搬到纽约之前，她是怎样的人。

我们的谈话被保罗打来的电话打断了，他是多恩在上个月遇到的一个人。保罗正在纽约的机场，将会离开这里3周的时间，因此他想要多恩知道在他不在这里的时候，他会非常想念她。6个月以后，多恩打电话和我分享一个好消息——她和保罗订婚了，她说这与她父母很相像，这难道不让人惊喜吗？她的话听起来不像我们上次谈话的时候那样令人惊讶。尽管多恩对母亲的形象起先是厌恶的，但是她可以认同母亲的某些方面，并且同那些自己不喜欢或是恐惧的方面保持距离。她会把母亲的事例作为自己的指导，做可以让自己从中受益的决定，还有一些事情就是她希望永远不会发生的。

每个女儿的经历都是与母亲认同又与她区别的一个过程，而且两者同样重要。就如娜奥米·洛温斯基指出的那样，认同的过程把我们同自己的根源联系在一起，而区别的过程让我们能找到自己的命运而不是盲目地重复着母亲的生活。正当女儿感到一种吸引力要么是让她拒绝母亲所有方面，要么是变成同母亲一样的形象——母亲恐惧症和母亲恒等式让女儿走向了极端，她把“我”区别于“她”的能力以及建立自己的身份认同的能力都削弱了。

“我见过有一个妇女很多年以来一直都在创造自己的生活，所以她变成了与母亲相反的人，”黛蕾丝·兰多说，“她的母亲不是一个好母亲，她疏远自己的家人而且让自己的女儿消极地看待自己。因此，现在这个女儿努力不让自己疏远家人，教导自己的孩子要有相当好的自尊，而且还要照顾好自己的身体，因为她的母亲发现得了乳腺癌时已经太迟了，过早地结束了自己的生命。这些都是积极的决定，但是我对这个女儿所关注的是她如此坚决地要成为与母亲相反的人，那么她就会失去做自己真正想要做的事情的自由。你可以在很多方面与母亲一致，这样就能让你知道你需要做的每件事情是什么，但是你也可以这样做让自己知道什么事情是你不应该做的。我觉得这样做对两者都是行得通的。在这两种情况下，如果一个女性不允许自己自由地做决定，那么我就认为她是不健康的。”

36岁的卡萝尔向我描述相似的冲突。卡萝尔与母亲之间的关系一直都不是很亲近，但是自从母亲在19年前去世以后，她会感到身不由已地去做一些与自己的愿望和理念无关的行为。“我不断地发现自己身上有着母亲的风格，她一直都伴随着我，”她说，“我很节省，这点真的就是母亲的作风。当我告诉自己我不能喝矿泉水，去喝自来水就可以的时候，我听到的仿佛是母亲的声音。她是精打细算的务实好榜样。我一直都有她的一些特征，而且我还把这些特征都用在了其他的地方并达到了一种与母亲相连着的极致。现在我一直努力摆脱那些多余的方面，考虑清楚哪些才是我真正需要的。”

母亲去世以后对她的控制还是存在的，要与这种控制分离是一个漫长、艰苦而又痛苦的过程，但这在早期的过程中是一个必要的步骤。像卡萝尔这样，当一个女性把母亲的行为举止作为自己现在的行为的替代时，放弃这种行为就意味着更多地放弃母亲的特征，同时让女儿有更多的机会来发展只属于自己的特征。

希拉的故事就很好地说明了这一点。当我们在她的公寓里坐着聊天的时候，她让我看了一些她母亲以前用过的东西，希拉的母亲在她 14 岁的时候就去世了。她给我指角落里的摇椅，让我看墙上的雕像，还给我展示了她母亲戴过的珠宝。希拉最珍视的还是她从隔壁房间里找到的母亲的绿色塑料食谱盒，里面装有母亲和外婆笔迹的卡片，解释应该如何做那些从希拉孩提时代就有的食物。“这个盒子对我来说就像是一部女性的历史，”她解释道，“从另一种意义上说我的母亲通过这个盒子还继续活着。”

当母亲突然去世的时候，希拉还几乎没有步入自我个性化的起点阶段。直到她 20 多岁，其身份认同的形成过程才缓慢下来。那时她发现了应该如何把自己与母亲在一个有代表性的层面区分开来，然后再回到属于自己的阶段。希拉通过母亲的遗物来完成这一过程。

> 当我还在上大学的时候，我的公寓就像是一个圣坛，那里有母亲所有的东西。我的家与我没有任何的关系，但是与母亲息息相关。我感到她被强行地剥夺了所有我想重新创造我们在一起的生活。因此，我带着母亲所有的东西，甚至到了一种可笑的、吓人的、着魔的程度。对于那些没有用的东西，甚至是自己都不喜欢的东西，我一直都保存着，因为那是母亲的。她有那种绿色的厨房小罐，形状像

> 苹果那样，非常丑。当我从那座城市搬走的时候那是我丢掉的东西之一。那段时间是我开始尝试与她分离的时期，而且我逐渐看到我与母亲在哪些方面是相似的，在哪些方面是不一样的。曾经我认识到母亲就在我的身体里，而且我开始得到了一些启示，我作为个人来说我是谁，我不必把自己周围的所有的身外之物都保存着。当我要搬家的时候，我就真的只选择了那些我想保存的东西并带着它们住进自己的公寓。我现在保存的东西不再是不加选择的了。我保存着那个在我婴儿时候母亲摇晃我的摇椅，而且搬家以后我还把它修理了一下。对我来说那一段是很重要的时期，我仅仅是搬到了另一个新的城市，我开始了新的生活。晚上我独自坐在新厨房里，重新把母亲用过的那个摇椅粉刷成吸引人的绿色。

我们无法知道如果母亲还没有去世，我们的生活会是怎样的。我们即使是有损失的，是否还会拥有和现在一样的成就地位？一些心理学家认为，我们大多数的个人身份认同在我们生命的头三年就已经形成了，而且人格结构基本上从此以后会保持稳定。一些人认为，身份认同是更加易变的，更具有可塑性，而且自我意识是一个连续进化的过程。还有另一些人提出了这样的观点：身份认同是个人在青少年时期有意识或是无意识地开始构造的生活故事。母亲的去世或是缺失在这个故事里占有中心的位置（通常所有的叙述都会围绕着这件事进行），而且女儿的身份认同会因此与损失交织在一起。

就像是我有一半母亲的基因和一半父亲的基因一样，即使是母亲去世了，我还是一半有母亲的女儿与一半没有母亲的女儿，这两者在现在来看都是构成我身份认同不可或缺的部分。从与母亲在一起的 17 年的生活中，我学会了热情、大方与有教养；从母亲去世后的这些年中，我学会了独立、能干、坚强。希拉和我坐在桌子边，中间放着她母亲的食谱盒子，我们都在思考着那个我们曾经已经问过自己好多次的问题：我作为自己存在——我是谁，我是什么，我是怎样的人。是因为母亲在世或是因为母亲的去世？对于答案，我们觉得，这两者都是。

⁝第 10 章⁝

凡人必死的教训

生命、死亡、病痛、健康

母亲的医疗记录一直以来被我保存在一个名为“文档”的文件夹中，而这是我可以为她做的最特别的事情了。更多精确的词语就像是巧妙伪装的反光镜。如果不是这样，多年来的那些受挫情绪就不会再像原来那样袭我而来；如果不是这样，我就有可能会读完她那第 12 页的乳房切除手术的病例记录——它上面有一句话每次都让我感到不安。在手术的前一天，一位护士潦草地在写有母亲的年龄并提及她带牙套的那张表上写道：“手术之前要骶管和硬膜外麻醉，害怕麻醉之后她的牙齿会不断地打战。”

这个进了医院的女人是为了切除自己的左侧乳房，她早就知道癌细胞已经侵入淋巴，她有 3 个还不到 18 岁的孩子，而且也不知道手术会怎样，另外，在恢复室她的牙齿可能会打战，这让她非常害怕担心。这简直要杀死我。

这让我很难受，是因为这与我的母亲太像了。与她如此相像，事前就会担心自己会吓到邻床的患者，或者麻烦我的父亲，或者会在陌生人面前丢面子；与她如此地相像，会记得自己 3 个孩子出生的每个细节，还有当她要求抱一抱自己的女儿或儿子的时候，她的下巴不由自主地颤抖。我可以想象到她告诉护士最后她被麻醉时的感受，感到自己的身体是如何离开自己，后来是怎样感到身体第一次回归，感受所有的感觉，包括自己的嘴巴。我可以听到她用“吓坏了”这个词语。

在56页的医疗记录中，她表达了她所有的感受。她的愤怒在哪里？她的悲伤在哪里？我认为关注那些能被调整和控制的医疗事件是比较容易的。“我怕我的牙齿会打战，”她告诉护士，“我怕癌细胞会扩散到全身，我怕再也不能醒来。”

我读着这些话的时候，母亲已经准备好了在一个早晨接受外科手术，那个时候我们之间那种安全距离以惊人的速度崩溃了。她不再是我想象中的神秘母亲，或是情节严重出错的悲剧性的女主人公。她只是那个发现自己的乳房里有一个肿块并很长时间都带着它的女人。她是一个人，容易犯错误的而且真实的人，当她退回到凡人必死这个层面的时候，她变得与我惊人的相似。

我曾经在一本杂志上看到，当一位女性越过自己的肩膀看到镜子里母亲的屁股时，她感到了作为人类的第一次刺痛。对一个女人来说那是什么感受？被扇了一巴掌？被踢了一脚？她转过身甚至看到了更多？在镜子里我发现了母亲的屁股、手，还有眼睛。当我说话的时候，我能听到她的声音，偶尔那些声音说着与母亲同样的话——那些我发誓当自己成为大人的时候绝不会再讲的话。相对这些事情过程的漫长而言，某日在检查室医生偶然发现我腋窝的肿块，并突然关心地问“这是什么”这种事情就像短短的一瞬，但我知道会有这一刻的。

基因的齿轮给予了我的面孔，而且我遗传了母亲的外形——平胸、高腰线条、宽臀、细细的脚踝和一双大脚。很久之前母亲就指出我们之间很多相似的地方，那时我还不知道自己的身体会和别人那样相似。我5岁的时候坐在钢琴凳子上，她把我的右手翻过来放在自己的两手之间，对我说："你有一双可以弹钢琴的手，跟我一样。"然后她告诉我，她细长的手指是怎样在象牙白的琴键上跨了八个键。

6年级时我已长到1.6米，但我的腿好像没有任何要减慢增长速度的迹象，这时候，我的母亲决心把我从青春期的羞耻感中解脱出来，因为她也曾为自己是班级中最高的女生而感到羞耻。她告诉我怎样运用她那宽大衣橱里的衣服遮掩自身不足并给人以错觉的技巧：宽宽的束腰连衣裙可以不让衣服紧紧地绷在屁股上，用垫肩来弥补平胸的缺憾，不能穿白色的鞋子。

我想知道当她看到自己的第一个女儿的身体展现出的是她自己的那种纸娃娃游戏中的形象的时候，她的感受是怎样的。那对她来说是一种自恋式的胜利感，还是一个可以让熟悉现代时尚的母亲再一次可以体验13岁的机会？当她看到我每天中午从屋里逃出去找我的青春期的朋友时，这会让她想起自己那时候孤独地度过的那些日子，难道这会让她产生几乎不能压制的嫉妒吗？或者在已经诊断出她的左胸得了癌症之后的几个月中，她会看着我的胸并且怀疑肿块是不是也会在我的胸部出现呢？生长恶性细胞的能力是否是她给我的最后的礼物呢？

这种想法可能折磨着她，或者她可能有效地压制着这种想法并让它安全地待在一个角落里。我不知道。虽然癌症就像是一种有毒的体液一样在我们家族里蔓延，但是我们从未讨论过它会在我身上出现的这种可能性。我的母亲没有推测过这种癌症未来的趋势。她的父亲在40多岁的时候从结肠癌中挺了过来，而且又活了20年。这个对她来说就是严重病症的范例，她可能会相信相同的连续事件会在她的身上发生。

在她的乳房切除手术的病例记录里，我能看到她极力地否认癌症会中断她的生命。或者她只是用盲目的希望来代替自己的恐惧，那种她试图用来鼓励我的盲目的希望。病例报告确信从母亲乳房所提取的 26 块肿块都是恶性的，在这 3 天之前，一位社会女性工作者来到了母亲的病房。从她所留下的便条来看，这位顾问早就知道母亲的病情诊断结果的严重性："这位患者是一位感情很丰富的女性，她在这时需要对自己的病情以及将来的事情持乐观的态度。希望一切都会尽快回到她之前的状态。患者认为在接受手术之前应该给自己 2 周的时间准备，让她想清楚她应该提前想清楚的事情——'重新回到生活中来'，还有会让自己减少一觉醒来发现自己的乳房被切除了的各种混乱的影响。此刻她心中的希望支撑着她。另外，她的妹妹对医学博士的报告感到不安，医生认为比起我们所预料到的还有更多患处，而且患者将会需要进行化疗。最后应该和她谈一谈，这样才能让她到时候有支撑自己的那种防御能力，比如说，对以后一系列的可能性的否认。"

我不知道母亲是否曾经接受了这样的事情：癌症可能战胜她，但是这种想法肯定曾经嘲笑过她——怎么能没有呢？从病理学的报告中得知她能幸存的可能性很小。26 块恶性的乳房肿块是一个女性知道的最坏的诊断，但是我记得在她乳房切除手术以后她曾说过的话，那时我坐在她病床边："癌症只是在我的那些肿块里而不是其他的地方，这就是说医生都已经把它们切除了。" 12 年以后我才知道这并不是真的。这就是说，就像我现在知道的，要么是母亲根本就没有听到病理学家的报告，要么是她撒谎了，因为想要保护我，不让我知道这个连她自己都难以置信的真相。

当然，当这所有的一切发生在我的身上的时候，我已经花了 10 多年的时间来构想关于那些美丽而勇敢的女性的比喻，那些曾经死得没有尊严的女性的命运掌握在那些男性的手中。隔天我的母亲要么就像一个王后，还没有得到任何警示就被驱逐出了王国，要么就像一个士兵，既没有接受过训练也没有充分的武器准备，就被推到了战场上。这些幻想支撑着我，为我的愤怒辩护也增加着我的愤怒。我已经把关于医疗职业、疾病还有死亡的大多数的想法都围绕着浪漫的支柱一一组织了起来。我看到病历上打印着她的病情的严重性，在这之前，我从未这样想过其实母亲心里也许一直都知道这个事实。

那么她会在很早以前就怀疑过这个事实吗？我记得她曾告诉过我为什么要避免做活体检视，而这个活体检视能判断她是否患有癌症。"手术很昂贵，"她说，"而且今年家里的钱比较紧张。"然后我就相信了她的说法，但是现在我明白了：全家人都有医疗保险，那会支付费用的 80% 或者更多的费用。缺钱仅仅是一个借口。

那次对话之后，我们就没有再提到肿块这件事，直到那晚，她给我看了那张乳房 X 光片里有"可疑的阴影"，而且我们从未当面直接讨论过死亡。唯一一次我听到她提到自己一定会死，发生在一次 3 分钟的小事中，在她去世前 4 个月的一个中午。当时我正要去洗手间而她刚好走出来。那一天稍早时候，她刚做完化疗，双眼红红的，双唇紧闭，她带着面罩站在洗手间与床之间。当她慢慢地躺下，我深深地叹了一口气，迷惑地问她："为什么，妈妈，为什么你让自己经历这样的地狱似的煎熬？"

她看着我，就好像是我说我刚才与上帝喝了一杯茶。"希望，"她说，"我这么做是因为我还想活着。"

当然那并没有实现，根本就没有实现，因为 4 个月以后她去世了，享年 42 岁。24 年之后，我 41 岁，她就在这个年纪发现了身患癌症。每年 2 月份，我在放射科医生候诊室里坐着等待医生仔细检查我的乳房 X 光片上的阴影和斑块的 30 分钟是我一年之中最长的 30 分钟。我坐在紫红色的扶手椅上，在脑海里梳理一遍我和母亲的不同之处。她是一个全职母亲，我工作。她在 32 岁生了她的第三个孩子，也是最后一个孩子，我则是在 32 岁生了第一个孩子。她的一生都在纽约度过，我在漂泊了 15 年之后，最终在加利福尼亚州落地生根。这是我的一种个人祈祷方式，就好像诵念这些会让上帝再给我一个不同之处、一个巨大的不同之处、一个我的家庭最需要的不同之处。然后，放射科医生带着微笑和好消息出来，我又能安心一年了。我再次得到了庇佑，我和母亲不一样。

从商店的橱窗前走过，我都会斜视玻璃中的自己，我看到自己突出来的下巴、在后背上左右晃着的头发，但是那向前的是她的胸、向后突出的是她的臀部。这个想象过程是如此简单，是那样顺其自然而又无声无息：那是她的臀部、她的胸、她的命运。

乳腺癌、心脏病、动脉瘤、忧郁症，特效药对这些病都不太管用。受访的 75% 以上的那些失去母亲的人都会担心她们将来会重复母亲的命运，尽管还没有证实其母亲的死因与遗传或基因有关系。92% 的人说她们不是“某种程度上”就是“非常”害怕死于同母亲一样的疾病。在母亲是自杀的人中有 90%、母亲死于心脏相关疾病的人中有 87%、母亲是死于脑出血的人中有 86%、母亲属于意外死亡的人中有 50% 都有同样的想法。

就像这些女性中的很多人一样，我的忧虑增长不仅仅是因为我是看着母亲怎样去世的，还有我一直生活在不吉祥的家族阴影之中。癌症使我祖父母和外祖父母中的 3 个人遭受了痛苦，还有母亲的曾祖母也深受折磨。母亲去世 6 年后，她的一个妹妹被诊断为乳腺癌。尽管我们知道患上这种病的可能性很小，但是我们知道它会不经意地留在基因里。我深知自己有很大的患癌危险。根据曾考察了我的家族史的医学遗传学家的推断，在我的有生之年我会患上乳腺癌的概率高达 75%。现在每天我都会觉得肿瘤早就已经在我身上策划着死亡，我觉得自己对此要有一个恰当实际的关注，让自己摆脱肯定会患癌的想法，这样的生存方式对我来说是一个挑战。这是一个微妙的平衡过程，但是我做得还不够好。心情好的时候，我就会觉得自己患癌的概率真的是很小，我其实根本不需要去想这个；心情不好的时候，我就会再次觉得自己会不可避免地患癌，百分之百——那个人就是我。

对于有高风险的女儿来说可利用的有：基因检测、统计学、概率。对于心脏病和一些癌症来说，早期探测检查（至少在乳房 X 光片上）对 50 岁以下的女性可能没有用，这就要看你读的是哪一篇文章了。统计学和医疗检查的结果并不能完全消除女性的恐惧。她们会偏向理智，尽管理智并不是非得要与乐观主义相反，但是理智也不能就此粉碎她的恐慌。母亲因乳腺癌而去世，是我心底永恒的情感烙印。就是这部分情感一直让我相信自己与母亲有同样的命运。

当女儿看着母亲去世，特别是死于疾病的时候，她就会意识到，作为女性，自己的身体是非常脆弱的。在某种程度上，她早就明白了女性的经历就是放弃对身体的完全控制。月经期、孕期、绝经期，它们都有自己的生理时间，除非是通过药物有意地介入来改变这些过程。她看到母亲的这些系统被疾病代替了，这使得她感到害怕，也使得她靠近了另一种想法：母亲的身体还这么年轻就垮掉了，同样的结果也会在她的身上发生。

从对母亲的去世的惊恐到对自己的死的害怕，这是一个较大跨度的认知跳跃。对女儿而言，却很容易就能做到。母亲与女儿之间在心理与生理上的联系，在她们身体纽带被切断的那个时候就已经开始了。虽然连接她们的脐带被切断了，但是两个女性彼此分开地面对着面，她们依然还是一样的。母亲看着女儿的身体，就觉得是看到了年轻的自己；女儿会看着母亲的身体寻找关于自己身体特征的迹象。母亲和女儿被这种共生的身份联系在一起，对彼此来说，就是彼此行为的镜子一样，反映了自我的过时形象。

艾莉森·米尔本（Alison Milburn）博士是艾奥瓦州医学院和艾

奥瓦市诊所的一位健康心理学家，她经常给那些失去母亲的女性提供咨询。据她所知，有些女性会极端地恐惧自己会染上母亲的疾病。这些女性具有代表性地在童年的时候过度地统一了自己与母亲的身份认同。她解释道："作为成年人，她们依然觉得自己与母亲极其相像，而且很多时候她们的母亲加强了这个印象。当自己的女儿在慢慢长大的时候，她们说'你看起来跟我一模一样'或者'你真的和我一模一样'，或者她们对发生在女儿身上的事情反应很强烈，就像是这些事情发生在了自己身上。"当女儿与母亲之间的界限不是很稳定，也不是很明了的时候，女儿就不能正确地区分开母亲的经历与自己的经历。如果是癌症、心力衰竭或者是自杀夺走了母亲的生命，她就认为这些疾病好像也会对自己的身体造成威胁。

米尔本博士同时在医院的产科和妇科医学的诊所工作，她已经看到过这种极端的恐惧。她曾经遇到一位要求切除子宫的25岁的大学生，因为她的母亲就是死于子宫癌；一位公司总裁参加了一次胸部测试，测试卷上慢慢地用钢笔标满了记号，说明了她在过去的几个月里每天一直都在检测的肿块；还有几位在自己30多岁的时候要求进行预防性乳房切除手术，因为她们觉得这样会降低她们患癌症的风险。[⊖]米尔本博士通过让这些女性放松、停止思考、偶尔的药物治疗管理以及对风险因素与家族史的讨论，竭力帮助她们摆脱以下想法："母亲的命运与女儿的命运是一样的。"她说："这些女性如果想摆脱母亲那种不健康的状态，最好的方法就是逐渐减少同母亲的心理认同。"

这并不容易，特别是女儿很好地遗传了自己母亲的外貌或身材。因为这个女儿会很容易地就想象自己的身体会被这种疾病击垮。当

⊖ 这些女性的乳腺癌遗传基因（BRCA）检测结果并非阳性。有些检测结果是阳性的、失去母亲的女性在她们医生的全面支持下，选择接受预防性乳房切除手术和乳房重建手术。

母亲生病的时候，她会对母亲的经历具有强烈的认同。“当然，拥有同自己母亲一样的身材并不意味着会有同样的事实发生在你的身上，但是那代表着同母亲紧密的、深深的联系感，”娜奥米·洛温斯基说，“对那些失去母亲的女儿来说，问题就在于她身处可怕的‘22条军规’之中，异常紧张。为了完全地达到对自己的女性特征的认同，她不得不回归自己的身体，但是那同时也意味着对母亲的身体的认同。如果她把母亲的身体与可怕的疾病和英年早逝联系在一起，她就会觉得自己去了这个世界上她最不想去的地方。”

与此同时，那对她来说又是唯一可能终止的地方。这是失去母亲的女儿们共同的秘密：我们害怕年纪轻轻就死去，而且我的死亡并不是发生在未来无法预测的那一刻，当我们到达母亲去世的年龄，我们害怕自己会像母亲那样死去。

“魔法般的数字，”一位失去母亲的女性说。“那是沙子里一条看不见的线。”另一个女儿说。“我不知道是否其他的女性也这么说过，”大概有十几个女性这样告诉过我，“恐怕我将不会活过39岁（或45岁或53岁）。”

我上的最后一节数学课是在高中的时候，我不得不用自己的手指头来把个位数增加到9。我可以告诉你，我一直都没有停止过计算，究竟还有多少年会把我现在的年龄与42岁分开。随着我越来越接近42岁，我把月也计算了进来。给了我一些安慰的是，我母亲是42岁又10个月时去世的，相当于43岁。

这就是必死率数学定律，其中母亲去世时的年龄就是固定值，而唯一值得丈量的就是以那个固定值为中心的这里和那里之间的差距。我们一直在心算加减法，担心接近那个让人恐惧的年龄（如果那时我们也死了，那该怎么办），又想到要活过这个年龄，我们既高兴又害怕。

活过母亲最终去世的年龄，对女儿来说，是对母女分别最美好的回忆。她没有（而且现在不能）重复与母亲一模一样的命运。黛蕾丝·兰多说这种意识能够激发起对生者的愧疚。“对于一些女性来说，活过了母亲去世时的年龄，那些日子对她们来说真的很不舒坦，”她解释道，“她们感到她们获得了额外的时间，并且得到了一些自己母亲没有得到的东西。她们甚至会觉得自己是不对的，因为自己逃脱了死亡，而且如果连自己的母亲都没有拥有过额外的日子，那么她们也不应该拥有。”她相信，这就是为什么一些人在预测到自己会去世的时候，就辞世了，特别是当她们坚信自己会与父母在相同的年龄去世。

本书所采访的失去母亲的女性中，2/3 的人年龄在 55 岁和稍微小一点的年龄之间，她们害怕自己到母亲去世的年龄时也会去世，要么是“有点儿害怕”，要么是“非常害怕”。一些人相信自己会在同一年去世，她们已经在准备安排好自己的生活。以贾妮为例，她的母亲 33 岁的时候死于一场车祸，那时她还不到两岁。虽然当时她是坐在后座的，但是贾妮没有任何有关碰撞的有意识的记忆。然而，她在以后 31 年里一直都下意识地等待着相同的车祸再一次发生，这一次是她自己坐在驾驶座上。“我从未认为自己能够活过 33 岁，直到我到了 34 岁的时候，我才意识到自己活过了 33 岁，”她说，“一直以来，我从未为未来做过计划。在某种程度上，我只是活着并在自己的意识里的某个地方想着，我会在 33 岁的时候遇到一场车祸然后死去，所以为什么要做计划呢？我不曾有过关于未来的任何东西。我从大学退学，开始参加工作，但是一周里我只工作 30 个小时，而不是工作 40 个小时，这样的话我才有时间去做一个活动者，然后攒钱再去上学，或者是去弄一个个人退休账户。”

然后我就问她，那么在她到了 34 岁的时候怎样了呢？

她说：“我开始思考我的母亲。很多年了我可以不哭着讨论母亲，我差不多就是用记忆理智地勾画出那些事实，但是当我一直活到 34 岁的时候，我开始对母亲的去世感到非常激动。”活过了母亲去世时的年龄，这件事情使贾妮的注意力从自己的必死转移开，并且让她第一次为母亲悼念。她也发现自己开始想着那些自己还没有期待过但会看到的日子，没有什么计划就前进了。她开始挖苦似地回忆：“当我到了 34 岁的时候，未来突然就出现在了那里。然而，想清楚如何来面对未来，那是另一个故事了。对未来想出一个计划花了我 5 年的时间。我 39 岁的时候，刚开始准备执行那个计划，但是我担心所有已经逝去的那些年。我想如果我不赶快行动起来，当我 60 岁的时候将会成为一个笨拙的老太太。”

贾妮对被缩短的未来的恐惧，在失去母亲的女性中只是一个普通的例子。因为相同性别的父母在孩子与她自己的必死之间有一个自然的缓冲地带，只要母亲还在世，生命（而不是死亡）就是女儿对自己未来的想象。当那个阻碍被移除的时候，死亡对她来说就更加逼近了，而且肯定更加真实了。一个女孩在年龄较小的时候，失去了自己的母亲，也会失去感知自己慢慢长大变老的能力。如果母亲在 46 岁的时候去世或者离开，她对女儿来说会代表着一种身体的榜样，并且只是停留在那个阶段。她不会把自己想象为一位 73 岁的令人尊敬的老妇人，相反，她会认为早逝对自己的身体来说是一种可能性，甚至是必然性。

心理学家韦罗妮卡·德内斯–拉吉（Veronika Denes-Raj）和霍华德·阿力奇门（Howard Erlichman）在 1991 年对这个理论做了检验，当时他们把两组调查对象进行了对比：一组是来自纽约市各高校的学生，她们的父母过早地去世了，另一组是那些父母依然健在的学生。当他们询问这些学生，根据自己的主观标准，比方说是她们的基因背景、病史以及过去和现在的健康状况来预计自己能活多少年的时候，那些父母还健在的学生估计自己会活到的平均年数是 79 年。那些失去父母的孩子预计自己只能活到 72 岁。

当参与者被要求根据自己的“直觉”（即他们的希望、恐惧和梦想）进行再次预测时，两组之间很多的回答还是有差异的。这一次父母还健在的那一组估计的寿命是乐观的83岁；那些经历过父母过早去世的学生预计自己的寿命是68岁，比上一组少了15年。情感又一次战胜了理智。甚至那些父母是死于意外事故而不是基因遗传的孩子都觉得自己会早死，这就是父母的范例会起到的强大作用。

我们大多数人都不会在自己童年的时候有意识地关注自己母亲的逝去。偶尔我们可能想知道的是自己的死（谁会来参加我的葬礼，是否有人哭），但是我们也并不是经常会想这件事情。生活在一个自己一直会意识到和害怕渐渐逼近的死亡的世界里，这就意味着生活在一种永久的害怕和焦虑的境况里，一种终究会耗尽自己的紧张的情境里。从还很小的年龄开始，我们的心智能力就开始让我们远离那种不断逼近的意识：生命被盖上了终止日期的邮戳。因为自己必然会死的这种想法对任何一个人来说都是难以负重的，所以我们不能很快地在意识层面上完全理解它。我们存在着，处在那种一直都持续的害怕死亡的拉锯战之中，为了自我保护，还有让我们能享受生活的那种生命不死的幻觉，我们必须进行这场抗争。

父母的去世（特别是和自己相同性别的一位）会极大地改变这种平衡。母亲的去世就相当于让女儿感觉到自己会经历自己的死亡，母亲的去世让她突然意识到自己的脆弱性。当母亲去世的时候，我记得那种感受，就好像是一场飓风席卷了小镇，而且掀走了我的屋顶。虽然我在几年以前就已经不再信宗教了，但我是受着犹太基督教的传统教育长大的，神住在天上的宫殿里，而且这些早期的知识一直都没有彻底消失。我母亲去世后的那一周，我得了一种怪异的、痛苦的（可能是受心理影响的）胃病。那一周每晚我睡觉的时候都期望着会有一双手从天堂伸下来，在我醒来之前把我带走。现在再说起这些我觉得都太荒谬、太戏剧性了，但是我记得那是一种什么感觉——我就是那列队伍中的下一个人，下一个会死去的人就是我。

准确地说，这并不像 17 岁的我应该去想的东西。当我把这个故事告诉了 28 岁的希拉，她的母亲去世的时候她 14 岁，她说自己在青春期，还有成人后的早些时候一直都充满了相似的恐惧。在她 5 岁之前，她的母亲是一位酗酒者，几乎没有时间或精力照顾自己的孩子。在她不再喝酒以后，她同希拉的关系变得非常亲密，甚至在希拉知道自己的母亲死于心力衰竭的时候，她深信同样的事情也会在任何时候发生在自己的身上——至少是以后会。

> 母亲去世的时候，我的安全网就没有了。从此以后，我感觉如果有什么坏的事情会发生的话，就会发生在我的身上。我现在同青少年们在一起工作，而且我一直都能感觉到他们的坚不可摧。我从未有过那样的感觉。我一直都采取预防措施，因为我从未有过安全感。我对节育很谨慎，因为我相信如果有人将来会怀孕，那个人就是我。同时，我真的做了一些愚蠢的事情。我高中的时候大量饮酒，而且我大学时还吸食毒品。但是我一直都清楚我是在冒险，而且我还错过了一个绝好的机会。很长的一段时间，我感觉结局就是另一个开始。

希拉那些年一直守护着死亡，就像是一位带着矛盾感情的爱人，敢于让它找到自己，但是同时又有意采取措施回避着它。我也曾经许多次地玩着同样的游戏。我会在午夜时分自己一个人乘坐地铁，会跟那些技术不怎么样的人去遥远的峡谷攀岩，而且会接受陌生人的搭乘。就像一个拒不服从的青少年一样，我每次都挑战极限来检验自己。就内心而言，我易受癌症的攻击，但是我欺骗着自己，让自己觉得外部的任何事情都不会把我摧垮。“任何不好的事情都不会在我的身上发生。”我一直都这样坚持着。我不会受任何伤害，霉运不再对我感兴趣。我是那个能冒险、会赢的人。我不是我的母亲，这是我的紧急自我提醒器，当然，在这之下就掩藏着我的那种本能的恐惧。

那些坚不可摧行动的背后却带着脆弱，这种行为很普遍，临床医学家对此命名为“反恐惧机制”。就像恐高症患者会通过飞行课程来克服自己对高度的恐惧一样，失去母亲的女儿就会试着冒险，让自己有一种能控制命运的幻觉，这样来掌握自己对将死的恐惧。为了从挑战命运和胜利中获得喜悦与证明，她们会经常采取这样的行为，比如，母亲死于肺癌，她就开始吸烟，这样她们就极有可能患上与母亲相同的疾病。

“一些女性真的是勇往直前，而且不只是在健康方面这么做，”米尔本博士说，“比起男性来说，女性很少会飙车或者从飞机上跳伞。她们通常会在人际交流中冒险，比如会做一些事情来把他们之间的关系搞糟。我见过很多女性，她们对疾病或者对死亡的恐惧的反应是通过对自己的性伴侣做一些不愉快的决定，或者是制造很多的事端。”

就如德内斯－拉吉和阿力奇门所发现的那样，他们所调查研究的那些害怕会出于与父母同样的原因而早死的大学生，也是那些最有可能会有危害健康的习惯的人，比如吸烟或者吃得很差。他们猜测这也许是因为这些孩子们以自己母亲的健康行为为榜样，或者是因为丧亲之痛而健康不佳。但是德内斯－拉吉博士相信，更有可能是因为父母的缺失使孩子们慢慢有了一种宿命论的感觉，这就会依次地导致孩子们坚信：“如果我的命运就是早死，或者如果疾病早已经在我的基因里，那么为什么我现在还要费神地照顾好自己呢？”

就如研究者所发现的那样很多处在高危的女性并不重视自己的问题。当纽约市的斯特朗预防癌症中心的心理学家主任凯瑟琳·卡什（Kathryn Kash）博士研究那些具有高危乳腺癌风险的女性时，她希望那些认为自己最易被疾病感染的女性也能是那些最有可能做定期检查的人。相反，她发现结果恰恰与此相反。非常害怕自己会患上乳腺癌的女性几乎都不做乳房的自我检查，而且还经常会取消此类检查或者会错过诊所的身体检查约定。“这些女性说如果自己觉得身体还好，那么她们就不会去做自我检查，”卡什博士说，“这是很容易就能想到的事情，如果你不做身体检查，你就不会发现任何东西；因为如果你不做身体检查，你就是不能发现任何东西。”

现年32岁的布伦达的母亲死于乳腺癌时，布伦达年仅16岁。她说因为自己母亲的外婆也有这种病，因此她觉得自己得这种病的概率也很大。然而，自己关于母亲两年病史的记忆让布伦达不再采取建议性的防御措施。

> 你觉得我会对自己的健康很上心，但是我没有。我并不去做胸部检查。在我的浴室里挂着指导说明，但是我就是不做。我的姐姐已经做了乳房切除手术。我现在做这个年龄还有点儿小，但是我知道早期的发现就是这样的。这是我不得不去处理的事情，而且我对这事开始用心起来。因为家里的3个女孩子都有这个麻烦，我们中的一个将不得不处理它。每逢新年，我就说今年我将开始了，但是然后恐惧就突然来了。我还没有准备好要发现点什么。我还不能成功地应付，所以我不会去做。

当回避行为让女性不会再得到充足的关心时，它就成了一种高危的行为。当母亲回避或躲避医疗检查的时候，女儿的回避也会是试图与母亲认同的。我不是说失去母亲的女性有意识地想要死，我不知道会有一个真心希望患上威胁生命疾病的人。我遇见过那些女性，她们渴望一种联系，任何一种在自己童年时候或是青少年时就同已逝母亲的联系。比如说，一位女性，她肥胖的母亲是死于心力衰竭，可能在几年以后，她不断增加的体重让自己的心脏也处于一种紧张的状况；或者一位母亲自杀的女性，可能会拒绝对她的忧郁病症的医疗帮助。

22岁的斯泰茜，3年前母亲得艾滋病去世，她很恐惧自己会死于这种疾病。母亲去世以后，她却很少采取措施来保护自己免受其害。她曾经做过几次病毒测试，得到的结果一直都是阴性的。“让人害怕的是，虽然母亲死于艾滋病，但是这并没有让我就成为那个自我宣布的重新回归的处女，或者让我更加敌视男性。实际上，她去世以后，我甚至还经历了一段男女乱交的时期。我身上依然还有那个部分的我，希望被爱，我需要逃避，所以我通过男性来这样做。在那段混乱的关系中，我甚至都不会觉得自己就在现场，除了某些原因：我需要把它作为伤害自己的手段。那很怪异，因为我几乎是希望疾病会发生在自己的身上，这样的话我就能体会到母亲所受的痛楚。那是我能感觉到而且有时候我依然会感觉到我应该去感觉同样的痛苦，因为让母亲独自承受这些是不公平的。”

斯泰茜的母亲是由性传播感染了艾滋病毒，而且她的女儿感到被强迫着一次又一次地要接受同样的事情。在相似的认同与冒险的影响之中，希拉说在高中和大学时她吸毒、喝酒，这都让她感到与自己的母亲更加亲近了，因为母亲在跟她一样的年纪的时候也严重酗酒。“我15岁的时候第一次喝酒，那也是我的母亲喝酒的年龄，”她回忆道，“我一直都用着与母亲相同的逃避方法。我的姨妈甚至说我和母亲一样一直都在喝杜松子酒。”在她到了二十四五岁的时候，她才开始把自己与母亲区别开来，第一次悼念她的去世，那时希拉丢掉了自我毁灭的行为，还有自己对早死的期盼。

> 我读完大学以后，工作了一段时间，然后开始认识到一些东西，我的自我开始变得坚强。我真正地开始处理对母亲的悲伤和对父亲的愤怒。当我开始面对那些我曾经花了很多精力去牵制的情感时，当我不再控制它们的时候，我最终能够开始把自己作为一个个体来看待，而不再只是作为母亲的女儿。
>
> 我不再采取过度的预防措施，或者采取我以前常用的方法。我已经差不多在这两者中都好转起来。我没必要一直都携带着保护伞，但是我更加关注于什么将会是痛苦的、什么可能对我来说会是困难的，所以这就是我要当心的。因为我不再当心每一件事情，我可以看到实际上哪个地方才是真正危险的地方。我开始学习相信自己的感觉，在情感上和身体上什么对我是安全的。我刚搬进了一座新的建筑，在那里我不必再把裂纹瓶从自己的门前踢开。我听着新闻里报道的所有的负面的事情，感到吓坏了，但是我还生活在这个城市里，而且不会再担心一些不好的事情会发生在我的身上。

通过与自己的母亲分离开，同时还尊敬她的重要性，希拉积极地参与到娜奥米·洛温斯基的“照顾鬼魂”活动中。“当我们与鬼魂的关系不够亲近的时候，它就会来找我们，”洛温斯基博士解释道，“一旦你能与已经去世的母亲发展并保持一定的关系，那么你的恐惧就变得更加真实。你能够分辨出什么是母亲的命运和什么是自己的，而且还会意识到我们都有自己的命运，我们都不能控制的命运。在这种文化中，我们就会像是在慢跑一样地行动，去看医生，还有吃对的东西，我们不会去死的。当然，恐怖的事情在每个人的生活中一直都在发生，但那不是因为你没有吃对的东西。”

“我认为很多失去母亲的女儿，她们趋向于把自己命运的责任都放到自己母亲的身上，”她继续说道，“这几乎让她们摆脱了一切负担。女儿所要做的一切，就是担心着当她到了母亲的那个年龄时，不要得癌症或是不要自杀。要认识到你的母亲有自己的命运，而你自己也有你自己的命运，这一点非常重要。还有就是你的命运将会拥有所有的一切，而且其中很多的事情并不会像你想象的那样。”

我第一次遇到罗谢尔的时候，我立马就被她的活力吸引住了。当她举着双手朝我走过来的时候，她那皮革的鞋底在地板上嗒嗒地响着；当我第一次走进她家的前门的时候，她冲向我，吻着我向我打招呼。她娇小苗条，从一间屋子飞奔向另一间屋子，笑声穿透屋顶，她长长的卷发贴着她的脸，散发着永远的飘逸的时尚气息。她现在 53 岁，如果我的母亲还活着，现在也应该是这个年龄，但是我觉得她应该比我想象中的母亲显得年轻。如果不是她告诉我，我永远不会猜到罗谢尔已经挺过了两次不同种类的癌症，一次是大肠癌，另一次是乳腺癌。

你看到了吧，我从未把癌症想象为一种你可以挺过来的疾病。(别在意自己母亲的姨妈在诊断患癌后仍然健康地活着，至今已经有 8 年了；别在意几年以前，我 24 岁的最亲密的朋友接受了卵巢癌手术，而她今天还好好地活着。) 母亲的去世可以说极大地扭曲了我对疾病的理解，我认为她就是个范例，癌症对于我来说就跟死亡没有差别。我在跟女性朋友谈话的时候，才意识到这一点。她们的母亲在 10 年或 20 年前做了乳房切除术，但是到今天还在周末同自己的丈夫一起去打高尔夫。她们的女儿对乳腺癌是有一些关注的，但是恐惧并没有左右她们的日子，她们是通过幸存者的眼光来评价疾病的。“当然，我采取预防措施，”我的朋友辛迪说，“但是如果我患了病，那就得了呗。如果有了这种病，我将会怎么做呢？我可能跟我母亲是一样的——接受手术，做几个月预防性的化疗，然后继续我的生活。”

母亲教导我们怎样处理这些疾病，包括做榜样还有建议。“我们从母亲身上学到的其中一点，就是当她们生病的时候是如何生病的，”米尔本博士说道，“她们教导我们如何去看待自己的身体，还有生理症状。许多女性是来自那种把生理症状看作一种风格的家庭。很多的母亲过早去世的女性会变得高度地对自己身体的生理变化予以调整。然而还有一些人已经没有那种对自己疾病的潜伏性的整套想法了，或者早死可能忽略了一种特殊的生理症状，一个失去母亲的女儿不会忽略这个的。我尽力去让女性对自己的健康行为要有独到的见解，这就会让她们有机会来做改变她们自己的决定。我们以‘你从你母亲的疾病中学到了什么，她对疾病是怎么看的’来开始，试着从这里来解释一位女儿的看法。”

辛迪说：“如果真的发生了，我将会做什么呢？我可能会做跟母亲做过的一样的事情。”如果我肯定这个说法，那么就是说我会在 42 岁的时候去世。那是我最想强调的不想做的事情，所以我一直都在寻找其他的榜样。罗谢尔的务实主义看法似乎同我的伪善恐惧完全对立，她说在她的诊断之前，她对癌症的看法跟我的很相像。她 23 岁的时候母亲死于肺癌——癌细胞已经侵入她的大脑和骨头。看到母亲经历了 4 年的化疗折磨以后，罗谢尔离开了葬礼，并深信自己已经在走母亲走过的道路。“我一直都知道我会得癌症，但是会是在‘以后’，”她说，“这就是我为什么会买灾难性医疗保险。我母亲 60 岁，而且我认为差不多就是那样吧。以后，可能母亲所有的亲戚也都会得癌症，所以我估计它将会一直伴随着我。但是我认为当我 45 岁的时候，癌症不会发生在我的身上。”母亲去世 26 年以后，第一次的癌症诊断显示罗谢尔要通过自己做的决定来把自己同母亲的命运分开来。

当我得知自己患了大肠癌的时候，我都不知道自己是如何从医生的办公室走出来并回到家里的。我不知道是走着还是坐公交车，还是乘出租车。对我来说，我的生活完了。我相信自己会像母亲那样结束生命，而我一直都说我永远不会成那个样子。所以我做的第一件事情就是签署生前遗嘱。我弄了两份，我不仅打印了一份放在床头，还打印了一份贴在医院的病房门上。我给每个走进我病房的人一份，每位病友和实习医生都有一份。我告诉我的医生："如果你给我开刀以后，看到癌细胞到处都是了，那么你只要把伤口缝上就行了。"如果没救了，那么任何人都不要把我弄得跟豚鼠似的，就像他们对我的母亲所做的一样。我14岁的女儿不会看到我受煎熬。不管怎样她都不会坐视不理。

手术以后，医生很自信的样子让我觉得也很自信。之后的活体检测的结果都是阴性的，所以我很积极乐观地离开了，数着我的那些祝福，却从未想过癌症会在我身体的某处。然后，第二年的时候，医生在我的乳房囊肿里发现了一个瘤。

毫无疑问，我的脑袋里立刻就有这样的想法：在我的身体的某处还有癌症。关键的问题是他们还找不到它在哪里。我的肿瘤科医生说我将可能是典型的慢性癌症患者。我的丈夫说他会退休陪我，然后我看着他想："哦，亲爱的，你会这样想，我很高兴。"我没有做过计划。我的女儿是那个会让我不再在套子里蜷缩的人。如果我丈夫的下一任妻子会养育我的孩子，我将会真的很感激上帝。这是第一件事情。第二件事情就是生活这么有趣，为什么我想要放弃它呢？

我告诉罗谢尔，我不能够想象我应该怎样来两次面对癌症，让自己像她这样接受每月的检测，而且还会以乐观的口吻讲述自己的故事。我没有过这样行为类型的榜样，而且我不会相信这样的自信是我天生的一部分。“你的勇气是来自哪里的？”我问她，“你是怎样找到这样的力量的？”

她向桌子边倚着，然后用右手托着下巴，她现在是认真的，她的眼睛是看着我的。“我不知道它是否是阴性的，但是我可以坐在这里，而且还讨论着我的癌症，这让我觉得这不是我自己，或者至少这并不是我今天所有的一切。我猜想如果我告诉你那 14 个月完整的故事，你就会怀疑我怎么还会依然走路。诚实地说，我并没有对此深思。唯一一次我对此进行思考是在我发现了乳房肿块的时候，我定期地对此进行检查，然后基本上它们是囊肿。忧郁并不是我的天性。现在只要我还感觉自己挺好的而且我还是健康的，我就会继续度过我的余生。”

母亲去世 10 分钟以后，我一个人走进了病房。我觉得我会正式道别。我害怕把自己的嘴唇贴着她的额头，所以我吻了自己的手指头，然后把它们在她的脸颊上蹭蹭，母亲的脸颊依然是温暖的。母亲相信天堂，而不是地狱；她曾经告诉过我在这个世界上没有任何不可饶恕的罪恶把这个人与上帝分开。如果真的有灵魂，我不得不相信她的灵魂已经飞往了另一个地方。她的身体不再包含着任何的生命迹象，在我看起来就是死了。

如果你很小的时候就接触到死亡，那死亡便失去了浪漫主义色彩。它不再是那个会在黑夜里把爱的人带走的凶兆，它变得冷酷无情，它是一件事情而不是一种抽象的东西。玛吉 25 岁，当母亲在她 7 岁自杀的时候，她就知道了这些。“当你爱的一个人去世的时候，死亡会失去它的不真实性，”她说，“对我而言它就是真实的。我从未试图自杀，但是死亡对我而言，从未是一种极限——我不会去深思的极限。它对我来说并不显得异乎寻常。那只是另一种选择，即一种对生命的选择。我觉得如果我的母亲可以那样做，那么我也能。”

安德烈娅·坎贝尔这样解释道，那些受到过死亡的精神创伤的孩子们被剥夺了死亡的美丽与神秘。死亡对女儿来说更是一种突然的打断，而不是一种完成与重生的轮回，她在自己童年时期或是青少年时期，看到它发生在母亲的身上，她失去了自己与自然女性轮回的心理连接，而那个轮回是能给予一个女性生活的一种构造。“女性的经历是再创造者的一员和神秘生活的参与经历，”坎贝尔博士说，“这也意味着女儿参与了死亡的神秘性，把它看作过渡与重生到了另一个地方。年轻的女性是带来生命的再创造者，干瘪的老太婆将进入死亡。智慧的失去应该会在母亲进入老太婆时期发生，而不是在她三四十岁的时候。”

母亲生命的真正悲剧并不是它的完结，而是它结束得太快了。大多数没有失去母亲的人与我们害怕早逝相比，不会太害怕死亡。这就是对少女的恐惧而不是对老太婆的恐惧。这是为什么那些失去母亲的女儿们要么一直在考虑自己的死亡，要么大多数时间在思考自己的必死性，她们大多是 18～39 岁的人。

当我坐在这里写作时，我 41 岁了。我是那个在 30 多岁的时候就身患癌症的女性的女儿，是那个有 3 个孩子、早逝的母亲的女儿。我还是两个女孩的母亲，她们还太小，不能没有我。这不会让我免遭癌症的魔爪，我母亲发现患有癌症时和我的年龄一样大。我几乎每天都会想到这件事。我现在每 6 个月进行一次彻底检查，每年 2 月份做一次乳房 X 光检查，每年秋天做一次超声波扫描检查。放射科医生不需要给我寄明信片提醒我做检查。我从不忘记。妇科医生每年春天给我做内检。有的医生告诉我这样有些过头了。还有人说，如果你是高风险的人，那么这样谨慎没什么不妥。除我的直觉之外，我不再听从任何人的意见。只要筛查对我没有伤害，我就去做。我总是不太放心。

这个我宁愿不要的高风险标签是我与母亲的一种认同一致性。然而这也恰恰是我和母亲的不同之处。我母亲在41岁的时候才第一次做乳房X光检查。在15年中，我只在怀孕和喂奶期间没按时做乳房X光检查。我的饮食中脂肪极低。我练瑜伽。我每天吃7种补剂。预防性医疗和早期检查并不能确保万无一失。这些我都明白，但这是我能想到的最好的办法了。

苏珊·桑塔格（Susan Sontag）在《疾病的隐喻》（*Illness as Metaphor*）里写道："在这个美好的王国里，在这个有病的王国里，每个出生的人都拥有双重的公民身份。虽然我们都愿意用好的通行证，迟早我们每个人都会被强制着，至少是为了一个诅咒，而把自己作为另一个地方的公民来认同自己。"我母亲的去世给了我一个临时的去第二王国的签证，而且我已经在那里花了我愿意花的足够多的时间。如果肿块再出现证实了我最担心的恐惧，或者如果我一早醒来发现另一种疾病又要求我去那个地方，那么我要确信那些指引我通过的决定，都是我自己的决定，而不是由那些母亲的过去所支配的决定。就像我的母亲和许多其他的处于她的位置的女性，我相信我也将会让自己"回归到生活"。我也希望，在生病或是健康时，我能做出那些母亲从未做过的决定，那些可能挽救她生命的决定。我能够把自己的命运与母亲的命运区分开的最好方法就是继续生存下来。

第11章

当女儿成为母亲

生命的延续

当我第一次有身孕的时候，我十分确定腹中怀的是一个男孩。我这样想并没有合情合理的原因。可我就是觉得我怀的是一个男孩。

我怀的是个儿子。我有一个奇怪又奇妙的想法：他会穿着可爱的牛仔布小吊带裤，长大后成为少年棒球联盟的游击手。我则会坐在边线外的蓝色折叠椅上，拿着佳得乐（Gatorade）冷饮，随时跳起，为他的每次打击加油呐喊。

我喜欢“儿子”这两个字的发音，也喜欢这两个字的均衡感。

那时，我对孩子的性别笃信不疑，在我孕期的第21周，B超医生说屏幕上的图像显示的是个女婴。我的大脑无法接受医生说的话。

“不是个男孩吗？”我问道。我用胳膊肘把上半身支起来，难以置信地看向屏幕。“我确定我怀的是个男孩。”我看着我的丈夫说道。我的丈夫对我的预测深信不疑——此刻和我一样看起来满脸疑虑。“我怀的是个女孩？这不可能。”我说。

医生把显示器转向我们俩，指着底部两条平行的小白线。“依我看，这看起来是阴唇。”她说道。

“你确定不是男孩？”我问道。

她一边在B超机的键盘上打字，一边努力保持着微笑。“你最好希望不是个男孩，”她说，“不然他可就有大问题了。”

我怀的是个女儿。边线外的蓝色折叠椅的画面消失在我头顶上荧光灯的光晕之中。取而代之的是木制球棒击打垒球的声音，然后在一双有花朵图案的高帮运动鞋掉进土里的同时一声闷响传来，朝着一垒飞去。

我禁不住哭起来。因为那时我才明白我有多么想要一个女儿，才知道我所创造出来的幻想中的儿子是我对没有女儿的失望之情的保护伞。

在接下来的4个月之中，我在兴奋和自我怀疑之间来回摇摆。我长久以来都没有体验有母亲的感觉，我又怎么能当好一个母亲呢？我这样想着。放轻松，我告诉自己，那有什么难的？然后我开始担心。当孩子生下来之后谁会帮我呢？一个和我很要好的表亲自告奋勇，从澳大利亚飞来我这里待两周的时间。这让我安心一些。但我还是心存忧虑：要是我英年早逝，去世后孩子孤苦伶仃，就像我妈妈去世后一样该怎么办呢？从我知道我怀孕那一刻起，这个想法就一直在我心里萦绕不散。

1997年，我的女儿降生了，4年之后，我又生了一个女儿。如今，小女孩生活中的细节和各种东西填满了我的日常：仙子公主服、长发公主拼图、粉红色的亮粉和蝴蝶发卡，还有可以想象得到的各种各样的凯蒂猫主题的物品。每天5个小时，每周5天，我是一个作家，也是一名教师。在其余的时间之中，我是我家那两个吵吵闹闹的小家伙的知心女友、啦啦队队长、裁判、厨师、私人买手和私家司机。她俩与我和我姐姐30年之前的状态似曾相识。

我曾听闻，有孩子就好比是让血液在自己体外循环。有时，我感到她们不仅仅是我血脉的延续，她们还拥有我、我的内心和我的灵魂中的一些碎片。我必须提醒自己，我的女儿们是独立的实体，她们是有自主权利的个体，而不仅仅是年幼版的我。我一直有想要按照我的愿望当她们的妈妈的企图。当妈妈的人还想有妈妈照顾，这时为人父母的难度就会翻倍。每天，我都很努力让这些界限分明。

这种现象并不像听起来那么麻烦。每个新手妈妈会自然而然地在某种程度上等同于她的孩子。在保持当下成年人的状态的同时，妈妈在心理上退化到婴儿早期，根据精神分析学家南希·霍多罗夫（Nancy Chodorow）的观点，这会激活妈妈最初对母亲或者母亲形象的那些记忆。当她的孩子微笑或者哭泣的时候，她的直觉会告诉她为什么并且做出恰当的回应。

与此同时，一个新手妈妈在抱孩子、喂孩子和照顾孩子的时候也会在某种程度上等同于她的妈妈或者她希望的妈妈。我们最初对于照顾关爱的记忆深深地印在我们的心灵里，我们将其作为自身母性行为的模型。除非一个女性之前将关爱行为当成有害的行为，并且有意识地以某种方式改变这些行为，否则她会无意识地重复她作为孩子时受到的关爱行为。

女孩把她对她的母亲和童年的自己的认同的形象一分为二，以此形成她成为家长的第三个形象。对于失去母亲的女孩来说，困难的是避免对两端之一形象认同过度。精神病学家索尔·阿尔图尔（Sol Altschul）和海伦·贝塞尔（Helen Beiser）在对芝加哥的巴尔－哈里斯中心（Barr-Harris Center）的患者观察后发现，早年失去母亲的女性往往会对已逝的家长和自己的孩子在认同上产生混乱，尤其是在对她们的女儿上。失去母亲的女性在看待女儿时似乎只把自己一个不自然的认同形象投射到孩子身上，并且可能过度保护或者身陷修补自己的企图之中而无法自拔。另一种极端情况是，失去母亲的女性对母亲有强烈的认同，从而害怕英年早逝，会从情感上与她的孩子们脱离，或者避免有孩子。

黛蕾丝·兰多给女性做咨询，帮助她们找到适中的平衡。“只要对你做的其他事情恰当，并且与你需要担当的其他角色一致，那么认同可以是健康的。”兰多博士说。当一个失去母亲的女孩成为母亲的时候，她可能需要与已逝的母亲建立一种新的关系。“她的母亲仍然可以被看作一个像保护小孩子一样保护她的人，”兰多博士解释道，“但不是一个可以当下也在保护着她的人。这也许听起来差别不大，但是影响深远。作为一个咨询师，我不得不说，‘你的妈妈也许曾经是那样的人，但现在不是了’。我不是试图将以前的那种与母亲的认同抹去，或者说‘你得放手’，但我试图找到一种方式让这种认同能够在女性的成年生活中发挥作用，进而发现一种新的、内在的与母亲的关系以适用于当下的生活。当我的宝宝出生的时候，护士第一次把她抱给我，我做的第一件事就是为她唱一首我母亲常常唱给我听的歌。这是与我母亲的一个美妙联系。我自己作为一个母亲，感到与我母亲的关系更亲密了。

既恐惧又憧憬

一个失去母亲的女儿总是担心她有一天会将孩子一个人留在世上，同时，另一个想法又同样强烈，那就是给自己的儿子或者女儿一个自己从未享受过的与母亲一起生活的童年。恐惧与憧憬矛盾交织。在对65个失去母亲且没有孩子的18～45岁女性的调查中，我总是能感受她们是如此敏感。“我很期待有一天能有一个自己的孩子，但是又很害怕。”她们害怕自己得与母亲同样的疾病，害怕自己对于那些生养孩子的事所知甚少，害怕自己永远都不会做得像已逝的母亲一样好，又或者害怕自己成为一个坏母亲，就像已逝的母亲一样。

接受调查的失去母亲的女性中，有将近一半的人表示她们都害怕或者曾经害怕有孩子。有些女性的情况很像27岁的葆拉，葆拉的母亲12年前死于一种罕见的血液疾病，当非裔的葆拉和她的白人丈夫初遇时，他们整个下午都乐此不疲地讨论着未来孩子的名字。在结婚后，他们却决定在目前的社会环境下还是不要养育一个混血的孩子。葆拉说她真正不怀孕的原因也是和情感有关的，所以这个明智的选择多多少少使她松了口气。

> 有两件事总是让我觉得恐惧：一件就是我从楼梯上摔下来，摔断了脊椎，我也不知道为什么，但就是总在害怕；另一件就是在生孩子的时候或者生完孩子之后我会即刻死去，留下我丈夫一个人抚养孩子，这个痛苦时时刻刻折磨着我。我不想离开他们，我的丈夫还不是美国公民，我怎么可以这样做？我总是处在这样的忧虑之中，生下孩子我就不在了，又或者没有我的丈夫活的时间长，留下一个没有母亲的孩子，让他重蹈我的覆辙。每当我坐下来想这些的时候，我都警告自己："别胡思乱想了！"但是谁又知道到底会发生什么事呢？

葆拉这些关于年轻早逝的担忧来源于她本身就是一个脆弱的失去母亲的女儿，还有就是她对于母亲的过度认同。她担心，一场随意的就像她母亲的病一样的事故，就可以把她从自己孩子的身边带走。这就是她眼中关于做母亲的独白。她推迟了养育孩子的计划，尽管如此，她还是很渴望那种她失去的母女感情。

43岁的达琳却恰恰相反，她非常期待可以有自己的孩子，可她已经经历了3次治疗子宫内膜异位症的失败手术。每次想到她将会终生无子都会让她心碎。"我曾感到那样的绝望和空虚。"达琳回忆，她在10岁的时候就失去了母亲。"我没能够和我的母亲一起生活多久，所以我决定自己做一个母亲。我很渴望把这种感情寄托在另一个人的身上。”当她和她的丈夫收养了一个男婴的时候，她说：“我的空虚感就在那天消失了，我从未想过我还会有孩子，但从我收养他的那一刻起，所有的梦想都实现了。”

一个生命的结束激发另一个生命的开始，尤其是生育或收养可以再度衔接起那曾经断掉的亲情链时。正如心理治疗师塞尔玛·弗雷伯格（Selma Fraiberg）所观察到的：“很多经历苦痛的男男女女都因自己孩子的降生而从童年的苦痛中得到重生或治愈。用最简单的话来说，也就是我们常听父母说的那句话——‘我要让我的孩子过得比我好。’然后她就给了她的孩子更好的生活。”对那些失去母亲的女儿来说，更好的生活意味着给孩子稳定的、充满爱的家和一直陪伴孩子长大成人的母亲。

许多失去母亲的女儿在有了自己的女儿之后觉得人生又变得完整了，她们说当自己作为母亲又一次进入一段母女关系时，那曾经逝去的、作为女儿时享受过的亲密的母女关系似乎也回来了。她们还说成为母亲似乎又让她们和失去的母亲有了联系，仿佛使她们的母女感情失而复得。

米兹 57 岁，她回忆说，成为母亲使她在母女感情中通过给予女儿一些美好的事物而得到满足，而这些恰恰是在她 20 岁母亲去世时所失去的那些。

> 我对父母的关系所知甚少，也不太清楚我母亲的各种决定。所以我常常鼓励我的女儿随意问我她想知道的，如她们想知道为什么我和她们的父亲分手了，或者我对各类事物的看法。我觉得对她们来说有个消息来源是必要的，而且我也想成为她们的消息来源，我就因为不曾拥有这些途径而沮丧过。因为我非常清楚我眼中的女儿是什么样的，所以

我也很想知道我母亲眼中的我是怎样的。我是说，是人就会犯错，就会有他的缺点，但我还是为他们感到骄傲，而且我也想知道我的母亲是否也曾为我感到骄傲，我想，这也许会让我对自己有更多的了解，对影响我的事物有更多的了解。

为人母让米兹重新进入母女感情的关系，并更加充分地诠释了这两个角色。抚养一个了解自己母亲的女儿，不像自己那样对自己的母亲一无所知。因为米兹认为自己人生的一个缺憾就是早年丧母，她总是特别关注女儿的成长。

理想状态下，一个曾失去母亲的妈妈都会成功地扮演母亲的角色，就像米兹做的一样，让她们的孩子扮演孩子。但是如果这个母亲在年少时缺少家庭关爱，让她到成年时依旧极度渴望关爱，她也许将这个愿望的实现寄托在自己的孩子身上，尤其当她的丈夫或伴侣情感上无法安慰她时。

当一个女人把孩子只是作为自我的慰藉时，这个“慰藉宝宝”永远都没有自我，母亲会把孩子每个试图变得独立自主的行为看作背叛，每个抗拒都看作对她曾经十月怀胎的威胁。她们会惧怕这个孩子像自己的母亲一样丢下自己一个人，她们会绞尽脑汁地遏制孩子的独立自主。伴随这个孩子成长的是焦虑感、罪恶感、恐惧感，甚至是对母亲的憎恶。

菲莉丝·克劳斯解释道：“如果一个女性年幼丧母，她却从未悼念过母亲，她将下意识地试着从孩子身上重获那种与母亲的亲近感。当她处于这种极端时，没意识到她已经是母亲了，她就会成为一个陷入混乱的母亲，她试图从孩子身上得到那些她从未得到过的关爱。这对孩子并不好，养育孩子并不是给予他你不曾得到的，而是给他那些他成长中所需要的。”

这里的关键词是“不悼念逝去的”，那些年纪轻轻就失去母亲、从不自我调节孤独感和遗弃感的女性，通常会在同自己孩子的依恋关系上出现问题。当玛丽·安思沃斯和她的助手们在弗吉尼亚大学对 30 位母亲（她们都在幼年或青少年时期失去了母亲）做母婴关系行为研究时，发现那些对自己母亲的哀悼被评定为“未曾解决”㊀的女性的孩子 100% 都会有焦虑和混乱无序的症状。孩子不从母亲那里寻求安慰，相反，母亲对于孩子来说更多的是压力。比较而言，只有 10% 的母亲的悼念被判定为“未曾解决”，还有 20% 的母亲虽然没有经历过丧母之痛，但是和孩子的关系也很紧张。研究者总结出，母亲“未曾解决”的幼年丧亲之痛（不仅仅是就幼年丧亲本身而言）会影响她和自己孩子的依恋关系。

安德烈娅·坎贝尔 10 岁时失去了母亲，12 岁时父亲也自杀了，在青少年时期从未有足够的安全感让她去悲痛。她还不到 20 岁就结婚生子了。“我有一个女儿，她是我的宝贝，”她说，“不知道为什么，当我自己成为母亲，把我的爱给我的孩子时，我就会感觉我的母亲又回来了。我曾试着自我疗伤，当我下意识地通过另一个人治疗自己时，我们并不是将伤痛转嫁给她。所以尽管我爱着我的母亲，我依然可以奉献我的爱。也许是因为我 10 岁之前所受的良好教育，但是我的缺陷也许将继续伤害我的女儿。”当成年的她悼念自己的母亲时，坎贝尔博士似乎更证实了女儿就是她母亲的替代品。她们俩一起努力去改善这种关系。

性别之别

“我并不在乎我的孩子是男是女，只要孩子健康就好。”几乎每

㊀ 研究者定义的词“未曾解决”，以约翰·波尔比关于正常悲伤和病态悲伤的讨论为基础，根据研究对象的缺乏哀悼解决方法去打分而得出。研究者另外考虑了母亲在失去亲人时的行为反应和成年的她对于幼时依恋关系的关注程度。

个怀孕的女人都这样说，这是完全正常的母性反映。但坎贝尔博士承认，对于父母来讲，同性别的孩子拥有一种潜在替代能力，这是和父母不同性别的孩子所不具备的，可以说，许多年幼丧母的女性透露过她们更想要女孩的秘密。在《失去母亲的妈妈》（*Motherless Mothers*）一书中，被采访的女性之中 3/4 的人承认她们希望自己头胎生一个女孩，这通常是因为她们将这看作一个重建她们所失去的母女关系的方式。其他女性则想要一个女儿沿用她们的母亲的名字，用这种微妙的方式让母亲重新回到生活中。

“老实对你说，”34 岁的塞西莉亚正在首次尝试怀孕生子，她的母亲在她 20 岁的时候过世了，“因此我想要一个女儿。我是说，我想要个孩子，男孩或者女孩都可以，但是我告诉我的丈夫，‘我们会继续试着要个女儿’。比如，我们生了两个男孩，我会想要再生一个女孩。当你试着要怀孕的时候，说这样的话算是禁忌，但我真是这么想的。”

在失去母亲的女儿之中，少数但是足以引起注意的数量的女性说她们想要生一个男孩。这往往是因为她们担心自己没有所需的情绪工具或者母女经验来养育一个女孩。“我想到生个女孩就满心恐惧，”51 岁的阿黛尔说，她的母亲在阿黛尔童年时期一直在住院，并最终在阿黛尔 20 岁的时候离世，“我没办法和女孩建立联系。我和男人之间的联系更多。无论如何，我想要一个儿子，当我们发现是个男孩的时候，我如释重担。如果是个女儿，那么我真不知道该怎么办才好。”

医学博士莎丽·拉斯金（Shari Lusskin）是纽约大学医学院（New York University School of Medicine）和纽约大学朗格尼医学中心（NYU Langone Medical Center）的生殖精神病学项目（Reproductive Psychiatry Program）发起人。她建议对生男生女有强烈偏好的女性做产前检查提前知道婴儿的性别。“有一天我看到在我办公室里的一个女性，她怀孕 4 个月了，她对我说，‘你知道，我真的想要一个女孩。所以我不想知道孩子的性别，因为如果是个男孩，我真的会感到失望’，”拉斯金回忆说，“我对她说，‘去查一下孩子的性别。求你了。因为那样我们有 5 个月的时间克服任何失望情绪’，事情不会在产房里好起来的。”

对于那些缺少母爱的人来讲，养育女儿是一条实现母性情感关系最直接的路径。如果就像卡尔·琼假设的那样，每个女性都是她母亲的延续，是她女儿的始源，那么生女儿就代表这女性生命链的延续不断。女性典型的社会形象就是社会教育者，母亲把女儿看作给她再次带来亲密女性关系的潜在力量。

也许母子关系也很融洽，但儿子并不能像女儿那样成为母亲自我建造工程的杰作。母亲将女儿视为自己生命的延续，而儿子是男性生命的继续。从社会心理学角度看来，对母亲而言儿子是一个不完美的映射。他反映出的身体不是母亲的，他也不是母亲完全的、性别的延续。从社会学角度看来，他有机会涉猎那些母亲未被允许进入的事物，像在大街上游戏、兄弟之情，还有战争。“儿子的惊奇之处在于他是我们的，虽然那样亲近，但又有些间隔。”娜奥米·洛温斯基说。她有一个儿子，两个女儿。正因为如此，儿子给予了她一个意料之外、非比寻常的自我成长的机会。

安妮：超越母亲

在 11 楼的办公室里，安妮随意靠在座椅里，脚支在近处的另一个椅子上。她的手温柔地放在腹部感受她的第一胎宝宝正在踢她时的喜悦。37 岁的她生活一帆风顺：成功的事业、幸福的婚姻和即将出世的孩子。孩子对她来说尤其重要，因为自从她 8 岁时癌症夺走了母亲的生命，她就等待着亲密母女关系的再次降临。她只有一个困扰，就是这个将要降生的宝宝是个男孩。

“怎么会是男孩？”这就是她听到这个消息时的第一反应。

“我一直都认为有个孩子就是有个女儿，”她说，“当我知道这个宝宝是个男孩的时候真是很难相信，就像肚子挨了一拳。当我得知羊膜穿刺结果时，我真的想说：‘怎么会是男孩呢？你们弄错了吧？’过后的几天里我一直都有一种上当受骗的感觉。我感觉像被抢劫了，我那个美满的童话故事就这样终止了。”

你要知道，安妮 29 年来都在计划着重现她的童年，并给她的童年画上一个完满的句号。她是独生女，自从母亲去世后她都忍受着孤独感。她有一个果断、会自我安慰的心，希望有一天可以和自己的女儿重温那些与母亲一起的生活，比如去上艺术课、欣赏音乐、读书、在露台看电闪雷鸣，并将这种美好继续。当安妮和她的丈夫决定只要一个孩子的时候，她更是坚定地要成为她理想中的母亲。剧本都已完成，安妮也相当了解自己的角色，万事俱备，缺少的只是一个扮演孩子的小女孩了。

安妮说，那个羊膜穿刺的结果毁灭了她所塑造的完美童话。“宝宝是男孩”的现实指引着她去面对一段更现实的母亲生涯。“我先是被吓到了，因为我感到做母亲的责任，”她回忆道，“那不再是童话而是现实。我想：‘天啊，这个宝宝是另外一个人。’我不相信我将要让女儿离开我，因为那个女孩就是我自己，她的一切行为举止都会和我如出一辙。如果她是一个讨厌读书的假小子，我就会困惑了，我会觉得被背叛了。”

安妮决定去重写做母亲的那个剧本，而不是重写她的童年。她开始罗列自己对男孩的那些偏见，好对症下药地解决问题：男孩好斗、没法沟通，他们是提着棍子乱打人的小东西。她和那些有儿子的母亲聊天，她们却对她讲述了儿子多么爱自己的母亲。她又重新考虑了那些她曾想和女儿分享的乐事，上艺术课、欣赏音乐、读书、在露台看电闪雷鸣，她突然觉得和儿子一起做这些其实也没什么难的。

“其实我想要个女儿的真正原因是，我可以造出一个我至今仍想得到的隔绝一切的茧衣，那是一个只属于你一个人的地方，”她说，“但是我一直忽略了，儿子同样也可以做到这些。”她最近正在和丈夫忙着给孩子起名字，她说她越来越觉得这个孩子的真实存在。“我觉得儿子将给我带来一个全新的开始，”她解释说，“与其看那些我曾失去的，得到一个虚妄的完整人生，不如接受我所拥有的，抓紧这个机会，做一个好母亲。”

安妮在自己成为母亲的同时似乎也找到了和母亲的相似之处，同时又和她相区别。安妮的母亲在孕期就被发现患有恶性乳腺肿块，但治疗一直拖延到生产后才进行，所以她成了家里的独生女。当安妮降生时，医生说她的母亲只有6个月的生命了。尽管母亲奇迹般坚强地活了8年，但她还是在34岁的时候去世了。这给安妮的心理留下了一道阴影：怀孕就意味着年轻而亡。

安妮在怀孕前三个月时很高兴，但不免夹杂着些许害怕。安妮说：“无论如何，我都清楚地选择不去害怕，我就是要怀一次孕，我要享受这个过程，我必须放弃那些关于我母亲的消极联想，我已经度过了我母亲诊断有病的时期，我很不错。”

“当我上周告诉丈夫想要去母亲的墓前看看时，他吓了一跳，”她接着说，“我想和肚子里的宝宝一起去，然后说：‘你身上的厄运不会再降到我头上了。’因为她的离去代表着我的来临，这比岁月夺去她的青春来得更猛烈，她的死亡判决已经过去了。”

安妮健康的怀孕状况和她对母亲看法的更正帮她悼念了那一段曾经的痛失。不再抓着美丽童话般的梦想和重蹈母亲覆辙的噩梦不放，她似乎变得更加能够接受母亲的去世了。“第一次，我感到我的生活和我母亲的是如此不同，”安妮说，“她有一个女儿，我却有一个儿子，这太不相同了，这是我人生中第一次感到我超越了我的母亲，我感到如此自由。”

怀孕，生子

“我第一次怀孕的中期，突然由于没有支撑而感到很焦虑，”36岁的布丽奇特说，她3年前生下第一个孩子，“我不太喜欢我的医生，所以我自己找了一个接生婆，她是一个60多岁而且充满母性的大好人。当我儿子降生后，我突然感觉我的母亲就像去年才离世一样，失落感重新席卷，我被彻底击溃。”

在怀孕生子的期间，生命之轮重新运转，生物学上的生母将要面对去做母亲的现实，丈夫能够提供情感支持和家庭理智，但生育是女人的责任。有多少男人会了解准妈妈的月经周期不调、分娩的全部过程，或者她服用哪种止痛药？这些都是只有母亲和女儿才可以分享的话题，女儿可以用来做对比或经验。当母女感情很好时，女儿需要母亲帮她建立自信，问母亲怀她的时候的事情、她的童年，寻找那些可以支撑自己成为母亲的东西。

婆婆、姐姐、姨妈和亲密的朋友都可以帮失去母亲的女性填补生活中的缺憾，但怀孕中的女性，尤其是那些很少悼念母亲的女性，如果缺少强大的母性支柱，总会感到孤独无助。孕期也是一个女人一生中感到孤独的高潮时期，这时她会需要一个依靠（就是最独立的女人，此时都不能控制自己情感和生理上的需求），一个怀孕中的母亲特别需要安全感和别人的支持。

娜奥米·洛温斯基说：“就是那些平时和母亲关系很差，或者和母亲情感复杂的女性，都很希望自己生子的时候母亲会陪伴左右。因为怀孕和生育而吃尽苦头，它是一个转折点，之后让你支离破碎，所以说一个女人在这个时期真的很需要母性的关怀。”

怀孕和产后时期对于一个失去母亲的女儿来说是又苦又甜的，因为她自己也成了母亲，她觉得和母亲离得更近了，但心又突然痛苦地抽搐，因为失去母亲的痛苦再次来临。孩子的出生（尤其是第一个孩子）是一个女人一生中的里程碑，同时又一次唤起了丧母时剧烈的悲伤、失落、愤怒或者绝望。她不仅是因为失去得到母亲理解和支持的机会而伤心难过，也因为她的孩子失去了外祖母。她以准妈妈的角度来看她的母亲，当母亲被看成一个带着孩子的妇人，也就是她即将成为的样子，她似乎就更加清楚她的母亲所失去的一切。她不仅仅再像一个女儿那样悼念她的母亲，同样也以一个母亲的角度而感到悲伤。

对于一些失去母亲的妈妈来说，第一个孩子的出生会解开悲伤的枷锁，让女性更容易接受自己的损失。当南希·马圭尔（Nancy Maguire）博士研究了40名第一次做母亲的女性，她们之中20人在6～12岁时失去了母亲，她发现她们之中许多人经历过痛苦、抑郁以及在转变为母亲时的压力。“很多女性感到这是一个开始治疗的好时机，”她说，“因为她们在面对损失和悲伤的问题。这对她们来说是一个克服其中一些问题的机会，这些问题可能会影响她们与孩子之间的关系，并且她们感到因为为人母她们能够成为更好的自己。”

一个女性若是在怀孕前不曾为失去亲人而痛苦过，当她感到特别孤独脆弱时，她需要那种能让她透露感情的安全感。情感上的配偶或者伴侣总是能给她所需要的支持，但是她的丈夫或者爱人也会对即将到来的为人父母的生活感到害怕和不安。所以，准父母两个人应该相互沟通来表达自己的恐惧，以便帮助对方消除过度的压力。

一个孕妇会去依赖自己的母亲和爱人，因为他们是自己新家庭的重要一分子。一个女人如果没有母亲和类似母亲形象的亲人，那么她通常将会完全依赖她的伴侣。几乎每个孕妇都会多多少少担心失去伴侣，留下自己独自养育孩子，而且这种焦虑在失去母亲的孕妇中尤其严重。她太了解那种亲人弃她而去的感觉，她回忆起了那些发生在自己依赖的那个人身上的厄运。

与此同时，孕妇感到缺少了对身体的控制，而且妊娠过程会使人迷失和不易相处——特别是对那些从早年时期就习惯掌控自己命运的人来说。正如社会学家苏姗·莫莎特（Susan Maushart）在《母性的面具》（*The Mask of Motherhood*）一书中描述的那样，“从身体上而言，这就好比你坐在自己车子的后排座位上。某人在驾驶座上开着车前进。沿途的景色时而美不胜收，时而陡峭骇人……有些女性在妊娠历程中是出色的乘客，她们在后排座位上坐好，为一路上的奇妙陌生事物感到赞叹和开心。另一些女性则不同，交出方向盘的焦虑使旅途愉快的情绪成为不可能”。

在快生产的时候，她需要支持的依赖感是最强烈的，只是几分钟时间，她从一个需要别人来帮助的孕妇变成了一个无助小婴儿的主要照顾者。尽管很少有外祖母真的在外孙诞生的事上帮忙，而且还有很多外祖母住得很远，有的感情不是很亲密，但无论如何这时都是失去母亲的孕妇们深深思念自己母亲的时候，她们因为得不到母亲的支持照料而伤心，她们会美化母亲的生育过程，在药物导致的半麻醉状态下，她忘记了上一代的女人通常是厌烦孩子的。她的另一半也在走廊里焦急地踱步。

现代的生育回归到一种更自然的状态，内科医生开始注意到，要生育的新母亲们可以从有养育孩子的经验的女性那里得到很多意外的帮助。在医学博士菲莉丝·克劳斯和马歇尔·克劳斯对 1500 名怀孕女性的研究中，她们发现那些在生育过程中受到过有经验的女性生育陪护人员（当然，剖腹产不太需要）帮助的女性需要较少的麻醉，对新生儿有更大的兴趣，比那些没有得到过这种帮助的女性与孩子有更多的沟通。

两位克劳斯博士把这些陪护人员叫作“助产士”，即那些帮助其他女性的有经验的女性。助产士最好是在怀孕期间与准父母见几次面，当孕妇快要生的时候她时常陪护，并在整个生产过程中陪护孕妇。当孕妇需要一个保障的时候，当她更加需要母亲的时候，回应她，并帮助她深呼吸。

“助产士绝不会留下孕妇一个人，这是这个工作的重点。”菲莉丝·克劳斯博士解释说，“助产士应该告诉她：‘我会一直在你旁边的。’这个保证对孕妇有不可估量的支撑力量。如果她已经失去了她的母亲，或者如果她自己的母亲没能够在她生育时陪伴她，那么助产士就成了孕妇母亲般的人，她会教孕妇如何控制自己的身体，以让孕妇在依赖的基础上变得独立，使她觉得因受教而有力量。一些女性后来说：‘要不是经历了这些，我根本不知道我需要学些什么。我把我所学的都忘掉了。’还有一些女性告诉她们的助产士：‘当时你对我的信任和支持让我意识到，我能做到我想做的。’”

“我们注意到了母性看起来已经内化到助产士的教育行为中，”她继续道，“孕期是一个母亲对环境因素最敏感的时期，她在不断学习成长。当她在这个时期建立了这样一个亲密的情感关系时，她会觉得受教，她也会给孩子同样的关照。”据克劳斯博士所说，得到过助产士支持的女性会更加自尊，而且比那些没有得到过此项帮助的母亲在产后6周患上产后抑郁症的概率低很多。那些有助产士陪伴并在之后的一年半里继续拜访和咨询助产士的母亲，会在照料新生儿的时候感到更自信、更安心。

这对于失去母亲的女性意味着什么呢？我们应该给予她支持、建议，还应该让她确信她并非孤身一人。与感到她的支持系统有保证的女性不同，失去母亲的女性不得不创建她自己的支持系统，她害怕失败，因此她在创建作为一个母亲的支持系统时比大多数新手妈妈更为紧张。在她需要平复她的孩子的害怕情绪时，她在童年被丢下独自一人和无依无靠时的恐惧被激发出来，而且往往并非空穴来风。当被问道，“在你的第一个孩子出生之后，除丈夫或者伴侣之外谁帮助过你”的时候，52% 失去母亲的妈妈在调查中的回答是“没有人”。作为对照组的、母亲仍健在的妈妈在对同样问题的答案中，只有 15% 的人说她们不得不自己应付。对照组中一半以上的新手妈妈说，她们的母亲担当帮助她们照顾新生儿的角色。

这一差异的原因是失去母亲的妈妈真的没有可求助的人，还是因为她们已经习惯了不要求、不期待帮手呢？因为在她们的母亲离世之后，她们的需要经常无法被满足，她们之中许多人长大后相信“没有人注意到”，这可能会在她们的内心演变成“没有人关心”。

“早期就失去母亲的女性更有可能成为生活中对他人的照顾者，”南希·马奎尔解释说，“她们个性风格的那一部分会阻止她们寻求所需的支持，并且感到自给自足是理所应当的事情。”

所有的新父母都会有一段自我怀疑的时间，但是失去母亲的妈妈通常会有更多担心。如果真的出现问题，她们应该打电话求助谁？她会烦躁不安地快速翻看斯波克（Spock）的《斯波克育儿经》，把 911 设置成快速拨号。

“当你把小宝宝从医院接回家然后不知道该怎么办的时候，一切就都崩溃了。”有两个女儿和一个小外孙的艾丽斯说。艾丽斯在她生育第一个孩子的产后恢复期得到了一位有经验的女性的支持，从而使她找回了做母亲的自信。

艾丽斯：将母性延续

1957 年，艾丽斯的生活出现了两件不同寻常的事：36 岁的她要生第一个孩子了，但她对如何照顾婴儿一无所知。她倒是不太担心分娩，因为她的母亲总是和她说分娩其实是个快乐的经历。生是易事，养则很难。

当她还是个孕妇时，斯波克的建议听起来似乎简单直接。当她一个人在婴儿房面对那个哭得撕心裂肺的小宝宝时，毫无经验的她被吓坏了。艾丽斯需要马上获得建议、指导和自己母亲的肯定，但是她的母亲早在她不到24岁时就去世了。

“我从未照顾过孩子，每件事都令我担心，”她回忆说，“她哭的时候要不要管她？要不要抱她？为什么早餐我要喂她喝橘子汁、牛奶，而不是用其他喂法呢？就照书上写的做吗？每本我拿的书和小册子的第一章都是讲怎样给孩子洗澡，可是我一给她洗澡她就哭，我也弄不明白究竟是怎么回事。”

当她的母亲的亲堂姐说要来看看她时，艾丽斯又开始担心了。她期盼伊莱恩姨妈的到来，但她又害怕一个有经验的母亲会更加映衬出她的笨拙。但实际需要还是比面子重要，艾丽斯立刻向姨妈倾诉自己的疑问和烦恼。姨妈马上告诉她一些必要的育儿知识来缓解她的压力，而没有批评她没经验。

艾丽斯回忆：“伊莱恩姨妈很好，孩子一哭姨妈就会走过去看看她，抱抱她，轻轻摇晃着哼歌给她听。‘你成功了！’当我问她给孩子洗澡的问题时她是这么回答的，‘其实，她没那么脏，为什么目前你不只是用清水呢？’”

“我告诉她我真是太感激她了，她就给我讲了她照顾自己第一个孩子的经验。‘每个人都数落我，’她说，‘我当时太忙了，屋子里一团糟，每次我一坐下就会看到灰尘和满地凌乱堆放的东西。然后有一天你外婆来看我，她没责怪我一句，反而说我做得不错，我一直都记着，她当时什么都没问，只是直接拿起了拖把打扫。’”

只用了3天，艾丽斯实践、学习并了解了怎么照顾婴儿，她的恐惧基本都被抚平了。同样重要的是，伊莱恩的来访帮她进入了母性的链接。艾丽斯的母亲和伊莱恩是一起抚养孩子长大的，都受到过她外婆的建议和肯定。“伊莱恩姨妈使我重新找回了那种生命在进行和继续的感觉，”艾丽斯说，“我又感觉回到家了，一切都是那么好。”

在1962年，艾丽斯的第二个孩子降生了。她充满了信心，因为她已经了解基本的育儿常识了，但是她又开始思念母亲了。“我的第二个女儿是个难搞定的小孩，”她说，“我也是这样，我很想听我母亲说我小时候很乖，然后告诉我小孩子过一阵就好了。”今天，艾丽斯微笑着讲述那些过去的事情。艾丽斯的二女儿不仅健康长大，而且4年前她也有了自己的孩子。在艾丽斯的外孙降临时，她在诊室里为女儿做指导。

就像艾丽斯的母亲曾经告诉她生育是充满乐趣的，艾丽斯也这样告诉她的女儿。在上无痛分娩课时，艾丽斯的女儿是唯一说自己不怕痛的。她之前有和母亲一样的恐惧，就是不知道把婴儿从医院接回家后怎么独自照顾她。这次艾丽斯可是明白人。“我一直跟我女儿说‘没关系’，”艾丽斯说，“我说我会帮她的。”于是女儿照艾丽斯说的做了。能随时给予女儿鼓励和帮助，这使得艾丽斯觉得很骄傲，因为这些事情她曾经花了很长时间才弄明白。

养育孩子

“我当时读了所有关于如何抚养孩子的书。”萨拉回忆道。她有两个孩子，并且她1岁的时候母亲就去世了。“因为我的小女儿小的时候和我有些矛盾，所以我绞尽脑汁寻找解决办法，然而我从第一个孩子身上也找不出问题所在。我没有人可以参照，但是靠常识我也知道肯定有问题。我认为我们各自都该承担责任，但是不管结果是好是坏，事情都发生了。我不相信惩罚，因为我从未受到过惩罚。

我的孩子总是说：‘别再说了，直接揍我一顿得了。’因为我唠叨得他们生不如死，他们总是找各种理由。于是我最终接受了母亲去世的事实，因为我发现只能依靠我自己来抚养孩子。”

尽管许多失去母亲的女性在童年和青少年时期看到过自己母亲养育弟弟妹妹，甚至在母亲去世后还承担起照顾年幼弟弟妹妹的责任，但她们仍旧感觉母亲的去世使得她们失去了活生生的为人母的榜样。她们中好多人说是自己揣摩如何做母亲的。虽然她们的方法是个人总结而来的，但是对于失去母亲的妈妈的研究表明，她们有共同的挑战的、成功和恐惧。

在 20 世纪 90 年代早期，马萨诸塞州康科德的一位心理治疗师唐纳德·卓尔（Donald Zall）研究了 28 名在童年或者青少年时期就失去了母亲的中产妈妈，现在这些妈妈有一个或者一个以上年龄在 6 个月到 15 岁之间的孩子。卓尔确定了这些女性共有的 6 个做父母的特点：过度保护的管教方式，要做一个好母亲的高涨决心，强调珍惜和孩子在一起的时间，相信生命脆弱易逝，对于她们也会死的可能性有一种执念，以及为她们的孩子们做好早期分离准备的冲动。

“失去至亲的女性看到母亲去世给她们造成的独有的焦虑负担，但是这种焦虑也推动她们要成为‘能力所及的最好的母亲’。”他解释说。

卓尔还有其他研究人员发现，失去母亲的妈妈们认为自己比其他妈妈承受的压力水平更高，也更容易难过和抑郁。此外，她们认为自己在做母亲这件事情上与其他女性相比能力不足，更容易在担当妈妈这个角色时全神贯注，并且更在意她们做得如何，也就毫不意外地经常称她们感到“自己与其他妈妈们不一样”。

然而，许多此类研究发现为人父母的过程（尽管从这些女性的背景来看有真正的或者自认为的不足）加深和丰富了她们的哀悼过程。养育孩子，在情感上为孩子们付出，关爱孩子、关注并且参与孩子的活动，这足以抵消过去的大部分痛苦。这种关注和决心在良好的育儿中似乎对孩子们有积极的影响。尽管失去母亲的妈妈们对担当起母亲的角色存在自我怀疑和不自信，但是她们的孩子们看起来与没有失去母亲的妈妈们养育的孩子们一样适应良好。正如曾在2002年发表针对此课题研究的吉娜·米瑞尔（Gina Mireaule）博士所解释的，她访问过的女性“(作为母亲）对自己的要求有些严格，但是她们似乎能够胜任她们害怕自己做不了的事情”。

与失去母亲的妈妈们的访谈还揭示了以下养育孩子的经验。

崇拜母亲

如果女儿认为自己是被母亲精心带大的，那么在抚养自己的孩子时，她就会重复记忆中母亲的那些抚养行为。这使得她积极地肯定母亲，同时也让她重复和重温那些童年的欢乐时光。对许多女性来说，特别是那些十分依恋怀念母亲的女性，这种方式既能使她们成功胜任母亲的角色，又能满足对自己母亲的怀念。

有些女儿会在脑海里将她们过世的母亲理想化，然而创造出一个理想的父母的标准是很难的，有时是不可能实现的。当她们将现实中的自己和理想化的母亲做比较时，这些女性会认为她们的“缺陷”使自己成为坏母亲。但事实上，那个完美母亲是臆造出的。努力尝试去复制自己母亲的方式，而不去承认自己的不足之处，是她对失去母亲的一种悼念方式，她会常常忽视那些使她自己成为绝无仅有的母亲的外界环境。

当布丽奇特为她的儿子找看护学校的时候，她总要考虑如果是自己的母亲她会怎样做：条理清晰，认真谨慎，而且在学前教育方面要有研究生层次的知识水平。但布丽奇特没有考虑到的是，她的母亲是个家庭主妇，而她则是一名职业女性，而且她每天还要预约物理治疗去缓解手腕的病痛。尽管如此，她解释说："我每天都在尝试那些我母亲会完成得很好的事，这简直快把我逼疯了。我觉得我这辈子都做不到她那样子了。"

为了成为母亲那样的好母亲，布丽奇特选择让儿子到一家学费高昂的私立学校上学。但她的决定做得太匆忙，而且没有考虑到昂贵的学费会使他们面对经济危机。6 个月后，她和丈夫重新计算了家庭预算，意识到他们必须选择一家学费便宜些、时间安排上更适合上班族父母的学校。现在，他的儿子参加了一个口碑不错的日间看护中心的项目。布丽奇特原本没有考虑这个中心，因为她认为母亲是不会赞成的。但事实是，她的儿子很喜欢这个学校，时间安排也很适合她和丈夫。现在她面临着给儿子选择小学的问题，同时正在等待第二个孩子的出生。布丽奇特说现在她的计划取决于直觉和经验，再也不依靠过去对母亲的完美回忆了。

另一个神奇数字

就同女人害怕到达母亲去世的年纪一样，孩子们的不断成熟也会令她们担忧。看着孩子们经历不同的成长阶段，母亲重新想起自己成长中经历的苦痛挣扎。对她而言，这并不是简单地映射过去，在某种程度上，这是情景再现。一个失去母亲的女性看到自己的孩子，尤其是自己的女儿到达自己丧母的年龄时，会联想起自己那时候的恐惧和焦虑。失去母亲的回忆指引着她，她会对自己的孩子和自己的母亲有着双重的认定。我会不会现在死去呢？她很困惑。我的孩子如果失去了我该怎么面对未来呢？

"许多曾经失去母亲的女性在自己的孩子到了自己丧母的那个年龄时，就会变得很沮丧、很低落，"菲莉丝·克劳斯说，"我见到过一个患者，她说她的孩子 5 岁了，这对于她来说太可怕了。她陷入其中无法自拔，她因此而生病、抑郁。当我调查她的过往时，发现她自己是 5 岁丧母的，而这就是让她害怕的原因。此时，失去母亲的女性会由此产生‘是否会历史重现’的问题，同时她们还担心自己曾经的命运会降临到自己孩子的身上。”

当孩子们了解了母亲幼年丧母的详情时，通常会将那时的母亲和自己等同起来。艾丽斯的母亲在她 24 岁时过世，还说两个女儿都将在 24 岁时步她的后尘。她的女儿们讨论她所说的必死论，最后决定告诉她们的母亲她不能死，因为在 24 岁就失去母亲对她们来说很难接受。更戏剧性的例子发生在 38 岁的埃米莉身上，她母亲自杀时，她才 14 岁。她因为自己的女儿成长为少女而惊慌。她突然发现自己对养育 14 岁以上的孩子根本没有经验。她的大女儿得知她的焦虑后也变得同样惊慌。埃米莉说：“女儿 14 岁那年是挺糟糕的，她做自杀的手势，行为上也处处表现出来，她坚持要我不要管她，她要跟她的父亲一起住。她离开以后，我再次感觉到我身体里有一部分也快要死了。我心想，我们的关系也以某种方式完结了。”尽管 14 岁只是个巧合的年纪，但是看起来，埃米莉的女儿和她的经历很相似，而且女儿坚持在母亲离开她之前离开母亲。埃米莉看着女儿的煎熬，仿佛看到了 14 岁的自己，那时的她非常困惑而又没有力量。她感觉自己很无助，没有办法阻止女儿。又一次，14 年后重现了母女分离的一幕。

独立的因素

上述章节我们说到过，失去母亲的女性最普遍认同的共同特点就是因早年丧母而独立。所以她们希望自己的孩子（尤其是自己的女儿）也能具备这种能力，这并不令人惊讶。因为她们认为孩子们需要发展自立、自力更生，她们希望通过这些方式使孩子们免于痛苦。53 岁的格洛丽亚是两个 20 多岁女孩的母亲。我倾向于少做“母亲要做的家务”，比如帮孩子收拾床铺、打包午餐。我希望她们无论是在生活上还是思想上都能保持独立，那样的话即使我哪天有个万一，她们也有能力自己打理这些。在情感上，我觉得我没有太多的“母亲的关怀”可以付出，因为我也很渴望得到母爱。当她们十几岁的时候，我有时候觉得我倒更像个父亲。尽管如此，她们一直发展得不错。有时候，她们很令我惊讶，她们会像母亲那样宠爱我，我很喜欢她们这样。

格洛丽亚一直要求她的女儿“自己打理一切的事情”，就怕她自己万一有个闪失。格洛丽亚 13 岁时母亲患癌症去世，从那时起她就备感孤独，尽管自己还有父亲和两个姐姐。当她成为母亲，她觉得自己既是自己的母亲，也是自己的孩子。她用她觉得必要方式保护女儿，以防万一，比如有一天自己会像母亲一样早亡。

37 岁的伊冯娜在其 12 岁时失去了母亲，她说正是她对母亲还有女儿的认同感，激发她用不同的方式养育儿子和女儿，尽管他们只差了不到两岁。她说：“我自己认为我是个很不错的母亲，但是对于女儿，我的做法很奇怪，这和对我儿子不同。每过一年，我都觉得是一次胜利，如果我死了，她又长了一岁了。当她比我丧母的年纪长了一岁，我感觉自己像重新活了一次。现在她已经 16 岁了，变得相当独立，我觉得我快脱离险境了。我知道，我的人生观多少会对女儿有些影响，但我确实是那样看待世界的。有一天我会跟她解释，但现在就和她讨论我的必死论还不太合适。”

自立对孩子来讲是个优点，但正如伊冯娜所怀疑的，母亲的目的和方法会对孩子产生长远的影响。当母亲仅仅是根据自己过去的经历引导孩子过早走向成熟独立，而不是根据现在的经验，她就会忽视现存关系的动态性。她将自己在儿子或女儿生活中的作用最小化，只因为爱他们，不想让他们感受自己童年的痛苦。而实际上，她是让儿女为一个几乎不会发生的事做准备，而儿女在成长中也无意识地一直在等待那个不会发生的创伤的到来。她刻意在儿女生活的情感背景中回避、努力地避免他们受到伤害——实际上她使孩子们失去了本应拥有的温情母亲。

重新发现母爱

当早期的母女关系过早地结束时，女儿尚在发展中的自我感遭受严重打击。对于因母亲自杀或者遗弃而失去母亲的孩子尤其如此，但是在孩子知道母亲因无法预防或者治愈的疾病而过世时也有如此情况。年幼丧母的女孩对母爱没有有意识的记忆，在这样的情况下，如果女孩由从不对她表示出爱的女性或者本该爱她却虐待她的人养大，那么她的自尊一定会收到极深的伤害。从没感到过有价值，被母亲接受或者被母亲关爱，那么这样的女孩会成长为很难珍视自己的人。

处在这种状态的女性可能会选择不要小孩。她们可能会质疑她们抚养和关爱孩子的能力，或者害怕她们会重复她们所受到的管教方式，导致类似的结果。但是，许多成了家长的人发现当他们第一次感受到对孩子的母爱冲动时，过去的阴霾在意想不到的方式之中烟消云散了。

40 岁的雪莉是两个小姑娘的妈妈。她是由一个她形容为“毫无培养可言，专横跋扈，一心想让我成为她想要的样子而不容我表达自我”的母亲和一个把为人父当副业的父亲抚养长大的。在有两个哥哥排在前面的家庭之中，雪莉总是要等的那个。她在成长中感到自己应该成为母亲的翻版，而且她从未有自我价值的感觉。她和她的母亲一直不和，一直到她的母亲在雪莉 23 岁时死于癌症。雪莉用接下来的 10 年时间开拓了自己的事业，并且交往了几个男朋友，然而他们之中没有一个人给雪莉所渴望的温情和真诚的交流。

当雪莉 35 岁左右时，她开始看心理医生，不久之后她遇到了她的丈夫。在 37 岁时，雪莉生下了她的第一个孩子，一个女孩。成为母亲的一个星期后，她有了一次让她至今谈起仍会落泪的经历。

“我的女儿腹绞痛，”她回忆说，“她唯一做的事情就是哭。最初几个星期我感到很沮丧，我想‘我做了什么呀？这是我犯过的最大的错误，这简直太可怕’。我永远不会忘记她才一周大，她在大哭。我最终咨询了一圈后确定我对腹绞痛无能为力。她不舒服，并不是饿。我只能抱着她。所以，我在摇椅上坐下来，抱着她，很显然我还不了解她，她才一周大。我对她还一无所知，但是我感到我对她有满腔的爱，我有多么想抱着她让她感觉好一点儿。忽然之间，我意识到我的母亲也曾像我一样，有一个一周大的小婴儿，她也是个人。她并没有精神病，或者什么类似的问题。我意识到她一定曾经也爱我，因为那不是一种我可以自控的感情，它是自然而至的。我抽泣起来。我坐在那里，摇晃着索菲泪流满面，想到这是我人生之中的第一次，在37岁的时候体会这种感情，啊，我猜我的母亲一定是爱我的。她不可能不爱我。那真的不是能自控的事情。”

雪莉意识到她的母亲不是她童年的控制狂批评者。她是一个女人，只是一个用伤害的方式表达自己爱的女人而已。在那一刻雪莉明白了，她不是事事做不好的没人爱的小孩。她是一个孩子，就像是她自己的女儿一样，值得母亲爱。雪莉坐在摇椅上，她为那个从没感受到母亲爱的孩子、那个不知道如何表达爱的母亲，以及她们之间错失的母女之情感到悲哀。

一代人又一代人的影响

美国有成千上万的孩子具有失去母亲的孩子的特征，尽管其中有些孩子的母亲健在。为什么呢？因为那些孩子是由失去母亲的妈妈所带大的。当过早就失去重要的东西，这种影响就会渗入一个孩子的人格中，她那时使用的生存技能，也就应用到了她后来的生活中，这其中包括为人父母。因为失去母亲的女儿也像其他的女儿那样重复着她们父母的所作所为，她们的孩子永远不必忍受失去她们从不知道的祖母的痛苦。这些孩子同样也像她们的母亲对待她们那样对待她们的孩子。46 岁的埃玛完全了解这其中的一切，她说，她的家族中的四代女性仍旧感受着那已逝的祖母的母性关爱，甚至比 70 年前还强烈。

埃玛：打破锁链

埃玛的母亲在 3 岁的时候失去了母亲，是因为难产。或者她那时 4 岁？埃玛也记不太清了。她的母亲不太提及失去母亲的事，她也就粗略地知道一个大概，她只知道自己的母亲在小时候从一家过继到另一家，由亲戚和朋友抚养长大，这就是她所知道的一切了。当埃玛回忆起自己的童年就六个字：少说话，多做事。

“母亲总是鼓励我们不停地做事情，去不同的地方然后才能获得奖励，”她说，“外人看来我们兄弟姐妹都超级能干。我们总是忙前忙后，我的母亲也一样。她是个老师，她总是去做各种志愿者，每个人都觉得她很完美，但后来我才知道，她只是用忙碌来排遣心中不好的感觉。”

埃玛的母亲在失去母亲的前一年失去了小弟弟，父亲也在妻子死后不久失踪了。“她只有 3 岁，却什么都没有了，”埃玛说，“我想这就是她的内心这么强大的原因吧，她必须这样。”埃玛的母亲在青少年时期处理问题的方式是与外界隔离。她同样这么教育她的孩子，不要生病，不要哭泣，勇敢坚强。

埃玛 9 岁的时候，一场大火将家夷为平地，她的母亲却没有表现出任何的悲伤和损失。“那可是圣诞节前一周，我们当时什么都没有了，连猫猫狗狗都没有了，”埃玛回忆，“但什么都不能阻止我们继续生活，我们似乎根本就没把它当回事，我觉得其实这挺好的。对我母亲而言，没人死去，这根本就不是什么大事。孩子也要装成若无其事的样子，这超出人的承受能力，你要扮演的是机器人，当你面对大人的时候，你会奇怪：‘这是件很大的事情吗？’”

埃玛的整个童年和青少年时期都不需要去问，她的母亲总是自己做固定的那么几个决定。因为只有失去母亲的女儿才知道必须独立的面对残酷现实，她也这么鼓励自己的女儿，但她是那种急迫给予女儿自己所缺失的东西的母亲，她在平时的生活中成为一个狂热主义者、控制狂。“你明白其中的区别，”埃玛说，“她说一套做一套，对她来说，我和妹妹能照料自己是最重要的，那成了我们生活的主题，但是我记得我想过如果我母亲去世了我是不知道该怎样做或者怎样反应的，因为她照顾我们生活的一切。她决定事物的主次，我知道我也会这么对待我的孩子，在他们有自己的想法之前告诉她们：‘那不值得悲伤。’”

当埃玛成为一个有一儿一女的年轻母亲后，她几乎丝毫不差地重演着她母亲做母亲的方法。她让孩子在家跟她做伴，几乎不让他们出门交朋友；日常活动都由她设计制定。她想当然地认为她的儿子将会独立，而她的女儿需要她再帮一把。她们情感上有一定距离，只是心里相信孩子们的处事能力。

她觉得一切都进展顺利，直到几年前的一天，她去女儿家拜访，当她看见自己的外孙女时，她发现这其中有问题。

“我发现我们仨一起度过的时光一点也不快乐，”她说，“两个人相处还好，我和外孙女，我和女儿，都还相处融洽，但一到我们三人一起时，外孙女就表现得不一样了，她成了一个捣蛋鬼。这个看起来很可怕，我和女儿努力管教她。我始终不明白这是怎么了，我们当中没人知道为什么一切不是我们期待的那样。有些事是我所不知道的，但我相信这和我母亲从未被人教过怎样从一个成人、过渡为妻子、成为母亲的事有关。”

这件事后不久，埃玛就去咨询心理医生，以检验自己和母亲还有自己和女儿的关系，她花了将近 3 年的时间去打破心中完美化的母亲。“在治疗时，我说的第一句话就是我的母亲很完美，”她说，“但时间一长，你就看出，她做的每件事似乎都有错误，我很生她的气。她怎么能那样的自说自话呢？为什么她不知道我们要的不只是变得坚强，而且因为这就去摒弃其他？她不允许自己的孩子脆弱。”在咨询师的帮助下，埃玛换个角度看母亲时不再怨恨和生气。她只是把她看作一个曾经失去母亲的孩子，试着去理解她。“我现在再次觉得我母亲那些曾经的努力都很美好，”她解释说，“而且我明白这一切都不是她的错。她只能给我她拥有的、但这一切都不能减少我、女儿还有外孙女的痛苦。”

埃玛的女儿最近也参加了她的理疗，她们一起努力建立良好的母女关系，而且要用自己的母性行为给小女儿做榜样。埃玛也鼓励她 76 岁的母亲加入她们。她不期待发生什么大逆转，只是充满希望而已。她家庭里的一代代的女性都在学习，只要女儿可去重新看待过去、去疗伤，什么时候都不晚。

第 12 章

凤凰涅槃

创造力、成就和成功

13～44 岁，关于母亲的记忆一直缠绕着弗吉尼亚·伍尔芙。她的母亲朱莉娅·斯蒂芬死于风湿引起的高烧，那时她作为家里最小的女儿才 13 岁。弗吉尼亚刚开始是文学批评家，后来是小说作家，她始终认为母亲一直隐形存在于她的生活中。“有一天，我就像平时一样在塔维斯托克广场散步，《灯塔行》(*To the Lighthouse*) 的写作灵感就是出于那样一种莫名的强烈冲动。”弗吉尼亚在她的《关于曾经过往的速写》(*A Sketch of the Past*) 中提到：

> 一件事并不只是简单的一件事而已……我写书写得很快，当完成它后，我不再被关于母亲的记忆缠绕了，我不再听到她的声音，不再看到她。
>
> 我猜是因为我为自己做了那些心理分析师为患者做的治疗。我表达出了自己长时间并且深深感到的情感。我说出它，解释它，然后埋葬了它。什么叫“解释”它？就是我在书中描述了母亲，并说出了对她的感觉。那感情会就此渐渐变淡消失吗？也许这些天我就会找出原因了。

弗洛伊德曾说过，创造力就是尝试对童年的不满之处和缺憾的补偿，换句话说，就是某位女性尝试从孤独和空虚中解脱。心理学家和艺术家都对早年丧亲、创造力和成就这三者之间的联系做出过充分诠释。“当人们诉说失去父母的痛苦时，她们通常会谈到疾病和痛苦，”菲莉丝·克劳斯说，“但是人生路上的任何悲剧都是创造力和成长的垫脚石，化悲痛为力量。有趣之处正是在于人在悲伤之后到底是怎样做的。有时候，这些痛苦只能凭借受伤之人的个人力量去深入看待，并在之后寻求自我发展，使生命变得有意义。”

在历史的长河中，母亲的逝去一直是女儿成功的推动力。就像结核病是艺术家的常见病那样，失去母亲是女儿早年的一个悲剧，许多历史上出色的女性都在童年或青少年时期失去了母亲，包括出生时的多萝茜·华兹华斯（Dorothy Wordsworth）、5 岁时的哈丽叶特·比切·斯托（Harriet Beecher Stowe）、5 岁时的夏洛蒂·勃朗特（Charlotte Brontë）、3 岁时的艾米莉·勃朗特（Emily Brontë）、1 岁时的安妮·勃朗特（Anne Brontë）、16 岁时的乔治·艾略特（George Eliot）、2 岁时的简·亚当斯（Jane Addams）、11 岁时的玛丽·居里（Marie Curie）、14 岁时的格特鲁德·斯坦（Gertrude Stein）、8 岁时的埃莉诺·罗斯福（Eleanor Roosevelt）、5 岁时的多萝茜·帕克（Dorothy Parker）、19 岁时的玛格丽特·米切尔（Margaret Mitchell），还有玛丽莲·梦露（Marilyn Monroe）曾在孤儿院和寄养处度过了整个童年。

历史书中早早失去母亲的成功男士也比比皆是，有政客托马斯·杰斐逊（Thomas Jefferson）、亚伯拉罕·林肯（Abraham Lincoln），艺术家米开朗基罗（Michelangelo）、路德维希·凡·贝多芬（Ludwig van Beethoven），思想家查尔斯·达尔文（Charles Darwin）、格奥尔格·黑格尔（Georg Hegel）、伊曼努尔·康德（Immanuel Kant），作家约瑟夫·康拉德（Joseph Conrad）、约翰·济慈（John Keats）、埃德加·爱伦·坡（Edgar Allan Poe）。当心理学家马文·艾森施泰特

（Marvin Eisenstaedt），对历史上从荷马（Homer）到约翰 · F. 肯尼迪（John F. Kennedy）在内的 573 名著名人士进行研究时，他发现在那些“出色的人”中，即在艺术上的“百年难得的人才”、人类学家、科学家和军事人才中，失去母亲的人数是普通人的 3 倍之多，就算加入 21 世纪初的出生人口，结果也波动不大。

但是其他的研究中也显示，失去母亲的孩子的青少年违法犯罪率也一样高。这显示出了失去父母的孩子通常有两种反应：他们或许会认为这就是末日了，他们倒想看看他的未来还会怎样不幸？又或许他们会自我拯救、自我开化，然后找到前进的动力和决心，继续人生。

是什么决定一个失去母亲的女儿未来是沦为囚徒，还是走向成功？对任何失去母亲的女儿来说，当她到了失去母亲的那个年纪时，使母亲死亡的原因和她后来的精神支撑都会影响她日后的人生态度。还有两个原因同样重要：达到目标的动机和已有的艺术或智力天赋。

韦罗妮卡 · 德内斯 – 拉吉研究早年失去亲人和人生态度之间的关系，她认为年少时就面对死亡会激发这个孩子获得更多的人生哲学，有助于他以后的成功。“弗洛伊德说过我们自己很难面对自己的死亡，”德内斯 – 拉吉博士说，“但是存在主义认为一个人肯定可以意识到自己的能力范围，只有你感到新生和死亡这两个心灵寄托的存在时，你才会有所成就。存在主义者明白生命并非永恒，在父母离开后，孩子们迷茫地看着周围，接下来该怎么办？然后他才不得不开始尝试。”

母亲的离世似乎可以真实发生在女儿身上，同时又让她知道：生命，尤其是她的生命，是那样有限，它可以没有任何预兆地突然结束。尽管她比其他女性更觉得生命不由掌控，但她自己有明确的目标，并决心在离开这个世界之前一定达成它。德内斯 – 拉吉又解释说：“这些人通常会说，‘好吧，我就活到五六十岁，但是我要做很多事，所以我得赶快了。要是我到时候能活长点，我或许还可以多做点其他的事’。”她的母亲离开时也许带着一个未完成的梦，所以女儿就决心不要像母亲一样，既然不能掌控生死，那就把握自己。

获得普利策奖的报刊专栏作家安娜·昆德兰就在她母亲因卵巢癌去世的时候决定当一辈子的作家。那时她 19 岁，但是这种经历让她下定决心用更短的时间完成梦想。“当时我 19 岁，还是个年轻的记者，然后在 24 岁的时候去为《纽约时报》工作，有些人会问：‘你急什么？你该歇歇脚才对。’这时我心里就会有个声音回答道：‘老兄，鬼才信你，倒不如一下子去休息 5 年？要不 10 年？’我觉得一切反而更快了。”

许多曾失去母亲的成功女性都和昆德兰一样，在母亲去世后，她们在智力或艺术上产生了一种全新的倾向。失去亲人本身并没有赋予她以前所没有的能力，但是激发了她的潜在天赋，又或者让她将这种她所需要的精神和愿望超常发挥出来。

当过早地失去亲人成了这个女儿人格中的一个限定因素，这也会自觉不自觉地影响她的职业选择。以一个 8 岁时失去母亲的 41 岁的小说作家为例，她总是会写一些有关母女关系的小说，因为这也是她给自己悼念母亲的机会。49 岁正在做女权运动的律师在她 16 岁时失去了母亲，她做这些是因为她总是回忆起她的母亲在 20 世纪 50 年代受到的那些性别限制的压力。另外一个是 54 岁的肿瘤生物学教授，她的母亲 1953 年死于乳腺癌，那时才 13 岁的她就决定一定要阻止悲剧的再次发生。

> 我依稀记得那些日子，我还只是个瘦得皮包骨、有点儿奇怪的青春期女孩，呆呆地站在母亲的病床旁边，看着她注射完吗啡后安安静静、神志恍惚的样子。那时我坚决地向自己保证：“当我长大了，我要努力治愈这种病。”很

多年过去了，这个承诺突然有一天又冒了出来，影响了我在人生岔路口的选择。在高中和大学，我选择生物，放弃了音乐，音乐对挽救我母亲的生命无济于事；在研究生阶段，我选择基因和微生物学而放弃医学，因为医生救不了我母亲的命。为了提供给治疗者适合的工具，我们做了很多的实验。现在，我是一个正在进行有关乳腺癌的科研项目的大学教授，我不懈地发掘诱因，希望可以从源头阻止疾病发生，拯救更多像我母亲那样忍受病痛折磨的女人。

现在，我们只需打开电视，翻开报纸，或走近书店就可以发现那些尽管年幼丧母，但终究取得成就的女性。母亲去世时，简·方达（Jane Fonda）15岁，德博拉·诺维尔（Deborah Norville）20岁，演员苏珊·戴（Susan Dey）8岁，喜剧演员丽塔·拉德纳（Rita Rudner）13岁，作家苏珊·迈诺特21岁。卡萝尔·伯内特（Carol Burnett）由祖母抚养长大，她的酒鬼母亲和她们分开住。丽莎·明尼里（Liza Minnelli）23岁时，她的母亲朱迪·嘉兰（Judy Garland）死于用药过量。从3岁起，玛雅·安吉罗（Maya Angelou）就跟祖母一起在阿拉斯加的斯丹普生活。美国娱乐界的两位天后奥普拉·温弗瑞和麦当娜（Madonna）都是没有母亲的孩子，奥普拉和充满母爱的祖母一起度过了自己6岁前的童年，跟父亲度过青少年时期，而麦当娜5岁时，母亲就去世了。

露丝·西蒙斯（Ruth Simmons）是布朗大学2001～2012年的校长，常春藤联盟学府的首位非洲裔美国人校长。她在15岁时失去了母亲。奥林匹克田径明星杰西·乔伊娜·柯西（Jackie Joyner Kersee）在18岁失去母亲。从《周六夜现场》（*Saturday Night Live*）成长起来的莫莉·香侬（Molly Shannon）和玛雅·鲁道夫（Maya Rudolph）分别在4岁和6岁时失去了母亲。《实习医生格蕾》（*Grey's Anatomy*）

中的女演员艾伦·旁派（Ellen Pompeo）则是4岁失去母亲。艾瑞莎·弗兰克林（Aretha Franklin）在她34岁的母亲去世的时候只有10岁；爵士皇后艾拉·费兹杰拉（Ella Fitzgerald）则是15岁失去母亲；奥林匹克花样滑冰金牌得主奥克萨娜·巴尤尔（Oksana Baiul）在13岁时成了孤儿。歌手和歌曲创作人谢尔比·林恩（Shelby Lynne）在17岁时父母双双去世。罗茜·奥唐奈（Rosie O'Donnell）的喜剧演员生涯从1992年的电影《红粉联盟》（*A League of Their Own*）开始，她的母亲是在她10岁时去世的。她第一天在拍电影见到麦当娜时，就把这个秘密告诉了她，也许就是因此吧，她们至今都是好友。

失去母亲的女性成功的根源

失去母亲的女性成为自己圈子中的佼佼者绝不是偶然的。那些其他女性努力寻求的成功条件，早都已存在于失去母亲的女性的生活中，使她成为具有超凡创造力、完成力和走向成功的自然候选人。

自我管理和个人力量

在整个童年和青少年时期，女孩子比男孩子更听父母的话，依赖父母，但这只发生在母亲深深影响自己女儿的情况下。当家庭里失去了母亲，小女孩突然要去选择一个形象相反或感情疏远的父亲，或是她的人生根本不存在父女关系。尽管无形的社会力量对一些女儿几乎是压倒性的，但对另一些来说，这恰恰是没有约束的完全自由的个人成长空间。

莱蒂·科延·波格瑞宾（Letty Cottin Pogrebin）既是作家又是激进主义者，她说她以前也是要变成这样一个人："典型的50后，很腼腆，胆怯，有点儿男性化，会去选择结婚，会期待出现一个可以照顾自己的男人。"母亲在她不到15岁时就去世了，母亲是那种一直关怀她、给她温暖的人。她的父亲后来很快就再婚了，而后渐渐淡出她的生活，波格瑞宾清楚地明白她要自己照顾自己了。为了消除自己被人抛弃和生气的感觉，她说她幻想自己很勇敢，有一颗独立的心。她没有选择出嫁或是寄居亲戚家，像学校的其他要毕业的女生一样，20 岁的她在纽约找到了一份出版业的工作，还在格林尼治给自己找了间公寓。

> 1959 年时的女性还不出来独住，她们住在楼下前台会处理不速之客的居所酒店，独自居住的女人多少会受到非议。我在时代广场附近的一家酒店待了好几个月，一直等到公寓收拾得差不多时。我的父亲走过场似地看了看我的住处，其实他并不太关心。你也能猜到酒店附近的那些游逛着的形形色色的人，据那时的标准来说，他们的名声不太好。我知道如果母亲还活着，我永远都不用在那里住，我晚上躺在床上也会自言自语地说："如果她还活着，我连万分之一的可能都不会住这里。"
>
> 那时，我开始享受那些受禁止的生活。别人觉得我反传统，是个叛逆的人。我在乡村生活，如果母亲还活着，我确定我不用这样的，一分钟都不会。当好莱坞转型时期的电影《蒂凡尼的早餐》（*Breakfast at Tiffany's*）上映时，我觉得故事和我的经历是那么相似。奥黛丽·赫本（Audrey Hepburn）的死令我伤心不已。我那时有一个小摩托车、一只狗、一只鸭子和一只兔子。我还做了很多疯狂的事情，我让自己沉溺于胡思乱想、吸毒、随意约会，我刻意摧毁我的生活，但放肆的生活是没有极限的。我突然意识到，对我这种 20 世纪五六十年代出生的犹太女孩来说，这并不太好。

> 如果母亲没有去世，我不认为我会成为那种离经叛道和愤世嫉俗的人，我也不会去过那种非传统式的单身生活。尽管后来我结婚了，在政坛很活跃，还是女权主义者，但我过着传统的生活。所以，这听起来有点讽刺是吧，我又走着母亲的老路。我认为一生只结一次婚，我婚姻美满，还有 3 个孩子。母亲曾经也是这样的，可是她的婚姻却并不幸福，她是那么在意婚姻和家人，这点我倒是很像她。我的需要是和政治挂钩的，我为之奋斗的每个公众都支持我所珍视的这些价值观念。如果我不是曾经自己一个人生活过那么多年，我觉得我不会这么大胆。

性别差异？放轻松

父亲大多都对女儿的情感需要感到束手无策，他们也许更注重孩子的智力发展。玛丽·居里（11 岁丧母）和多萝茜·帕克（5 岁丧母）都和培养其兴趣的鳏居父亲感情很好。居里的父亲一个人独自抚养了四个孩子，他引导他的女儿走向学术研究，鼓励她学习化学和物理，并且学说五国语言。帕克的父亲在她夏令营的时候和她写小品诗通信，这些练习都是她日后妙语连珠的来源。那些不受传统束缚成长起来的女孩，是不会受到性别差异的束缚的。心理学家芭芭拉·克尔（Barbara Kerr）在她所著的《聪明女孩》（*Smart Girls*）和《有天赋的女人》（*Gifted Women*）中指出，许多成功的女人有很多相似之处。

玛莉丝卡·哈吉塔（Mariska Hargitay）是 NBC 的《法律与秩序：特殊受害者》（*Law and Order: Special Victims Unit*）中的获奖明星。她说她成功的大部分归功于她的父亲米基·哈吉塔（Mickey Hargitay）。当玛莉丝卡的母亲杰妮·曼斯菲尔德（Jayne Mansfield）在车祸中去世时她才 3 岁，她的父亲帮助她在后来满怀自信和自尊。

“我每次游泳比赛他都去，他说我可以当总统，做任何我想做成的事，而且说我做什么都会很了不起，”她回忆说，“我得吃喝睡觉都想着它，如果我想要做最棒的一个，那么我能做到。他曾经得过冠军——奥林匹克速滑冠军，还曾是‘宇宙先生’。我真的感到我的职业生涯是以他为模板的。”

悲伤需要克服

悲伤需要一个出口，创造力给它提供了方便。一些神经科医生认为美满的婚姻可以化解悲哀、重塑人生。这么想的依据就是事情的发生发展总是前赴后继。一个内心矛盾的孩子，他既接受父母又反对父母，父母其中一人的离去代表着在某种意义上激发了孩子艺术上的潜力。一个没有母亲的女儿的艺术创作深深地被她对母亲的悼念所影响，并且在风格、内容或表现手法上明显显示出来。玛格丽特·米切尔19岁的时候，她的母亲去世了，所以她深深了解斯嘉丽·奥哈拉（Scartlett O’Hara）对于母亲的逝去的悲伤。苏珊·迈诺特在她的故事《猴子》中的7个兄弟姐妹，正是她母亲死于车祸后她的真实生活写照，她就是那7个兄弟姐妹中的一个。这在她的妹妹伊丽莎身上同样适用。在她们的母亲去世的时候，伊丽莎年仅8岁。伊丽莎·迈诺特（Eliza Minot）的首部小说《小家伙》（*The Tiny One*）写的是8岁大的维娅在母亲刚刚死于车祸后的人生中的一天。

弗吉尼亚·伍尔芙在完成《灯塔行》后发现了自我，悲哀到极致就是创造力的爆发。女孩们依靠这种创造力度过悲伤，小孩子通常用这种创造力表达内心哀伤，年纪大些的女孩也许会去写作、绘画、做音乐、表演或通过其他的方式抒发情感。即使是那些没什么艺术天赋的女孩，心理学家也看到了，在开始一段新感情时，在感到快乐时或第一次对自己感到满意时，她们对于母亲的逝去所表现出的创造力。

玛丽·史旺德（Mary Swander）是诗人、剧作家、小品文作者，并且是艾奥瓦州立大学英文系教授，她说她的毕业生写作研讨会是支撑她在 20 多岁时经历母亲因癌症慢慢死亡的力量。她与父亲分开生活，两个哥哥也住得很远，在完成学士和硕士学位时，她心心念念的只有她逝去的母亲。“当我回顾那些年，我想：‘我都在做什么？我为什么要努力上学？’如果我不写作，我会发疯的。写作转移了我的注意力，我在写我的故事中熬过那些悲伤。”在她母亲死后，她依旧通过写诗悼念母亲，她的第一本书《系列》(*Succession*) 就是以她母亲的家世为背景。《带你回家》(*Driving the Body Back*) 是她的第二本书，见证了她、一个葬礼指导和她的姨妈 5 小时穿越艾奥瓦州，只为了将她母亲的遗体送回家族的墓地埋葬的全过程。

帕翠西亚·希顿（Patricia Heaton）在美国广播公司出演过情景喜剧《人人都爱雷蒙德》(*Everybody Loves Raymond*)，并在《左右不逢源》(*The Middle*) 里扮演了弗兰基·海克（Frankie Heek)，以偶然的机会去演绎她的悲伤。她 12 岁时，母亲因为脑动脉瘤去世了，19 年后她要在舞台上演绎一个年幼失去母亲的女性。

> 这个角色是一个想要堕胎的女性，接下来，通过她的姐姐和她的男友对她努力劝解，才知道一切都是因为她去世的母亲。她不想自己的孩子和自己有一样的遭遇，她其实很想有个孩子，但是她将母亲的死怪在自己身上，她充满了迷惑和困扰。她在最后有一段很长的台词，是关于母亲的离世、对医生的愤恨和一切的前因后果。她被击垮了，开始哭泣，回忆起母亲的美好，她是那么爱恋、想念她的母亲。这个角色本来是另一个演员演的，但是那个演员最后还是因为忍受不了而放弃，因为她也有一段类似的痛苦经历。

> 我自己在想："亲爱的，我能够了解每天晚上她有多不喜欢又要表演这个桥段，因为这段情感实在很难为自己。"但对我来说，好像光是说说台词，都已经演绎出了我曾经的感觉。
>
> 我表演了6周，一周5次，我感到这是份礼物，因为我一周只用花4天排练，还是领衔主演。我一口气读完了剧本，感情也随其而动，它帮我演绎角色，并且帮我从失去母亲的感情中解脱出来。我觉得演员也太走运了，如果她们很聪明，并且将自己的人生经历融入戏剧，最终会赢得满堂彩。这一切未免太简单了，我只需要读台词，就会流泪，它能让我从悲伤中缓解一些，尽管之后痛苦还会偶尔再次袭来。

注意力分散的必要性

人们逃避家庭嘈杂最常用的方法是做一些需要集中注意力的事情，比如内省。尤其是当死亡降临的时候，一些女性靠这些活动来获得个人满足。琳达·肖斯塔克是美富律师事务所众多女性合伙人中的一位，并且在加利福尼亚是位很受人尊敬的辩护人，她清清楚楚地记得那个夏天——她13岁时的那个夏天，母亲死于癌症的夏天。

> 我父亲处理这件事的方法就是忘记它，不去谈论它。我记得那个夏天自己很难过，但我不知道有如此多的麻烦要处理。在母亲去世后，父亲对我说："为什么你不放弃那些道德荣誉徽章去当律师呢？"这是作为一个年轻女孩最应该做的事。在那个夏天，我看了《飘》（*Gone with the Wind*），我画画，只是为了让自己忙一点儿。天气最热的时

> 候，我们就会去看电影，因为影院有空调。但回到家，母亲不在，不能和我一起讨论影片，我就会很不安。那些日子里我原本什么事也没安排，但为了忘掉这些痛苦，我试着让自己一直忙着，把自己埋在大堆的工作中，不去想这些事。因为想母亲的时候，痛苦就会缠着我，所以我学着关闭那扇痛苦的大门。
>
> 高中毕业后，我就去瓦萨学院上学，接着去了哈佛法学院。在纽约工作了一年半，1974年搬到这里为美富律师事务所工作，一直到现在。从某种程度上说，这样的履历不太入时。这周一我为一位很成功的保险推销员在法庭上做辩护。他跟我说他一直业绩很好，所以能玩得起音乐、开得起车。然而，我坚持要上法学院学习法律，执着于自己的理想。

努力让自己变得成功的信念帮助琳达·肖斯塔克摆脱了痛苦，并且在母亲死后的十几年来一直保持着高水平的学术成就。就如她学会的那样，不断地取得成就能让一个女性远离悲伤。然而，在她母亲去世后的20年里，她发现自己还是会不自觉地回想起那个夏天的一些事情，但她会好好地处理自己的感情，创造新的生活，在自己的心里默默地怀念母亲。

勇于独自旅行

一些女人可能不愿意离开家，不愿意冒险，但成功往往需要这样。然而，一个失去母亲的女人，常常喜欢待在一个感觉安全和安稳的地方，她会努力寻找这样一个属于自己的地方。母亲的去世意味着家庭的破裂，女儿也就失去了曾经拥有的各种保障。想要找寻安全和保障，她就要一直前行。一旦她开始了，就不能退缩——因为她无路可退。

在 CBS1994～2003 年播出的剧集《与天使有约》(*Touched by an Angel*）中的明星罗玛·唐尼说：“你听说过一种你需要一个能依靠的肩膀的说法吗？当没人接住你的时候，那真不是你能够选择的，但积极的结果是，这是一个巨大的推动力。”当唐尼的母亲死于心脏衰竭时，她住在北爱尔兰的德里市。“在我长大的社区里，孩子们都不离家。每个人都生活在社区之内。他们生小孩，他们的孩子也住在那里，周而复始。所以我离开社区是有点儿惊人的。我先是一步跨到了英格兰，然后又跳到其他更远的地方。在我父亲去世后我就走得更远了。出于责任和对父亲的爱，我曾有规律地回家，但是父亲去世后，我就没有回去的理由了。我还觉得如果我年纪大了或者我有年迈的父母，我不会有移民后的轻松感、自由感。我这一生搬来搬去都心无旁骛。我深深地感到，家是一种心态，它会伴随着你去这儿去那儿。当我在某个地方落脚的时候，我带着巨大的热情安顿下来，但是我能轻松地重新打包、继续前行。”

对一些女性来说，这一动力可能并非是一种勇气，而是一时没了恐惧。当你感到没什么可失去的时候，会更容易冒险。作家谢丽尔·斯特雷德（Cheryl Strayed）在 26 岁的时候冲动地决定独自走上太平洋山脊国家步道，从莫哈维沙漠到俄勒冈州与华盛顿州边界。那时她所深爱的母亲已经因癌症去世 4 年。在那之前，她从未当过背包客。她在她的畅销回忆录《走出荒野》(*Wild*）中写道：

> 此刻我吸入一口气，我以前没有闻到过这种沙漠鼠尾草浓烈的泥土香，正如我对我母亲的浓烈记忆一般。我望向蓝色的天空，感觉其实有一股能量迸发了出来，但我更感到我的母亲和我在一起，我记得为什么我认为我能够徒步走下来这条线路。在所有让我确信不该畏惧这次旅程的

事情之中，在所有让我相信自己能够走太平洋山脊国家步道的事情之中，母亲的死让我对自己的安全很确信：没有什么事情能比这件事更糟糕了，我想，最糟糕的事情已经发生过了。

渴望永生

正如艺术家赋予他们的作品以永久的生命，那些失去母亲的女性也希望自己的母亲和自己都能够永生。艺术、写作和音乐能给一个女性带来永生的希望，也能提供给她一种方法找回母亲的影像，这种影像可能是她曾经拥有的，也可能是她认为自己本该有的，但她相信这种做法不是母亲所希望的。

从夏洛蒂·勃朗特的作品中，我们就可以看出早在她 8 岁的时候，她可能就已经试着这样做了。在母亲去世后的 3 年，她写了一个小故事，说的是一个名叫安的小女孩，她的母亲病了，一次安和父母一起乘船出海，一路上天气很好，但母亲病得很重，安就很用心地照顾母亲，喂她吃药。夏洛蒂把这个故事给她的妹妹安妮看，因为安妮出生后，母亲的身体就每况愈下，并且很痛苦。[⊖]夏洛蒂想通过安的故事来挽救生病的母亲，之后她又重写了这个故事。作为一个作家，她希望能让自己获得力量，治愈母亲，防止她死亡。因此，在拯救母亲的过程中，她也为自己重新塑造了一个母亲。

在戏剧舞台上活跃的喜剧演员戴安娜·福特（Diane Ford）也有这样的愿望。当她 13 岁的时候，父母死于一场车祸。现在，她常常

⊖ 夏洛蒂写这个故事的时候，安妮才 5 岁。在夏洛蒂 5 岁的时候她们的母亲去世了。有一篇文章叫作《夏洛蒂·勃朗特的 <曾经有个女孩>——一个充满创意的故事》，是布兰文·拜雷·普拉特（Branwen Bailey Pratt）写的，上面说 5 岁的安妮不断地使夏洛蒂强烈地思念自己过世的母亲，这也就是夏洛蒂写这个故事的原因。

把父母编进自己的笑话里，就像他们还活着一样。她说："在一些特定的场合，我会按照母亲本该说的去做，事实上她并没真的说，但我觉得她肯定会那样说的，所以我就一直这样坚持着。这是一种方法，即一种能让我感觉自己是正常家庭中成长起来的方法。自从父母过世后，我痛恨自己和别人不一样，我想要和别人一样有父母。我不知道自己是怎么承受这件事情的。把父母写进我的笑话里可以把我和编织的过去联系起来，其实这种过去我不曾拥有过。所以相比我曾经经历过的，这种虚构的过去里的一些事情却更美好。"

渴望敬仰母亲

一个母亲会给予自己的女儿灵感和鼓励，那么在她死后，除了满足她的愿望（实现她从未有过机会实现自己的愿望），还有什么更好的方式来表达对她的敬意呢？

美国联邦最高法院法官露丝·巴德·金斯伯格（Ruth Bader Ginsburg）17 岁时母亲就去世了。在她的记忆中，母亲是一个很坚强、很聪明的人，并且从很小的时候起就鼓励女儿要努力工作，为自我价值的实现而奋斗。

> 母亲很想让我懂得自立的重要性，要求我成为一个"真正的女士"，现在我是这样理解的：优秀的女士能让自己远离麻烦，让自己的生活不被麻烦摧毁。
>
> 从我 13 岁开始到母亲去世，她就一直在医院和家之间来回。那时我在上高中，我有时会逃课乘地铁去医院看母亲，父亲也在。吃饭的时候我就在医院附近随便吃点儿，然后回到家睡觉，第二天接着去学校，我一直过着这种生活。然而，母亲坚定地认为我应该多为自己想想，应该独立起来，要学会自己养活自己。那一段时间，为了给母亲

看病，花销已经压得父亲喘不过气来，他越来越感觉自己支持不下去了，而母亲也无法工作。因为在那个时候，人们都认为让妻子出去工作是很不妥的。如果工作对家庭的经济帮助真的很重要，妻子才会去做。我想父亲渐渐意识到，如果母亲出去工作，她会感觉更幸福、更满足。

母亲教育我，要尽自己所能做好每件事情。当然，她没能有太多的机会自己去做，但她会教导我去做。我所做的事，无论是上钢琴课还是上其他我喜欢的课，我都会尽全力去做好。

去上法学院是我能做得最好的选择，康奈尔大学的一位老师也鼓励我这样做。虽然我的丈夫比我早一年来到康奈尔大学，但我比他早参加法学院的入学考试。那时学校放假后，我都会去看看阿姨和叔叔，他们也觉得我上法学院是可行的，因为我还没有到非得自己养活自己的时候，所以可以做点儿疯狂的事。这些都是以前的事了，但最近我的阿姨去世了。我的女儿发现了一封信，是我上大学的时候写的，上面说了一些事情，大概是关于参加法学院的能力倾向测验，还说了我的英语成绩很好但数学不好。试想如果那时我成绩真的很差，说不定就会放弃上法学院这个疯狂的想法。现在我常常反思一些话，一些如果母亲还活着看到我的赚钱方法后可能会给我的忠告，而且我觉得她一直都陪着我。

我想，我本应该成为母亲希望的样子，但事实上我离她所想象的样子还差得很远，不是因为我的局限性，而是因为社会的局限性。在我房间的墙上挂着母亲的照片，我每天出门前都能看见她，我看着她，总会说："妈妈，您应该为我骄傲。"

适应力和决心

破碎的家庭里能够激发一种个人的能量，这种能量能使女性避免彻底绝望。维多利亚·罗厄尔（Victoria Rowell）参演美国哥伦比亚广播公司日间播出的戏剧《年轻和躁动不安的一族》（*The Young and the Restless*）和《谋杀诊断书》（*Diagnosis Murder*）。她说自己曾经分别在 5 个不同的家庭寄养过，那些日子使她得以承受别人的排斥。在她开始立志当一个有抱负的芭蕾舞者到后来成为女演员的那段时间里，她很受人排斥。面对别人的排斥，很多表演者可能会放弃，但她没有。

> 总之，寄养的经历对我很有帮助。对于别人的排斥和忽视，你自然要慢慢地适应，特别是听到别人说‘拜托你，不要叫我们，有事我们会叫你’的时候，要学会如何承受别人对你说‘不’。虽然你会适应这样的情况，但相信结果会很难受，然而学会如何承受的技巧就像披着一层盔甲，它会让你时刻准备好，人际交往时还能在各种情况下保护你。我不是说那种排斥让人感觉很好，我是说我发现现在自己已经能承受这些了。这很有意思，因为人际交往时的排斥完全不同于人们生活中的排斥，生活中的排斥伤害性更大，你永远都不能适应它。

因为失去母亲的女儿常常把生活中的排斥当成一种伤害，类似于失去母亲的伤害，所以作为成年人，她不知道如何处理分手、离婚和死亡。然而，经历过痛彻心扉的失去之后，她就会具备一种能力，心理学家称之为“不断减弱的危机感”。这些很微小的失去，比如等待一个永远不会打来的电话或是失去一份工作等，和失去一个至爱的人相比，是很渺小的。所以她会处理好，不会有很大的压力。

进入深层的情感

自我表达可以让一个女儿把她的情感和经历转化为积极的行动，可以把不幸变成有利用价值的动力。玛莉丝卡·哈吉塔说，她如此深刻地体会到情感联结的断裂，这也有助于她在演戏中表达悲情戏中的情绪。

> 我记得在一个演技训练课上，学员无法演出情绪。我们必须做一个练习，你穿过一道门进入一个情景。那对我来说很容易——假装那里曾发生了一场意外事故，假装我刚刚失去了某个人。但是我记得我坐在那个教室里，想着其他人在那些场景之中情绪上达不到要求。我的男朋友的父母那时候还健在，他怎么也想象不出如果有人告诉他发生了意外，有人去世了会怎么样。但是我已经经历过了，有过深刻的体会，那种沉重的情感我无须学习了。我能够想象出任何事情。我认为那是我作为一个演员能够在情绪上达到要求的原因之一。我理解痛苦和戏剧性的事件。我明白只需一秒钟就足以让人生改变。我认为有过那种经历的孩子们和没有这种经历的孩子们对生活有不同的理解。

安娜·昆德兰说，她选择要写的主题和展现这些主题的方式都深深地受到母亲去世的影响。她 19 岁时母亲死于卵巢癌。

> 我真的感觉母亲的死成了一条分界线，划清了原来的我是什么样子和将来的我会变成什么样子。母亲去世前，这条分界线可能早就出现在我的生命中了，但现在我还是没法理解两者的区别，尤其是无法理解母亲死后我变成的那个样子。在母亲去世之前，我还很不成熟，以自我为中

心，而且大部分时间里都很愚蠢可笑。到底这件事是如何突然改变我的，我后来才弄清楚。当我在做专栏“30岁人生”的时候，人们常常会问我：“我不明白像你年纪轻轻的，怎么会对生活有这么多独到的见解？”后来我才明白，原因之一就是母亲去世后我觉得自己已经不可能再拥有那种浑浑噩噩的生活了。

母亲的死让我变得更乐观、更积极。当我这样说的时候，人们常常不相信。在那件事以后，我明白了：你可以选择这样想，也可以选择那样想。你可以选择这样想：“生命结束得如此之快，到底什么才是生活的重点？”看着生命，你还可以选择那样想：“天啊，你拥有的每一天都是如此的珍贵和重要。”有人死的时候，你会意识到，如果让生命再来一回，他们肯定不想获得普利策奖或者是位列畅销书排行榜。如果让生命重来，他们希望在海边多待一天，或是坐在毛毯上静静地陪着自己的孩子，再一次谈论点什么。母亲的死使我更珍惜那些我以前从没做过的小事情，我觉得这才是我即将出版的作品的真谛。我对总统就职典礼或者释放人质这些事情不感兴趣，我感兴趣的是观察人们生活中的细小瞬间，我觉得这些瞬间才是最有启发性的、最珍贵的。

消除生存着的内疚感

写作、表演、跳舞以及学术成就都是可以使人成功的事情，在具备了优越的社会和经济条件之后，实现这些成功就很容易了。如果生活在一个出现严重问题的家庭或者恶劣的社会经济条件下，即使是有惊人才华的人也不是那么容易就能发挥自己的最大潜能的。

在一些家庭，母亲的死会使一个女儿摆脱这些压力。例如，单亲母亲靠社会保障金养活女儿，但是在母亲死后，这个女儿就可以搬去中产阶级的社区里，和她的哥哥和嫂子一块儿生活。原来母亲禁止女儿远离家庭去外地上大学，现在女孩可以接受外国著名学校的邀请了。如果女孩的童年是在照顾嗜酒的母亲中度过的，那么现在她就有时间去关心自己的兴趣了。

认为母亲的死可以给自己带来机会的女孩，可能会更强烈地希望自己成功。通过给自己创造一个幸福和满足的生活，她会觉得母亲的死是意义非凡的，但是在享受成功的同时，她也会产生沉重的内疚感，因为她认为这些都源于母亲的死。

28 岁的希拉一直在快乐和内疚之间纠结，就这样挣扎了 10 年。她觉得，在青春期经历过失去和毁灭之后，世界欠她一个快乐的生活，然而她也确实感觉到，如果不是因为自己 14 岁时母亲去世了，她永远也不会离开那个她生长的工人阶级城市街区。幸运的是，希拉的青春期是和父亲还有继母一块度过的，他们住在一个富裕的郊区，在那里，高中同学中的 80% 都上大学了。后来，她继续攻读学士学位和硕士学位，但是这常常让她感到很不安，因为她认为自己利用母亲的死来获得自我满足。

> 在研究生阶段，我找到了一个称心如意的工作。我想："就是它了，这就是我想要的，我要把它做好。"同时，我又会被这种想法所刺伤。因为如果母亲死而复生，我就不能得到我这个领域里那些德高望重的人的赞扬了，也不能开始这个工作了。我渐渐明白，虽然我最希望的是让母亲再活过来，但还是不愿意放弃母亲死后自己奋斗得来的生活。几年前，我终于对父亲坦白："我想，如果母亲还活着，这些我已经成功做过的事情，我是不会做的。"为了说这个，我花了 11 年的时间，因为我一直克服不了享受生活所

带来的内疚感，他对我说：“你应该继续做你现在正在做的，因为你是你，你以前一直是一个为了得到母亲想要的而努力的人，现在你要为自己而活。”过了一段时间，我明白了父亲是对的。如果母亲还健在，我的生活也应该是精彩的，我仍然要做我想做的，成为一个我想变成的人。

像希拉一样，一些失去母亲的女儿们认为，母亲死后过着幸福和快乐的生活是对母亲的大不敬。她们的成功和欢乐代表着一种个人主义，而她们可能还没准备好接受这种个人主义。正像32岁的罗伯塔说的那样：“我母亲在我16岁就去世了，出于对她的爱，我感觉应该放弃自己的生活，然后我就真的这样做了。如果我爱我的母亲，我就应该把自己搞得一塌糊涂去证明，不去上学，一直痛苦下去。”这只是一种敬爱母亲的方法，但不是女儿该有的命运。这是罗伯塔的选择，但是没有任何一个母亲会真正希望她的女儿做出这样的牺牲。

如果一个母亲的死真的能给女儿带来一次机会——一次为更满足、更有挑战性、更快乐的生活奋斗的机会，她有权利去追寻这样的未来，因为这种生活是她本应该拥有的。利用现有的资源获得成功的做法并没有什么不光荣，把失去的痛苦转化成全新的生活也并没有什么羞耻。就拿凤凰来说吧，这种带点儿神秘色彩的鸟可以从自己燃烧的灰烬里重生，那么一个失去母亲的女儿也能从悲剧中振作起来，然后再奋斗。

尾　声

母亲说，红杉树比我们的房子还高，它的树干很粗，宽度足够过去一辆汽车。“是真的，”她说，“在它的根部有一个可供车辆穿梭的洞。”我们住的地方曾经是苹果园，院子里的果树都结果子。可是我想象不到会有一种树可以长得那么高、那么粗。母亲去加利福尼亚北部旅游时，买的明信片和照的照片上都有红杉树，它的样子看上去确实如母亲所说。在一张照片里，母亲站在一棵很茂密的棕褐色红杉树旁，她的手轻轻地搭在枝干上。红杉树看起来很高，照片上甚至看不到它枝干的顶部。

我真希望我还留有那些照片。我不知道那些照片去哪里了。时间久远、搬迁、缺乏整理，让全家的照片四散零落，其中的大部分放在了一个光面纸购物袋里。我把那个购物袋保存在洛杉矶家里的文件柜的底层抽屉里。我一直想找时间把那些照片都摆在地毯上，按照时间整理成册，但是每次开始这项任务都让我感到望而生畏。照片总共有几百张，甚至可能有上千张。它们的时间跨度从我父母1959年订婚一直到我母亲1981年生病的最后几个月，它们记录了她的整个成年时期的生活。当我翻看这些照片的时候，我情不自禁地想起那些本该也在这里的照片：她在我的大学毕业典礼上微笑的照片、抱着她的孙子孙女们的照片、头发灰白而又开怀大笑的照片。我的母亲如果还在世，应该已经年过古稀了。我对她最后的印象是她42岁时的样子，离古稀还很远，我想象不出她年老时的样子。对我来说，我的母亲永远不老。

在这些年中，我尝试着在我住过的各个地方寻找她，但是她一直如梦似幻。在田纳西，一个心理治疗师将一把空椅子放在我面前，让我假装与她对话，但那是独角戏而且让我备感压力。艾奥瓦的一个占星师在我的星盘里找不见她的任何踪影。马里布的一个巫师拿着一个水晶吊坠坐在雪佛兰迈锐宝里，微笑着点头说，她"在光里"。如果必须要我指出我母亲在哪里，我会说她既不在又无所不在。她是迷雾般的记忆，我无法看清；她是温柔的精神，鼓舞着我的每一天。现在她在我的人生背景之中盘旋，悬浮着，没有形状，就像是空气。

作为失去母亲的女孩，我们在生活中与当下的意识为伴。是的，尽管有东西缺失了，但是我们也必须记住有东西被留下来给予我们。

作为失去母亲的女孩，我们处处感到悖论和矛盾，生活之中永远少不了未解的渴望，而它同时也是生存的勇气，拥有在这个年龄的一般人所没有的洞察力和成熟度，并且明白重新来过和重获新生所蕴含的力量。"我们得到了很多，无论我们在那时喜欢与否。"科琳·罗素说。当她的母亲去世的时候，科琳15岁。"力量来自挫折和挑战。如果我没有失去母亲，那么我不会有现在的敏感度。我知道我会把更多的事情看作理所当然。我因失去母亲而对人生和死亡有了不同的想法。"

在我快要20岁的时候，我曾经常常和自己玩一个心理游戏。我回顾过往，把我人生中所有好的事情与"我的母亲回到我的生命中"做一个权衡。在大学期间，这是很容易做出的选择。我会把自己受教育的机会交换我的母亲重回我的身边吗？当然。我的男朋友呢？换，把他换走都行。在我20多岁时，这个问题的答案就不明确了。

我愿意放弃我那新闻工作者的事业吗？好吧。我的写作大学文凭和我在艾奥瓦度过的那些年？嗯，好吧。我在纽约的公寓、我的第一本书的合约、我忠实的朋友们？或许吧，我不知道。然后，我到了30多岁，我不得不放弃这个游戏。在一天结束时我看着我的丈夫和我的女儿们，我知道我不再愿意用我们一起在加利福尼亚创造的生活做这种交换了。

我是成了一个自私自利的人，还是成了一个尽管早年失去过，但后来找到了心之所爱的生活的人？我相信是后者。31岁的黛比很赞同我的观点。在她青少年时期，母亲和妹妹是她最好的朋友。黛比21岁时妹妹死于一场车祸，母亲在一年后死于癌症。“曾经有人问我，‘如果有什么事情改变你的生活，那会是什么事情’，”她说，“我说没有什么事情会影响到我，我很遗憾发生了那种事情，但也仅此而已。家人的去世对我的生活、性格和成熟度都有很大的影响，它使我成为今天的我。我喜欢现在的自己。虽然发生那些事情是不可避免的，但是我能够决定它对我的影响程度。”

在温迪15岁时，她的母亲去世了。现年44岁的温迪早已结婚，并且有一个16岁的女儿。“有的时候我对时移世易而感到惊奇，还有当你面对悲伤，你最终会得到治愈。那么多曾经因为母亲过世而对我来说痛苦的情绪，现在已经变成丰富和有收获的阅历。”

我们都在母亲过世后学会了一些东西，得到了一些教训，这是一个孩子或青少年不必懂得的。至少我们学会了怎样对自己负责，下一步更重要的是不断地在情感上关爱自己。我们不是要在生活中排挤他人，而是要学会：无论在孩童时期还是长大后，我们都要信任、尊重和珍惜自己。就像7岁时失去母亲，现在25岁的玛吉说的一样：“我认为自己很坚强，这都是因为经历了母亲的去世和后来发生的事情。无论如何，我学会了爱自己和尊重自己。我为自己小时候的表现而自豪，因为那时我就能照顾自己并学会生存。如果母亲还活着，我也能这么自信和自爱吗？我不能肯定。当我意识到没人能照顾自己时，我就依靠自己变得强大。当然，别人也会帮助我，但是我能自己照顾自己。那对一个女人来说很重要。我们从小受教育有困难时向他人求助、从外界得到肯定，所以在这方面我觉得自己很强大，因为我从自己那里得到了爱和照顾。”

44岁的卡拉在其12岁时母亲过世，15岁时父亲过世。“有时候当生活不如意时，或者当我感到伤心失意时，我会想：‘作为一个成年人，会有人经历了我所经历的事、解决了我所解决的事吗？’我会对自己说：‘卡拉，你必须面对很多事情。你到目前为止做得还不错。’这种想法帮助我克服挫败感。当生活不是按我所设想的那样发展时，我会对自己说：‘除你经历的、认清的和自豪的事情以外，你还凭借自己过上了好日子。’”

玛吉和卡拉已经知道怎样使自己从丧母的悲痛中安慰和赞美自己。经过了这么多年，她们已经建立了自我导向和安全感，这是好多失去母亲的女性所缺少的。她们能鼓励、安慰和赞美自己。这是女孩对自己最好的照顾。

1992年11月当我筹备本书的时候，我第一次去加利福尼亚北部。在一个异常暖和的星期天下午，菲莉丝·克劳斯和马歇尔·克劳斯邀请我去游览当地的自然景观。因为时间不充裕，我们只能去一个景点：她们建议去索诺玛谷或缪尔森林。我还惦记着明信片和照片上的红杉树，那枝干比房子还高的红杉树，那宽得足够开过去一辆汽车的红杉树，所以我选择了去缪尔森林。

除了母亲告诉过我红杉树的大小，我一点都不了解它。当我在缪尔森林看见它时，它确实像母亲形容的那样。我从来没有看见过那么高大的树。当我们穿过蕨类植物和酢浆草后，我们看见了一小群单独生长的红杉树，它们围绕一个烧焦的树桩生长着。被烧焦的树干大约有 6 英尺[一]高，但是它周围的树看起来都很年轻、很健康。护林员把这一圈树叫作“家庭圈”。在植物学中也有少数人管它叫“母亲树和它的女儿”(我发誓这是真的)。

这就是我想表达的：在红杉树的生态系统中，树瘤呈坚硬的棕色结节状，它依附在母树的树皮上。当母树被伐倒、被风刮倒或被火烧毁，换句话说就是母树死的时候，其创伤刺激了树瘤的生长。母树的种子被释放出来，围绕着母树生长，这就长成了一圈的“女儿”。小树通过吸收母树死后让给它们的阳光生长，并且它们从母树的树根中吸收水分和养分，母树的树根即使在死了以后也会在地下保持完整。尽管小树在地面上独立生长，但是它们持续不断地从地下的根部得到营养。

数年来，我在我周围的空气中寻找我的母亲。我却一直忘了在脚下寻找她。在我人生中第一个 17 年，她教会我坚强。如果不够坚强，那么我想我可能无法自己应对她离世后的事情。

现在，没有母亲的时间比我有母亲的时间还要长。我对我的女儿小时候的记忆比我作为我母亲的女儿的记忆更为清晰。这就是愈合。时间流逝，痛苦麻木了。生活经历开始取代记忆。细节模糊了，但是我们从未忘记过。

不久之前，我的丈夫和我带着我们的女儿们进行了一次从洛杉矶到俄勒冈南边的为期 4 天的公路旅行。在加利福尼亚的洪堡县，我们从 101 高速公路驶下绕了一小段路，驶在巨人大道上穿过 51 000 英亩[二]的红杉林。我的丈夫开车带着我们在狭长的路上穿过片片林荫。我坐在车里后座的中间位置上给两个女儿讲我的母亲带到纽约家里的明信片，还有我怎么会相信我母亲说的车可以从树中穿过去。我的大女儿米娅说她也不相信。沿着路继续前行了数英里

[一] 1 英尺＝0.3048 米。

[二] 1 英亩＝4046.856 平方米。

之后，我们见到了神树（shrine tree），看来我母亲讲的故事是真的。

我拍了一张照片，在这张照片上我们的白色轿车从一棵巨大的红杉树的宽阔缝隙中浮现出来，我的丈夫和米娅在车的前排座位上热情地挥动着手臂。当我在路边拍摄这张照片的时候，我在试着想象我的母亲站在同一棵树旁，她的手举在空中，欢快地挥动着，正如那张我再也找不到的 1974 年的照片一样。

如果她在，她可能会说你好，可能会说再见。或者，她可能只是说："嗨！你还记得我吗？"

永远爱您。

20 周年后记

这是艾奥瓦市盛夏之时一个典型的周六：阳光刺眼、热气逼人。在我步行去往三个街区外的咖啡店的路上时，我的手机响了起来。

这是我的朋友吉尔打来的电话，她问我是否能在周二一起吃午餐。

“我想应该可以，”我说，“那天是几号？”我把手机从耳边拿开，打开手机上的日历 App 翻到 7 月份。我把手机再次放回耳边。

“那天是 12 号。”吉尔说。

我把“与吉尔吃午餐”记录在了日历中。7 月 12 日，星期二，下午 1 点钟，然后我停顿了一下。

“7 月 12 日？”我从自己的声音中听出了惊讶。“喔，那一天是我母亲的忌日。”

“哦。”吉尔说，她几年前也失去了母亲。忌日似乎是她可以理解的事情。“已经多少年了？”

我飞速计算了一下。我母亲是 1981 年去世的……当时是 2011 年，那么就是……

啊，我的天啊。

30 年？

我怎么没意识到已经 30 年了呢？

曾经就在不久以前，母亲的忌日还是一个日历上赫然突显的重大日子，每年的那一天都会慢得出奇，我感到痛苦难耐。如果你问我她去世多少年了，我想都不用想就能立刻回答你。我惧怕 7 月 12 日那一天。我总是提前计划些事情，好让我在那一天分散注意力。一年一次的忌日让我极度痛苦。在母亲的第 1 个忌日，我已经是夏令营里的领队了，我决定让那一天就像平常的日子一样过去。在母亲的第 5 个忌日，我刚从大学毕业。在母亲的第 10 个忌日，我依旧度日如年，心情糟糕透顶，即便那时我已经在筹备本书了。在母亲的第 20 个忌日，我的丈夫和女儿们减轻了我的痛苦，但我还是很难过。所以，忽然之间母亲的第 30 个忌日就要到了，这简直让人匪夷所思，难以置信。

不过，事情确实如此，时光飞逝，生活被塞满。如今许多重要的日子填满了我的日历表：结婚纪念日、父亲和公公的忌日、丈夫的生日、两个女儿的生日、5 个小姑子大姑子的生日、婆婆的生日，还有数不过来的侄子侄女的生日。我每天都想起我的母亲，但是她的死不再像我年少时那么重要了。如果你在我年少时遇到我，失去母亲这件事会是你从我这里了解到的第一件事情。我会像下面列出的句子顺序这样说话：

1. 我的母亲在我 17 岁的时候去世了。

2. 我在艾奥瓦市读大学。

3. 我的男朋友是____________(根据年份，填上那时交往的男友名字)。

4. 我从纽约来。

5. 我的母亲在我 17 岁的时候去世了。

之后，10 年过去了。而后，又一个 10 年过去了。在那段时间里发生了很多事情：我写了一本书，有了一段婚姻，搬了家，生了两个孩子。更多人离世，我写了更多的书。

如果你现在遇到我，那么我会像下面列出的句子顺序这样说话：

1. 我是两个孩子的母亲，还是一个妻子。

2. 我是一个作家，也是一个老师。

3. 我是一个住在洛杉矶的纽约人。

4. 我和兄妹之间的关系很亲密。

5. 我的母亲在我 17 岁的时候去世了。

距离我亲吻自己的指尖，然后把指尖按在我母亲的额头上的那一刻已经过去 33 年了，那时的她躺在医院的病床上一动不动。33 年，这是很长的一段时间。我作为母亲的日子很快就让我当女儿的那段时间黯然失色。在这种对称里有甜蜜的伤感，还有一种甜蜜的成就感。我曾经担心不能抚养女儿度过 17 岁。现在我不担心了。16 年的时间足够我了解一个孩子，我对我的两个孩子在 16 岁和 18 岁时会是什么样子早有主意。如有意外，我们会一起渡过难关，就像是我和我的母亲当时应该做的那样。

丧亲之痛营调查了 408 个在 20 岁之前失去至亲的人，他们之中超过半数的人情愿用自己一年的生命交换和父亲或者母亲多相处一天。我不确定我是否会愿意做这个交易。我的女儿更需要我。除了再次见到母亲，我还能见到小时候的自己，这会是非凡的经历。

你手里的这本书是 20 周年纪念版。我写第 1 版的时候 28 岁。重新读我在 20 多岁写的文字是我做过的最接近时间旅行的事情。我能清楚地看到当年的自己，坐在艾奥瓦市一个现在已经不复存在的咖啡馆里，周围是精神病学书籍和杂志文章，写的是努力解释早年失去至亲的人的想法和情感，正如我和其他许多女性的经历。我还看到多年之后，夜深人静的时候，大家都睡去之后，我在厨房的岛台上用笔记本电脑继续工作，在我狂敲键盘再多更新一页书稿的时候，只有墙上的钟表发出的嘀嗒声与我做伴。

那个夜里在厨房写作的女性——她还是个新手妈妈，就在一年之前刚刚失去了父亲，仍在期望着活过母亲去世时的年龄。她既脆弱又坚定。还有很多事情她想弄明白，还有很多她不懂的事她满怀诚挚地想要知道。她需要弄明白这些。了解年轻时的自己是重新修订上一版时的意外收获。出于母性，我想要保护她。我想要告诉她，平静下来，事情会好起来。她聚精会神地听着接受采访的女性讲述的故事。她们（不是我）是她更好的引导者。

她渴望找到答案，这是本书至关重要的一部分，因为这也是许多读者的渴望。这也就是我继续打磨本书的原因，那时的我更适合讲述我的故事。无论怎样，如今的我算是解决了大多数困惑吧。在写一些书的时候，我长大了。我还怀疑我长大了是因为我写了一些书，还有这些书让我有可能去释放情感。我不再有那种渴望了，原因如下。

7 年前，我活过了我母亲去世时的年龄。正如本书中的女性告诉我的一样，那是一个分水岭。从医学角度看，我没有理由在 42 岁时死去，然而这一想法如丧钟在耳边时隐时现，持续了数月之久。在我的脑子里，一年之中最大的难关就是我春季做的乳房 X 光检查。我相信，如果我的乳房 X 光检查没有问题，那么我才能放轻松。

那一年的 4 月，拍完 X 光片之后我坐在检查室里，等着放射科医生告诉我是否需要做更多筛查。和往年一样，我的乳房 X 光片上没有不同寻常的暗影或者白点，或者其他任何不好的东西。我一个人在那个冰冷的白色房间里等着，那本该是个能让人平静下来的房间。当医生在检查室里探出头，愉快地告诉我可以穿上衣服回家的时候，我毫无心理准备。

“看起来没问题！”她说。那时她对着我比了一个竖起大拇指的手势。

当她关上门的时候，我还在盯着门看。忽然，一声呜咽从我的嗓子里涌了出来，接着又是一声，而后又是一声。我坐在检查室的塑料椅子上，穿着袜子和一件蓝色的棉质长罩衣，自拥自泣。

那不是放松之后的哭泣，那是悲伤的哭泣。在我 42 岁的时候，这张清楚的乳房 X 光片让我知道我不会像我的母亲那样在 42 岁的时候死于乳腺癌。我会活到 43 岁，还有更长的岁月等着我。这本该是个好消息，确实是个好消息，但是我也意识到，有了这张表明我未患乳腺癌的 X 光片，我失去了与母亲拥有相同经历的最后机会。

我并非期待糟糕的 X 光片结果，但是失去了那个最后机会让我感到很残酷。

我想，在那一刻，我终于跟母亲说了再见。

33 年之前，失去母亲的痛苦如排山倒海一般，我以为这种痛苦永远不会消失。我想的没错。它确实没有完全消失，但是随着时间的推移，它变得更可控了。我得摸索着度过中年时期，倒是没有我想象中那么难。我不再受制于母亲对我的希望，也不再受制于她的宿命。现在，我的人生属于自己。我需要自己在放射科里的那段经历，那之后我才明白：我的人生一直都是属于我自己的。

我裹紧身上的蓝色长罩衣，紧紧地拥抱自己。我感到了期待已久的释怀，我甚至不知道我已经期待了 25 年。过了一会儿，我穿好了衣服。然后，我走出了放射科，走进了我的余生。

霍普·爱德曼
洛杉矶，加利福尼亚州
2014 年 4 月

附录A

1992年9月～1993年10月，154位失去母亲的女性参与了此次问卷调查，以下是调查结果。

1. 您的年龄？

19%　18～29岁

30%　30～39岁

29%　40～49岁

12%　50～59岁

3%　60～69岁

7%　70岁以上

2. 您的职业？

78%非家庭主妇

10%家庭主妇

7%退休人员

5%学生

您的婚姻状况？

49%已婚

32% 独身[1]

16% 离异或分居

3% 丧偶

您的受教育水平?

3% 低于高中学历

29% 高中学历

68% 大学或职业教育学历

您的居住地?

涉及美国的34个州和哥伦比亚特区

您的种族?(可选)

89% 白种人

8% 非裔美国人

2% 拉丁裔美国人

1% 北美土著人和亚裔美国人

您信仰的宗教?(可选)

22% 英国新教

16% 犹太教

13% 天主教

6% 无神论者和不可知论者

4% 一神论者

1% 伊斯兰教

16% 其他

22% 无

---

[1] 该类人也许包括与伴侣同居的女性。

3. 您有孩子吗?

55% 有

45% 没有

您有孙子或孙女吗?

18% 有

82% 没有

4. 当母亲过世时，您的年龄?

32%　12岁及以下

42%　13～19岁

26%　20岁及以上

5. 如果您的母亲已过世，是因为什么?

44% 癌症

10% 心脏衰竭

10% 车祸

7% 自杀

3% 肺炎

3% 传染病

3% 难产、流产

3% 肾衰竭

3% 脑出血

2% 酗酒

2% 用药过量

2% 动脉瘤

1% 中风

7% 其他或未知

6. 如果您的母亲离去或消失，是在什么情况下发生的？

调查中没有人回答是因为被抛弃。

7. 那个时候您有兄弟姐妹吗？

85% 有

15% 没有

他们的性别和年龄？

28% 的人是家中老大

25% 的人是中间的孩子

31% 的人是最小的孩子

15% 的人是唯一的孩子

1% 的人是双胞胎

8. 那个时候您的父母离婚、未离婚，还是分居？

80% 未离婚

11% 离婚

2% 分居

1% 未婚

6% 丧偶

9. 您的父亲是否再婚？

59% 是

41% 否

再婚是在您的母亲去世多久以后？

58% 0～2 年后

25% 2～5 年

12% 5～10 年

5% 10 年及以上

在下列选项中，请选择符合您感受的选项。

10. 母亲的去世是：

a. 我生命中唯一的最具决定性的事件——34%

b. 我生命中的一件最具决定性的事件——56%

c. 我生命中的一件决定性事件——9%

d. 不是我生命中的决定性事件——1%

11. 若第10题中选择a或b或c，请问您什么时候体会到母亲去世影响了您的成长？

a. 立即——47%

b. 去世后的5年——14%

c. 去世后的5～10年——14%

d. 去世后的10～20年——12%

e. 去世后20年以后——12%

f. 没有影响——1%

12. 您会想到自己的死亡吗？

a. 总是——9%

b. 经常——20%

c. 有时候——69%

d. 从没有——2%

13. 请描述您对以下情况的恐惧程度：

a. 例行检查或年度考核

17% 非常

40% 有一点

43% 一点也不

b. 与母亲一样的疾病或心理障碍

36% 非常

40% 有一点

24% 一点也不

c. 母亲的祭日

20% 非常

34% 有一点

46% 一点也不

d. 自己到了母亲去世的年纪

29% 非常

35% 有一点

36% 一点也不

e. 在世的另一位父母的去世

29% 非常

36% 有一点

35% 一点也不

f. 生孩子

27% 非常

24% 有一点

49% 一点也不

g. 其他（请指定）

爱人的过世

孩子失去母亲

英年早逝

14. 如果您的父亲还健在，您怎么描述您与父亲的关系？

a. 很好——13%

b. 好——33%

c. 一般——23%

d. 不好——31%

15. 您的母亲去世后，您是否找到了可以代替母亲的人?

63% 是

37% 否

如果找到了，她是谁? ㊀

33% 阿姨

30% 祖母

13% 姐妹

13% 老师

13% 朋友

9% 邻居

7% 继母

16. 您完成了母亲的哀悼期吗？

a. 完成期满——16%

b. 完成部分——53%

c. 没有完成——27%

d. 从没开始——4%

17. 您有多了解您母亲的一生?

a. 非常了解——30%

b. 了解一些——44%

㊀ 有人选择多个选项。

c. 很少——26%

d. 不了解——0%

您从哪里得到关于母亲的信息？⊖

a. 直系亲属——63%

b. 大家庭成员——40%

c. 朋友——21%

d. 母亲本人——30%

18. **您能举例说明，母亲的早逝给您带来了积极的影响吗？**

75% 能

25% 不能

以下问题需要简短的文字来回答，请您的回答控制在一两段文字内。

19. **您怎样描述自己对离开或去世的亲人的态度？**
20. **母亲的去世和这件事对家庭带来的影响，哪一件事更能影响到您？请您说明原因。**
21. **它会影响到您的爱情观吗？**
22. **如果您已为人父母，您觉得母亲的离去会影响自己教育孩子的方法吗？如何影响？**

    如果您还没有孩子，对于教育孩子您是怎样看待的？
23. **为了适应多年没有母亲的生活，您有什么应对的机制？**
24. **您何时最想念母亲？**
25. **请告诉我们您的一个具体经历，说明失去母亲对您意味着什么。我们将挑出一些事收录在本书中。**

⊖ 大多数人选择多个选项。

附录B

青少年和儿童可阅读的书

我常常收到问我本书是否适合青少年阅读的邮件，还有问我是否能推荐一些适合丧母女孩阅读的书籍。这些要求来自已逝女性的丈夫、姐妹、母亲和朋友，有时则是学龄女孩的老师。我告诉他们《丧母女儿的信》（*Letters from Motherless Daughters*）是青少年读者们的最佳选择。它的篇幅更短，更通俗易懂，而且其中包含了丧母的十几岁的女孩的话语。

除此之外，许多关于丧母、死亡和悲痛的优秀的章回小说和绘本也有不少可供这一年龄段的小读者选择。下面列出的是近30年内出版的可能会吸引学龄期女孩们的书籍（这个清单还远不够详尽）。如果你还知道没在这个清单里但适合的书请推荐给我，请将书名、作者、摘要发给我，我的邮箱地址是hopeedelman@gmail.com。

适合年轻人阅读的书

Baskin, Nora Raleigh. *What Every Girl (Except Me) Knows* (2002). A sensitive and insightful motherless twelve-year-old grows up with her father and brother in upstate New York, and tries to piece together facts about her mother's mysterious death when she was a child. Ages 11 and up.

Berry, Liz. *Mel* (1993). Seventeen-year-old Melody is the daughter of a mentally ill mother in England. Driven almost to the brink of suicide herself, Melody gets a chance to reinvent her life when her mother is institutionalized. Ages 14 and up.

Birdsall, Jeanne. *The Penderwicks* (2005). Four lively motherless sisters, ages four through twelve, and their widowed botanist father rent a summer cottage on the grounds of a New England estate. They soon meet the adventurous boy and his cold, distant mother who live there. Ages 9 and up.

Brisson, Pat. *Sky Memories* (1991). Emily is ten when her single mother is diagnosed with cancer. The child poignantly narrates the story of the next ten months, leading up to her mother's death. Ages 8 and up.

Cook, Karin. *What Girls Learn* (1997). Twelve-year-old Tilden, eleven-year-old Elizabeth, and their mother relocate to Atlanta to live with the mother's boyfriend. Soon after the move, the girls' mother is diagnosed with breast cancer and dies. Ages 12 and up.

Creech, Sharon. *Walk Two Moons* (1994). Winner of the 1995 Newbery Medal. Salamanca Tree Hiddle is thirteen when she takes a road trip with her grandparents to Lewiston, Idaho, to look for her mother, who disappeared. On the way, she draws from her Native American ancestry to weave a story that helps her cope with what she learns. Ages 11 and up.

DiCamillo, Kate. *Because of Winn-Dixie* (2000). Ten-year-old Opal was only three when her mother left. Now, with her newly adopted dog Winn-Dixie by her side, Opal finds the courage to ask her father about what happened. Made into a 2005 movie with Jeff Daniels and Cicely Tyson. Ages 8 and up.

Farmer, Nancy. *A Girl Named Disaster* (1996). Winner of the 1997 Newbery Medal. Nhamo, an eleven-year-old motherless girl in Mozambique, flees her Shona village to find her father in Zimbabwe, a perilous journey that takes her a year to complete and forces her to rely on survival skills she didn't know she had. Ages 10 and up.

Geithner, Carole. *If Only* (2012). When her mother dies before eighth grade begins, Corinna feels as if her life has stopped. During her first year without her mom, Corinna faces the everyday struggles of being a teenager, works her way through her grief, and learns some surprising information. Ages 10 and up.

Hermes, Patricia. *You Shouldn't Have to Say Goodbye* (1982). Thirteen-year-old Sarah, a gymnast, is having an uneventful year at school when her mother is diagnosed with cancer. In the remaining months they have together, Sarah's mother tries to prepare her daughter for her death. Ages 9 and up.

Johnston, Julie. *In Spite of Killer Bees* (2002). Aggie, Jeannie, and Helen Quade, ages fourteen to twenty-two, are orphans who receive an inheritance from a grandfather they never knew. To receive it, however, they have to live in his dilapidated house with an eccentric great-aunt and learn how to work through their conflicts. Ages 12 and up.

Kimmel, Elizabeth Cody. *In the Stone Circle* (2001). A motherless girl and her widowed father move into a sixteenth-century Welsh house for the summer. They're joined by a family struggling to cope with a divorce, and a mysterious young female ghost who needs their help. Ages 9 and up.

Kline, Christina Baker. *Sweet Water* (1993). Cassie, a twenty-five-year-old artist who was only three when she lost her mother under mysterious circumstances, inherits a house in rural Tennessee near her mother's family. The story is told in alternating chapters by Cassie and her maternal grandmother, who knows the details of the mother's tragic death. Ages 13 and up.

Leonard, Alison. *Tina's Chance* (1988). Tina sets out to discover the truth about the mother who died when she was two. From her Aunt Louise, a lesbian, she discovers that her mother died of a disease she has a 50 percent chance of inheriting. Ages 13 and up.

MacLachlan, Patricia. *Sarah, Plain and Tall* (1987). Jacob and Anna, two motherless children on the Midwestern prairie, meet a potential new stepmother after their father places an advertisement in a New England newspaper, looking for a bride. Made into a 1991 TV movie with Glenn Close as Sarah. Ages 8 and up.

Marvin, Isabel. *A Bride for Anna's Papa* (1994). Twelve-year-old Anna and her nine-year-old brother Matti try to find a mail-order bride for their father in 1907 Minnesota. Ages 9 and up.

Mazer, Norma Fox. *Girlhearts* (2002). Fourteen-year-old Sarabeth loses her young, widowed mother to a heart attack and moves in with family friends. Soon after she embarks on a journey to her mother's hometown to uncover secrets about her past. Ages 12 and up.

———. *When She Was Good* (2000). Teenage Em loses her mother and runs away with her emotionally troubled older sister. After her sister dies, Em must face her family's legacy of abuse. Ages 12 and up.

Maynard, Joyce. *The Usual Rules* (2003). Thirteen-year-old Wendy moves to California to live with her father after her mother dies in the Twin Tower attacks of September 11, 2001. But she must leave a beloved stepfather and half-brother behind. Ages 13 and up.

Penson, Mary E. *You're An Orphan, Mollie Brown* (1993). After their mother dies, Mollie and her twin brother live with relatives while their father goes off in search of work. Set in 1870s Texas. Ages 8 and up.

Radley, Gail. *Nothing Stays the Same Forever* (1988). Twelve-year-old Carrie has a widowed father who plans to remarry, an older sister who just started dating, and an elderly friend in poor health. Ages 9 and up.

Snicket, Lemony. *A Series of Unfortunate Events* series (1999). Violet, Klaus, and Sunny Baudelaire lose their parents in a fire, inherit a fortune, and try to elude the evil Count Olaf while searching for a stable home in this eleven-book series. Made into a 2004 film with Jim Carrey and Meryl Streep. Ages 9 and up.

Sones, Sonya. *One of Those Hideous Books Where the Mother Dies* (2004). Fifteen-year-old Ruby loses her mother and is sent to live with her father, a famous actor in Los Angeles whom she has never met. Written as a series of prose poems.

Whelan, Gloria. *A Time to Keep Silent* (1993). Thirteen-year-old Clair stops speaking after her mother dies. Then she befriends Dorrie, also thirteen and motherless, who lives alone because her father is in jail. Ages 11 and up.

Woodson, Jacqueline. *I Hadn't Meant to Tell You This* (1994). Marie, an African American eighth grader whose mother left two years ago, befriends a white girl at school who confides that she's being molested by her father. Ages 12 and up.

Wyman, Andrea. *Red Sky at Morning* (1991). Callie Common and her older sister Katherine go to live with their aging grandfather after their father leaves for Oregon and their mother dies in childbirth. Set on a hardscrabble Indiana farm in 1909. Ages 9 and up.

适合十几岁的孩子阅读的书

Fitzgerald, Helen. *The Grieving Teen: A Guide for Teenagers and Their Friends* (2001). This guide addresses a full range of emotions and situations that teens may experience after the death of a loved one. Each chapter is organized by specific questions and concerns, making it easy for readers to access relevant information. Friends of grieving teens will also find excellent advice in the chapter "What Friends Can Do."

Grollman, Earl A. *Straight Talk About Death for Teenagers: How to Cope with Losing Someone You Love* (1993). Written in short, easy-to-read sections, this book offers comfort and advice on understanding emotions, coping, healing, and looking toward the future. The final section encourages written expression with unfinished sentences for teens to complete.

Hughes, Lynne B. *You Are Not Alone: Teens Talk About Life After the Loss of a Parent* (2005). The founder of a nonprofit camp for grieving children and teens writes about the grieving process. The first chapter is her story of losing both parents. Subsequent chapters include testimonials from teens on what has helped them, what hasn't, and "what stinks."

Krementz, Jill. *How It Feels When a Parent Dies* (1988). In one of the first books for grieving children, Krementz interviewed eighteen children ages seven to seventeen, from varying backgrounds and circumstances, about the deaths of their parents. The stories, in the children's own words, are accompanied by black-and-white photos of them in their everyday lives.

Samuel-Traisman, Enid. *Fire in My Heart, Ice in my Veins: A Journal for Teenagers Experiencing a Loss* (1992). A journal for teens to privately record their thoughts and feelings after the death of a loved one. Pages includes quotes from other teens, prompts on various topics related to loss, and plenty of room to write or draw.

Vincent, Erin. *Grief Girl* (2008). Fourteen-year-old Erin, her eighteen-year-old sister, and her three-year-old brother were orphaned after their parents died in a tragic accident. This is Erin's acclaimed memoir about her journey through grief for the next three and a half years. Set in Australia in the 1980s.

Wheeler, Jenny Lee. *Weird Is Normal When Teenagers Grieve* (2010). Written by a teen for teens, this book shares the author's story of losing her dad to cancer, her observations on how teens grieve differently than adults, and suggestions to help teens heal from a loved one's death.

Wolfelt, Alan D. *Healing Your Grieving Heart for Teens: 100 Practical Ideas* (2001). Offers ideas and activities for teens to express their grief in healthy ways and work through the mourning process.

适合儿童阅读的绘本

Boritzer, Etan. *What Is Death?* (2000). Addresses questions young children may have about what happens to a person when they die. This book also discusses the concept of the soul as well as the rituals and beliefs of different cultures and religions and the importance of keeping the memories of loved ones alive. Ages 6 and up.

Cammarata, Doreen. *Someone I Love Died by Suicide: A Story for Child Survivors and Those Who Care for Them* (2009). Written for caregivers to read to children who have lost a loved one to suicide, this story helps children understand the complex emotions they may be feeling. Ages 6 and up.

Holmes, Margaret M. *Molly's Mom Died* (1999). School-age Molly talks about the emotional aftermath of her mother's death from illness. Includes a special note for caregivers at the end. Ages 5 to 9.

———. *A Terrible Thing Happened* (2000). Sherman the raccoon is scared by the terrible thing he witnessed. He tries to block out the event until he starts to feel sick, can't sleep, and gets into trouble. Over time, he talks with a trusted adult and learns how letting his feelings out can help him heal. For children who have witnessed an act of violence or have had any traumatic experience. Ages 4 to 8.

Karst, Patrice. *The Invisible String* (2000). Twins Liza and Jeremy don't want to be separated from their mom. She tells them the story of the Invisible String that connects them to the special people in their lives, even those who have died. Ages 3 and up.

Madonna. *The English Roses* (2003). Four little English girls are envious of their "perfect" classmate—until they learn she's motherless and in need of a friend. Ages 4 to 8.

Moore Campbell, Bebe. *Sometimes My Mommy Gets Angry* (2003). School-age

Annie lives with a mother who suffers from bipolar disorder that can make her "angry on the outside." A supportive grandmother and a pair of silly friends provide Annie with consistent acceptance and love. Ages 4 to 8.

Perlman Wolfson, Randi. *I Wish I had a Book to Read* (2007). A guide to help children understand their grief when someone close to them dies. Each page includes a space to draw or write about feelings and memories of a loved one.

Rovere, Amy. *And Still They Bloom: A Family's Journey of Loss and Healing* (2012). Ten-year-old Emily and seven-year-old Ben adjust to life without their mother after her death from cancer. With their father's help they journey through grief to acceptance while keeping the memory of their mother alive.

Ruben Greenfield, Nancy. *When Mommy Had a Mastectomy* (2005). Coping with a mother's breast cancer, from a young child's point of view. Ages 4 to 8.

Spelman, Cornelia. *After Charlotte's Mom Died* (1996). Six-year-old Charlotte feels very alone after her mom dies in a car accident. She is scared to sleep at night and fears what might happen to her if her father dies. With a therapist's help, Charlotte expresses her feelings and discovers she can be happy again. Includes a note from the author for caregivers. Ages 5 and up.

Thomas, Pat. *I Miss You: A First Look at Death* (2001). Approaches death as a natural part of life and encourages children to talk about their feelings. Includes a section for caregivers. Ages 4 and up.

Viorst, Judith. *The Tenth Good Thing About Barney* (1983). A young boy is saddened by the death of his beloved cat. When his mom suggests that he think of ten good things about his cat, he can only think of nine. Working in the garden with his father, he thinks of one more and begins to understand the cycle of life. Ages 6 to 9.

超越原生家庭

超越原生家庭（原书第4版）

作者：（美）罗纳德·理查森 ISBN：978-7-111-58733-0 定价：45.00元

一切都是童年的错吗?
全面深入解析原生家庭的心理学经典，全美热销几十万册，已更新至第4版!

不成熟的父母

作者：（美）琳赛·吉布森 ISBN：978-7-111-56382-2 定价：45.00元

有些父母是生理上的父母，心理上的孩子。
如何理解不成熟的父母有何负面影响，以及你该如何从中解脱出来。

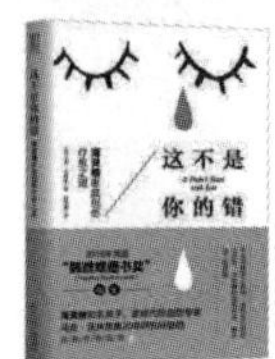

这不是你的错：海灵格家庭创伤疗愈之道

作者：（美）马克·沃林恩 ISBN：978-7-111-53282-8 定价：45.00元

海灵格知名弟子，家庭代际创伤领域的先驱马克·沃林恩力作。
海灵格家庭创伤疗愈之道，自我疗愈指南。荣获2016年美国“鹦鹉螺图书奖”！

母爱的羁绊

作者：（美）麦克布莱德 ISBN：978-7-111-513100 定价：35.00元

爱来自父母，令人悲哀的是，伤害也往往来自父母，
而这爱与伤害，总会被孩子继承下来。

拥抱你的内在小孩：亲密关系疗愈之道

作者：（美）罗西•马奇-史密斯 ISBN：978-7-111-42225-9 定价：35.00元

如果你有内在的平和，那么无论发生什么，你都会安然。

专业咨询治疗

ACT
就这么简单
接纳承诺疗法简明实操手册
ACT Made Simple

WILEY
如何选择有效的
心理疗法
Selecting Effective Treatments

Uniquely Human
这世界唯一的你
自闭症人士
独特行为背后的真相

音乐
治疗

心灵的
疗愈力量

咨询心理学
カウンセリング心理学

哀伤治疗
陪伴丧亲者走过幽谷之路
Techniques of
Grief Therapy

集体
叙事
实践
以叙事的方式回应创伤
COLLECTIVE NARRATIVE PRACTICE

华夏心理丛书
心理咨询师
国家职业资格考试
核心考点及试卷详解
第2版
华夏心理丛书编委会 编著

走出抑郁

重塑大脑回路

作者：亚历克斯·科布 ISBN：978-7-111-59681-3 定价：49.00元

重塑大脑，重塑人生

作者：诺曼·道伊奇 ISBN：978-7-111-48975-7 定价：45.00元

走出抑郁症：一个抑郁症患者的成功自救

作者：王宇 ISBN：978-7-111-38983-5 定价：32.00元

抑郁症（原书第2版）

作者：阿伦·贝克 ISBN：978-7-111-47228-5 定价：59.00元

产后抑郁不可怕（原书第2版）

作者：卡伦 R. 克莱曼 ISBN：978-7-111-48341-0 定价：39.00元

精神问题有什么可笑的

作者：鲁比·怀克丝 ISBN：978-7-111-48643-5 定价：35.00元